LCフィルタの設計&製作

森 栄二 著

コイルとコンデンサで作るLPF/HPF/BPF/BRFの実際

CQ出版社

●本書掲載記事の利用についてのご注意——本書掲載記事には著作権があり，また工業所有権が確立されている場合があります．したがって，個人で利用される場合以外は所有者の承諾が必要です．
　また，掲載された回路，技術，プログラムを利用して生じたトラブル等については，小社ならびに著作権者は責任を負いかねますのでご了承ください．

●本書に関するご質問について——文章，数式等の記述上で不明な点についてのご質問は，必ず往復はがきか返信用封筒を同封した封書にてお願いいたします．ご質問は著者に回送し直接回答していただきますので，多少時間がかかります．また，本書の範囲を超えるご質問には応じられませんので，ご了承ください．

●本書の複製等について——本書のコピー，スキャン，デジタル化等の無断複製は著作権法上での例外を除き禁じられています．本書を代行業者等の第三者に依頼してスキャンやデジタル化することは，たとえ個人や家庭内の利用でも認められておりません．

まえがき

　本書を執筆するにあたって筆者が心がけたことは,
(1) 専門の知識のない方でも，簡単な計算だけでLCフィルタを設計し，特性を設計前に知ることができる.
(2) できるだけ多くの実験結果，計算例を紹介する.
(3) シミュレーション・ツールを活用し，多くのフィルタ特性を簡潔に紹介する.
の三つです.

　これまでも，LCフィルタやフィルタ理論に関するすばらしい本が数多く執筆されていますが，一般にフィルタ設計の解説には難解な数学的知識を必要とする場合が多く，そのことがフィルタ設計の敷居を高くしていたように思えます．本書では，難しい計算なしに思いどおりのフィルタの設計，製作が行えるように内容を工夫しました．

　LCフィルタが特に有効なのは，OPアンプなどが使えない高周波領域です．しかし，高周波では，苦労して計算を行い，理論どおりフィルタを設計したのに，測定すると随分設計値と違っていた…ということをしばしば経験します．この現象を，ちょっと経験を積んだ賢い技術者の方々に尋ねると，多くは寄生インダクタンスの影響だから…，寄生容量の影響だから…と，一見的を射た答えが返ってきますが，これらの要素は多くの場合，理論どおりのフィルタ特性が得られないときの言い訳にされているのではないでしょうか？

　本書で心がけたことは，寄生インダクタンスの影響だから…，寄生容量の影響だから…，といったことで計算値と測定値のミスマッチを片付けてしまわないことです．本書ではもう一歩踏み込んで，どのパラメータがどの程度の影響を与えているのかを，実際の測定例を基に紹介するようにし，さらにどういう実装方法が最適なのかを紹介するように工夫しました．

　バンドパス・フィルタ(BPF)の章では，「広い帯域のBPFは難しい」，「広い帯域のBPFは高いQの共振器を使うと作ることができない」，「BPFの帯域を広げるためには共振器の共振周波数を順番にずらす」…などの，バンドパス・フィルタ設計に関する間違った「うわさ」を払拭するために，具体的な設計例をできるだけ多く紹介しました．

　若いエンジニアだけではなく，中堅以上のエンジニアの方々でも，こういう間違った「うわさ」を口にすることがあるのは嘆かわしいことですが，本書を通じて少しでも多くの人にBPFの設計手順について理解を深めてもらえれば幸いです．

フィルタ理論に関する難しい数式については省きましたが，フィルタを実際に製作するために重要かつ必要な各種変換や実装方法についてはできる限り紹介したつもりです．若いエンジニアだけではなく，経験豊かな中堅以上のエンジニアの方々にとっても「座右の便利帖」として活用いただけると幸いです．

最後に，本書を執筆するにあたって御尽力いただきましたCQ出版社の皆様に，この場をお借りしてお礼申し上げます．

2001年3月　著者

目　次

第1章　フィルタは信号濾過器である……11
　　　　―フィルタの種類と特性―

　1.1　フィルタの種類と名称 ……………………………………………11
　1.2　通過特性で分けたフィルタ名 ……………………………………13
　1.3　現実のフィルタの特性 ……………………………………………16
　1.4　関数で分けたフィルタの型 ………………………………………17
　　　コラム　本書で必要な数学 …………………………………………14

第2章　古典的設計手法によるローパス・フィルタの設計…21
　　　　―定K型／誘導m型LPFの設計と応用―

　2.1　定K型ローパス・フィルタの特性 ………………………………21
　2.2　正規化LPFから作る定K型フィルタ ……………………………21
　2.3　定K型正規化LPFのデータ ………………………………………28
　2.4　誘導m型ローパス・フィルタ ……………………………………37
　2.5　誘導m型LPFの正規化データと設計方法 ………………………38
　2.6　誘導m型と定K型を組み合わせた設計 …………………………46
　2.7　誘導m型フィルタを使って整合性を改善するテクニック ……48

第3章　バターワース型ローパス・フィルタの設計………55
　　　　―帯域内の通過特性が平坦で扱いやすい―

　3.1　バターワース型ローパス・フィルタの特性 ……………………55
　3.2　正規化LPFから作るバターワース型ローパス・フィルタ ……55
　3.3　正規化バターワースLPFの設計データ …………………………64
　3.4　バターワースLPFの素子値を計算で求める ……………………65

第4章　チェビシェフ型ローパス・フィルタの設計 ………75
―帯域内リプルを許容して急峻な遮断特性を得る―

4.1　チェビシェフ型ローパス・フィルタの特性 …………………………75
4.2　正規化LPFから作るチェビシェフ型ローパス・フィルタ …………79
4.3　正規化チェビシェフ型LPFのデータ …………………………………86

第5章　ベッセル型ローパス・フィルタの設計 ………99
―帯域内の群遅延特性が平坦な―

5.1　ベッセル型ローパス・フィルタの特性 ………………………………99
5.2　正規化LPFから作るベッセル型LPF …………………………………99
5.3　正規化ベッセル型LPFの設計データ …………………………………104

第6章　ガウシャン型ローパス・フィルタの設計 ………111
―群遅延特性が通過帯域内からゆるやかに変化する―

6.1　ガウシャン型ローパス・フィルタの特性 ……………………………111
6.2　正規化LPFから作るガウシャン型ローパス・フィルタ ……………111
6.3　正規化ガウシャン型LPFの設計データ ………………………………118

第7章　ハイパス・フィルタの設計法 ………121
―LPFのデータを変換して素子値を計算する―

7.1　定K型LPFのデータから設計するHPF ……………………………122
7.2　定K型HPFの特性 ……………………………………………………125
7.3　誘導m型LPFのデータから設計するHPF …………………………125
7.4　バターワース型LPFのデータから設計するHPF ……………………131
7.5　バターワース型正規化HPFのデータ …………………………………133
7.6　ベッセル型LPFのデータから設計するHPF …………………………135
7.7　ガウシャン型LPFのデータから設計するHPF ………………………138
7.8　部品のインダクタを積極的に利用したHPF …………………………140

第8章　バンドパス・フィルタの設計法 ……………145
―LPFのデータを変換して素子値を計算する―

- 8.1　定K型LPFのデータから設計するBPF…………………145
- 8.2　二つの中心周波数（幾何中心周波数）………………149
- 8.3　LPFの特性との関連 ………………………………153
- 8.4　BPFの遮断周波数とノッチ周波数を計算する………155
- 8.5　型の違うBPFの特性を比較する …………………160

第9章　バンド・リジェクト・フィルタの設計法 ……177
―HPFのデータを変換して素子値を計算する―

- 9.1　定K型LPFのデータから設計するバンド・リジェクト・フィルタ……177
- 9.2　バターワース型LPFのデータから設計する
バンド・リジェクト・フィルタ………………………180

第10章　フィルタを構成する素子値を変換する方法 ………183
―適当な定数の部品を使って特性を実現するため―

- 10.1　素子値を揃える必要性 ………………………………183
- 10.2　ノートン変換を使う ………………………………187
- 10.3　π-T/T-π変換 ……………………………………193
- 10.4　トランスを使う ……………………………………197
- 10.5　バートレットの2等分定理 …………………………198
- 10.6　Ⅲ型の回路を変換する ………………………………199
- 10.7　ジャイレータを使った変換 …………………………200
- 10.8　十分に大きい値のカップリング・コンデンサを追加して
回路を変換する………………………………………202
- Appendix A　フィルタを作りやすくするためによく使う回路変換…209

第11章　共振器容量結合型バンドパス・フィルタの設計 …215
　　　　　—通過帯域の狭い用途に適した—

11.1　共振器結合型バンドパス・フィルタの設計方法 …………………215
11.2　設計手順のまとめ ……………………………………………………221
11.3　高周波のBPFを製作する場合の問題点 ……………………………227

第12章　逆チェビシェフ型LPFの設計 ……………………………241
　　　　　—通過帯域が最大平坦で阻止帯域にノッチをもつ—

12.1　ストップ・バンド周波数と阻止帯域減衰量の関係 ………………242
12.2　逆チェビシェフ型LPFの特性 ………………………………………242
12.3　正規化逆チェビシェフLPFの設計データ …………………………242

第13章　エリプティック型LPFの設計 ……………………………247
　　　　　—通過域と阻止域の両方にリプルを許して遮断特性を改善した—

13.1　エリプティック型正規化LPFの設計データ ………………………247
13.2　エリプティック型LPFの特性 ………………………………………250

第14章　アッテネータの設計と応用 ………………………………255
　　　　　—インピーダンスを整合させて正しい測定をするために—

14.1　インピーダンス・コンバータ ………………………………………256
14.2　T形，π形インピーダンス・コンバータ …………………………257
14.3　アッテネータの設計 …………………………………………………258
14.4　正規化アッテネータ/インピーダンス・コンバータ ………………260

第15章　コイルの設計と製作方法 ……………………………263
　　　―形状と透磁率から巻き数を求める―

15.1　空芯コイル ……………………………………………263
15.2　トロイダル・コイルを使ったコイル ……………………266
15.3　ボビンを使った可変コイル ……………………………271
15.4　空芯コイルの設計データ ………………………………272

Appendix B　共振周波数測定治具の製作 …………………278

参考文献 ……………………………………………………………280

索　　引 ……………………………………………………………282

設計例・計算例の一覧 ……………………………………………285

第1章

フィルタは信号濾過器である
―フィルタの種類と特性―

フィルタ(filter)という単語を辞書で引いて調べると,「濾過」という意味が出てきます.電子回路でのフィルタの役目は,いろいろな周波数成分をもった信号のなかから,目的の周波数の信号を取り出す(濾過する)ことです.

図1-1は,0.7kHzと1.7kHzのサイン波を混ぜて,1kHz以下の信号(この場合は0.7kHzのサイン波)を通過させる低域濾過器(低域通過フィルタ)を通したあとの波形を図示したものです.フィルタを使えば,このようにそれぞれの信号を取り出すことができます.

1.1 フィルタの種類と名称

次のように考えると,もっとわかりやすいでしょう.たとえば,**図1-2(a)**のように,周波数の高低をボールの大きさで考えてみます.高い周波数ほど大きなボールで表すとして,次の三つのボールを考えてみます.それぞれの周波数を100Hz,5kHz,20MHzとします.これらのボールを選別するためには,**図1-2(b)**~(d)のような方法が考えられます.

図1-2(b)の例では,20MHzより小さい,つまり周波数の低いボールをすべて取り出すことができます.これを低域通過フィルタ(ローパス・フィルタ)と呼びます.英語で,Low Pass Filterと呼ぶので,この三つの単語の頭文字を取って,LPFと略称で表記される場合が多いようです.

また,**図1-2(c)**の例では,100Hzのボールよりも大きなボール,つまり周波数の高い信号を通すことから,高域通過フィルタ(ハイパス・フィルタ)と呼びます.これも英語のHigh Pass Filterの頭文字を使って,HPFと表されます.

同じように,**図1-2(d)**は,ある帯域の信号を通すことから,帯域通過フィルタ(バンド

〈図1-1〉フィルタの効果

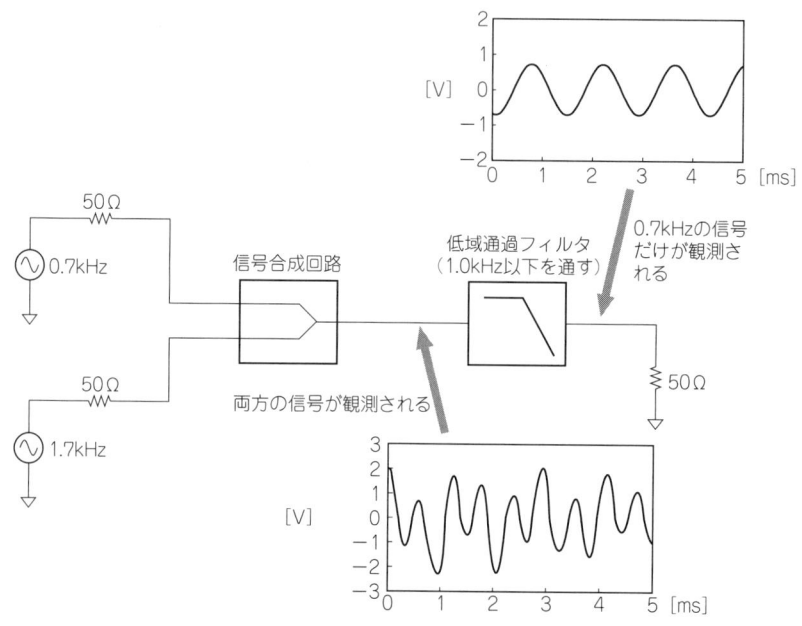

〈図1-2〉周波数を三つのボールで表す

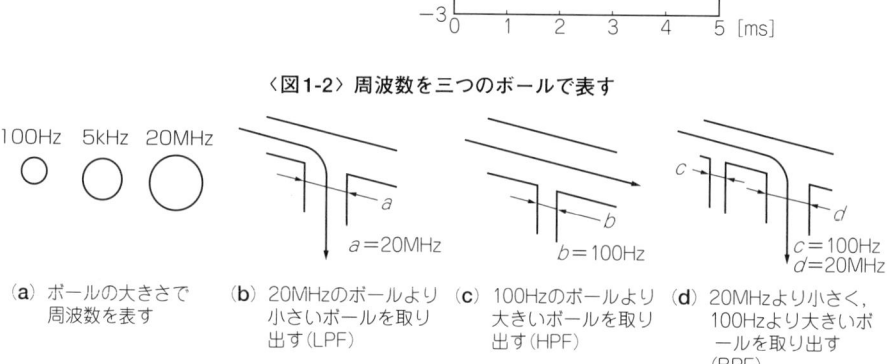

パス・フィルタ)と呼びます．これは，英語のBand Pass Filterの頭文字を取って，BPFと呼びます．

また，ある帯域の信号だけを取り除く，帯域阻止フィルタ(バンド・リジェクト・フィルタ；Band Reject Filter，BRF)というものもあります．

実際のフィルタは，周波数成分の濾過の仕方と，設計時に使った関数の型(昔の数学者の名前が使われることが多い)を組み合わせることによって区別します．たとえば，チェ

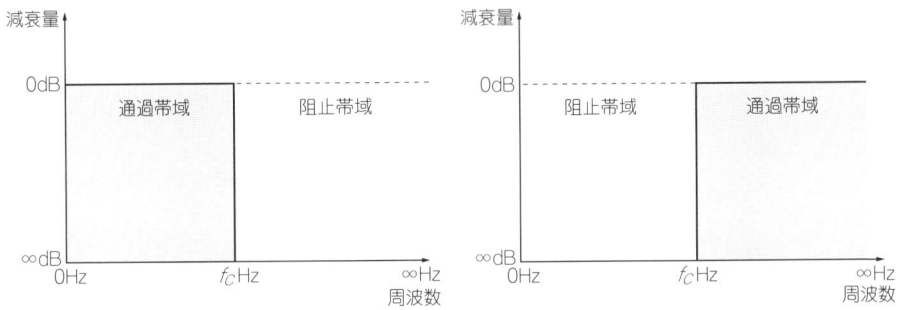

〈図1-3〉低域通過フィルタ(LPF)の理想的な特性　　〈図1-4〉高域通過フィルタ(HPF)の理想的な特性

ビシェフという関数を使った低域通過フィルタはチェビシェフ型LPFと呼びますし，楕円関数(エリプティック関数)を使った高域通過フィルタはエリプティック型HPFと呼びます．

　　フィルタの名称：関数名＋通過特性

と考えるとよいでしょう．

1.2　通過特性で分けたフィルタ名

　理想的な特性をもつフィルタの通過特性(濾過特性)とその呼び方を紹介します．このような特性のフィルタは現実には作ることはできませんが，できるだけこの特性に近いフィルタが良いフィルタといえます．

　低域通過フィルタ(ローパス・フィルタ；Low Pass Filter, LPF)は，**図1-3**のように，周波数ゼロの直流から遮断周波数f_cまでのすべての信号を通し，遮断周波数より高い周波数の信号を通しません．

　また，高域通過フィルタ(ハイパス・フィルタ；High Pass Filter, HPF)は逆に，遮断周波数f_cより高い周波数の信号を通し，遮断周波数より低い周波数の信号を通しません．理想的な特性は**図1-4**のようになります．

　このほかに，帯域通過フィルタ(バンドパス・フィルタ；Band Pass Filter, BPF)というものもあります．これは，**図1-5**のようにフィルタの中心周波数f_cの付近の信号を通すものです．

　また，帯域通過フィルタと逆の特性をもつ，帯域阻止フィルタ(バンド・リジェクト・

〈図1-5〉
帯域通過フィルタ(BPF)の理想的な特性

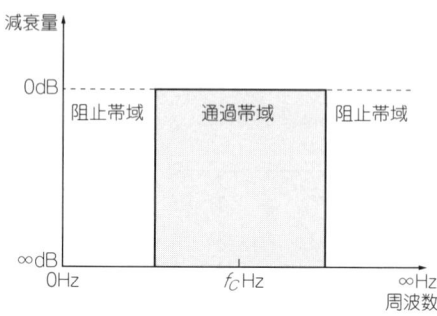

●本書で必要な数学

　本書は，インダクタ(コイル)とキャパシタ(コンデンサ)を使ったフィルタ(LCフィルタ)を実際に作って，使いたいという方を対象にしています．そのため，難しいフィルタ理論の数式などは省き，フィルタの設計に重点を置いた内容に仕上げました．フィルタの設計手順を省略することなく紹介しましたので，電子系の専門以外の方でも，本書があればフィルタの設計がひととおりできると思います．

　しかし，フィルタの使用目的や周波数も目的により多岐にわたるため，すべての要求に応えることはできません．そのため，フィルタ設計の基本となる低域通過フィルタのデータを基にし，そのデータを利用して，帯域通過，高域通過，帯域阻止の各フィルタを設計する手法をできるだけわかりやすく書いたつもりです．

　本書でフィルタの設計に必要な数学的な数学的知識が三つあります．
(1) 四則演算(足し算，引き算，掛け算，割り算)
(2) 平方根(ルート)の計算
(3) べき乗の計算

　(1)，(2)については説明する必要はないと思います．電卓のキーを押せば計算を実行することができます．(3)について簡単に説明します．本書で使用するべき乗の計算は10のべき乗だけです．

$$10^a \times 10^b = 10^{a+b}$$
$$10^a \div 10^b = 10^{a-b}$$

フィルタ；Band Reject Filter，BRF)というものもあります．これは，図1-6に示すようにフィルタの中心周波数であるf_Cの付近の信号だけを通さないものです．帯域阻止フィルタは，BEF(Band Elimination Filter)やノッチ・フィルタ(notch filter)と呼ばれることもあります．

　全域通過フィルタ(オールパス・フィルタ；All Pass Filter，APF)は，振幅の周波数特性は平坦で，図1-7からだと何に使うのかわかりません．このタイプのフィルタは，フィルタを通過する信号の遅れ(遅延時間)を周波数によって違えたもので，システムの遅延時間を補正したい場合に使います．ディレイ・イコライザや位相可変器(フェーズ・シフタ；phase shifter)と呼ばれることもあります．

$$\frac{1}{10^a} = 10^{-a}$$

$$\frac{10^a}{10^b} = 10^{a-b}$$

$10^0 = 1$

$10^1 = 10$

$10^2 = 100$

$10^3 = 1000$

また，下記の補助単位表現を使って，コンデンサやコイルの値を表している場合もあります．

$p = 10^{-12}$

$n = 10^{-9}$

$\mu = 10^{-6}$

$m = 10^{-3}$

これより，次の関係が成り立ちます．

$1000pF = 10^3 \times 10^{-12} = 10^{(3-12)} = 10^{-9} = 1nF$

$2000nF = 2 \times 10^3 \times 10^{-9} = 2 \times 10^{(3-9)} = 2 \times 10^{-6} = 2\mu F$

$\dfrac{3\mu F}{1000} = \dfrac{3 \times 10^{-6}}{10^3} = 3 \times 10^{-6} \times 10^{-3} = 3 \times 10^{-9} = 3nF$

本書があれば，これだけの数学知識でLCフィルタを設計することができます．

〈図1-6〉帯域阻止フィルタ(BRF)の理想的な特性

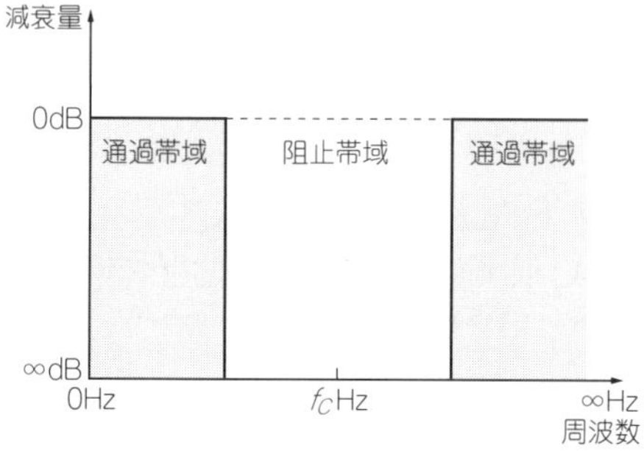

〈図1-7〉全帯域通過フィルタ(APF)の理想的な特性

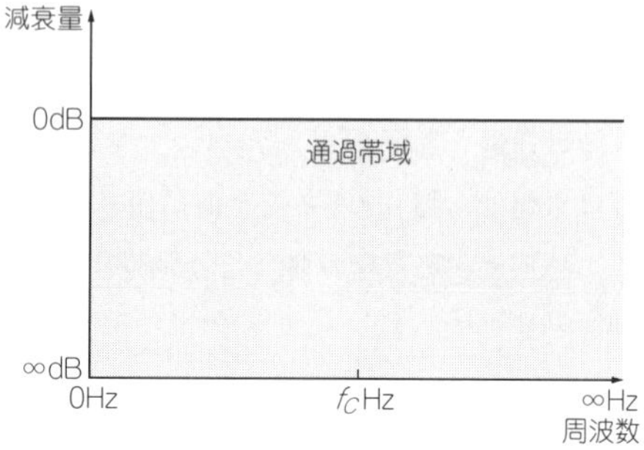

〈表1-1〉通過特性の型で分けたフィルタの名称と略号

一般的な名称	略号
低域通過フィルタ	LPF
高域通過フィルタ	HPF
帯域通過フィルタ	BPF
帯域阻止フィルタ	BRF
全帯域通過フィルタ	APF

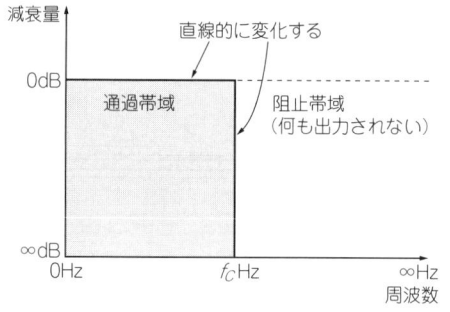

〈図1-8〉理想的な特性の低域通過フィルタ

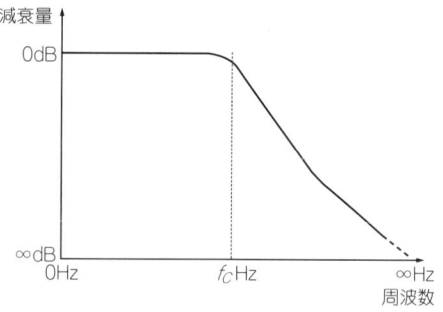

〈図1-9〉現実に設計可能なLPF(バターワース型の例)

　本書では，今後フィルタを呼ぶ場合，**表1-1**のように，英単語の頭文字を使った3文字の記号を使うことにします．

1.3　現実のフィルタの特性

　図1-8のような理想的な特性のフィルタと違い，現実に設計できるフィルタは**図1-9**のように，遮断周波数f_Cを境にだらだらと信号が減衰します．

〈図1-10〉
LPFを実際に製作すると

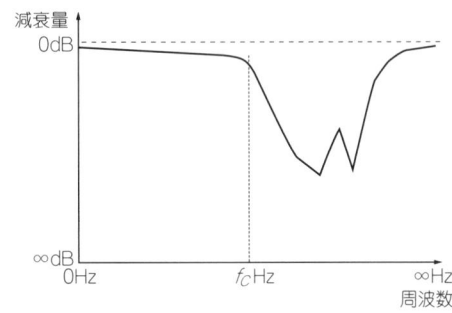

　さらに悪いことには，**図1-9**のような特性は設計値であり，この特性は使用するコンデンサやコイルが理想的な特性をもっている場合に得られます．現実はもっと厳しく，実際にフィルタを製作した場合には，たとえば**図1-10**のような特性になってしまい，**図1-9**のような特性すら実現することはできません．
　このため，目的に応じて，さまざまな種類のフィルタが考えられました．

1.4　関数で分けたフィルタの型

　フィルタを関数で分けると，**図1-11**のように分けられます．理想的な特性のフィルタを作るのが難しいため，このようにたくさんの型が必要になります．フィルタの型によって，遮断特性が急であったり，位相特性（遅延特性）が素直だったりと，かなり特性が違うため，要求に応じてさまざまなタイプのフィルタを使い分ける必要があります．
　フィルタを初めて設計する場合や，どのフィルタを使ってよいのかわからない場合には，**バターワース型**のフィルタがよいでしょう．このフィルタは，遮断特性や位相特性がほど良く，素子への要求もさほど厳しくないので，設計値どおりの特性が比較的簡単に得られます．
　また，遮断特性だけを要求するのであればチェビシェフ型がおすすめです．しかし，位相特性がよくないので，正弦波以外の信号を通したい場合には注意が必要です．
　図1-12〜図1-16は，バターワース型，チェビシェフ型，逆チェビシェフ型，エリプティック型，ベッセル型の低域通過フィルタ（ローパス・フィルタ）の特性と特徴を示したものです．
　バターワース型は帯域内の通過特性が平坦です．チェビシェフ型は帯域内にリプルがあり，逆チェビシェフ型は阻止周波数にリプルがあります．また，帯域内と阻止帯域の両方

〈図1-11〉フィルタの種類と特徴

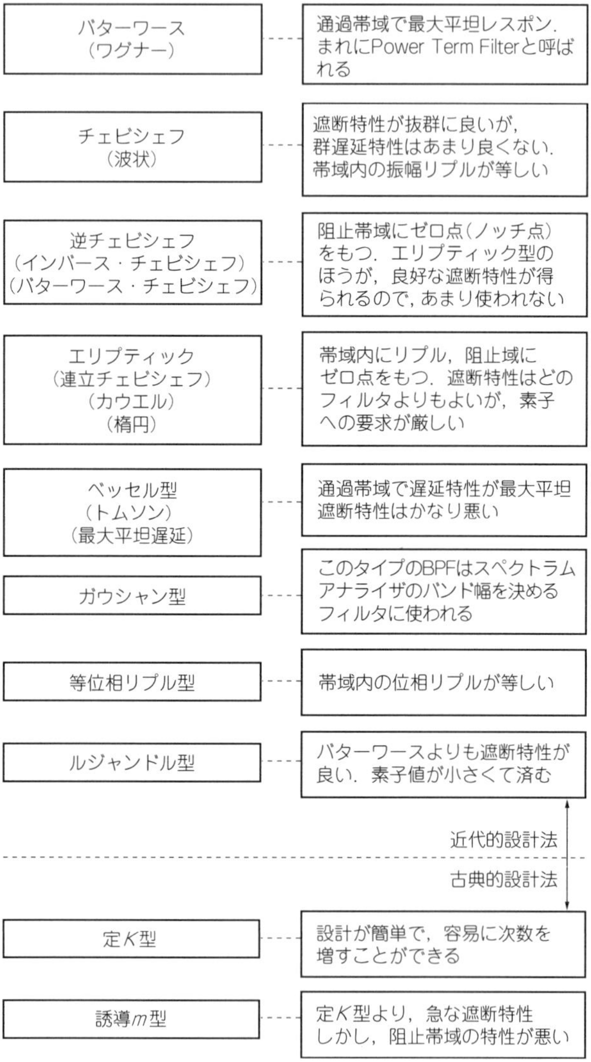

種類	特徴
バターワース（ワグナー）	通過帯域で最大平坦レスポンス．まれにPower Term Filterと呼ばれる
チェビシェフ（波状）	遮断特性が抜群に良いが，群遅延特性はあまり良くない．帯域内の振幅リプルが等しい
逆チェビシェフ（インバース・チェビシェフ）（バターワース・チェビシェフ）	阻止帯域にゼロ点（ノッチ点）をもつ．エリプティック型のほうが，良好な遮断特性が得られるので，あまり使われない
エリプティック（連立チェビシェフ）（カウエル）（楕円）	帯域内にリプル，阻止域にゼロ点をもつ．遮断特性はどのフィルタよりもよいが，素子への要求が厳しい
ベッセル型（トムソン）（最大平坦遅延）	通過帯域で遅延特性が最大平坦．遮断特性はかなり悪い
ガウシャン型	このタイプのBPFはスペクトラムアナライザのバンド幅を決めるフィルタに使われる
等位相リプル型	帯域内の位相リプルが等しい
ルジャンドル型	バターワースよりも遮断特性が良い．素子値が小さくて済む

— 近代的設計法 / 古典的設計法 —

種類	特徴
定K型	設計が簡単で，容易に次数を増すことができる
誘導m型	定K型より，急な遮断特性．しかし，阻止帯域の特性が悪い

1.4 関数で分けたフィルタの型　19

〈図1-12〉バターワースLPFの特性例　　〈図1-13〉チェビシェフ型LPFの特性例

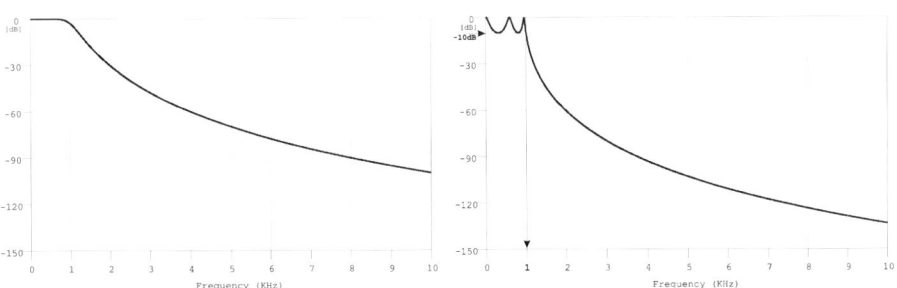

〈図1-14〉逆チェビシェフ型LPFの特性例　〈図1-15〉エリプティック型LPFの特性例

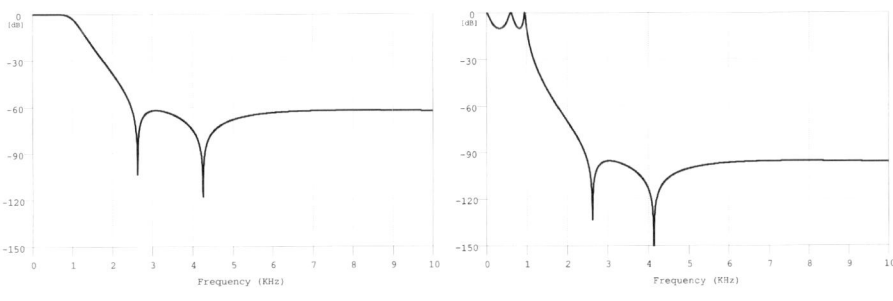

〈図1-16〉
ベッセル型LPFの特性例

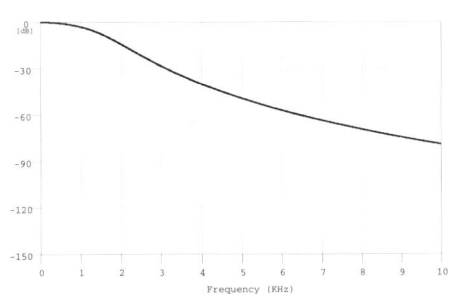

にリプルがあるのがエリプティック型の特徴です．リプルがあるかわりに，遮断特性が急峻になっていることがよくわかります．

　ベッセル型は通過特性がだらだらと落ちていきます．しかし，位相特性が良いので，波形歪み(位相歪み)が問題になる場所に使います．

第2章

古典的設計手法による
ローパス・フィルタの設計
―定 K 型/誘導 m 型LPFの設計と応用―

　本章では，映像パラメータを用いたフィルタの設計手法をいくつか紹介します．これらのフィルタは，現代回路網理論に基づいたフィルタに比べると，遮断周波数が正確でないなど，性能が若干劣りますが，フィルタを構成する素子の種類が少なく，簡単にフィルタの段数（次数）を増やすことができるため，簡単に製作することができます．

　古典的設計手法で設計される，定 K 型ローパス・フィルタ，誘導 m 型ローパス・フィルタをさっそく設計してみましょう．

2.1　定 K 型ローパス・フィルタの特性

　図2-1 ～ **図2-3** は，遮断周波数が f であるフィルタの通過特性，遅延特性，帯域内特性をシミュレーションしたものです．このグラフのスケールは周波数の関数で表されているため，このグラフを利用すると，目的の周波数での通過特性や遅延特性を簡単に求めることができます．

　たとえば，遮断周波数50kHzの定 K 型LPFの遅延時間を求めたい場合には，**図2-3** の縦軸と横軸の f に遮断周波数である $50\text{kHz} = 50 \times 10^3$ を代入し，軸の数値を計算します．その結果，縦軸の最大値が0.16ms，横軸の最大値が100kHzの，**図2-4** のようなグラフが得られます．これが，目的の定 K 型LPFの遅延時間を表しています．

2.2　正規化LPFから作る定 K 型フィルタ

　本書では，正規化LPFという，インピーダンスが1Ωで遮断周波数が $1/(2\pi)\text{Hz}$（≒ 0.159Hz）であるLPFの設計データを紹介します．必要なフィルタの定数は，この正規化

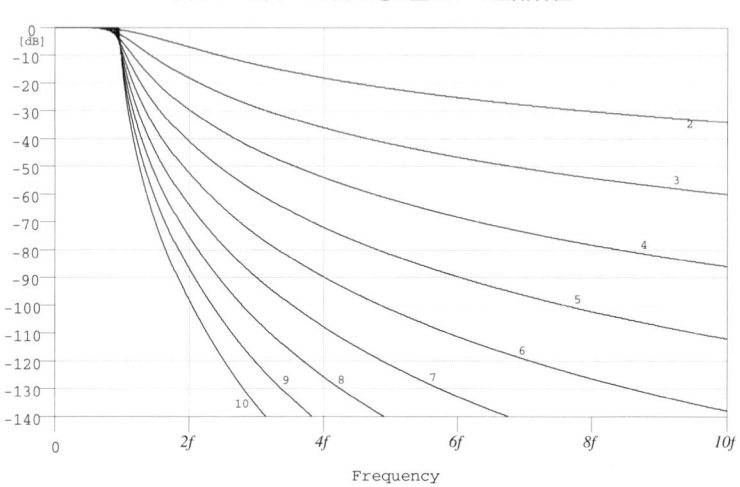

〈図2-1〉2次～10次の定K型LPFの遮断特性

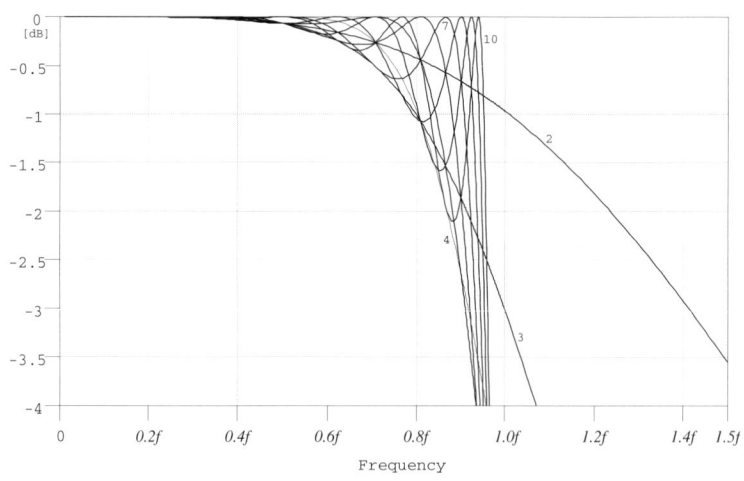

〈図2-2〉2次～10次の定K型LPFの遮断周波数付近の通過特性

LPFから，**図2-5**のような手順で簡単に計算することができます．

　たとえば，定K型のLPFを設計したい場合には，定K型の正規化LPFをもとにして，その遮断周波数とインピーダンスを目的の値に変更します．フィルタの周波数を変換するには，次のようにフィルタの各素子を計算します．

2.2 正規化LPFから作る定K型フィルタ

〈図2-3〉2次〜10次の定K型LPFの遅延特性

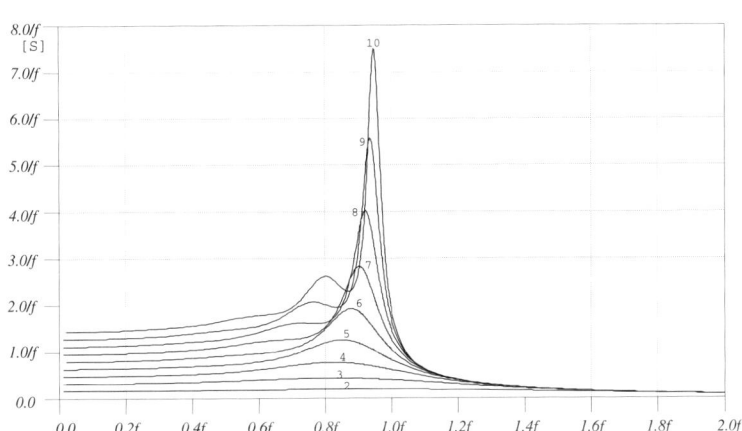

〈図2-4〉グラフを使って遮断周波数50kHz，10次定K型LPFの遅延特性を求めた例

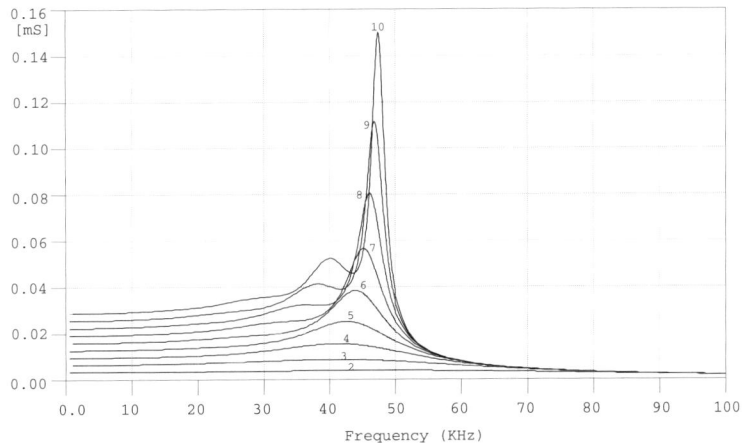

$$M = \frac{\text{目的の周波数}}{\text{基準になるもとの周波数}}$$

$$L_{(NEW)} = \frac{L_{(OLD)}}{M}$$

〈図2-5〉
正規化LPFの設計データを使ったフィルタ設計の手順

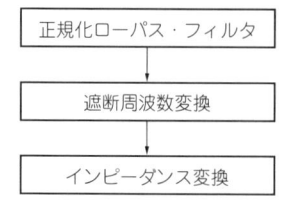

〈図2-6〉
2次の定K型正規化LPFの回路と定数(遮断周波数$1/(2\pi)$Hz，インピーダンス1Ω)

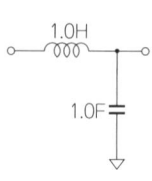

$$C_{(NEW)} = \frac{C_{(OLD)}}{M}$$

また，フィルタのインピーダンスを変換するには，次のような計算を各素子に施します．

$$K = \frac{\text{目的のインピーダンス}}{\text{基準になるもとのインピーダンス}}$$

$$L_{(NEW)} = L_{(OLD)} \times K$$

$$C_{(NEW)} = \frac{C_{(OLD)}}{K}$$

最初に，2次の正規化定K型LPFの設計データを図2-6に紹介します．本書でのフィルタの設計は，この正規化LPFの設計データを利用して，遮断周波数やインピーダンスの変換を行うことです．図2-6の正規化LPFのデータを基に，これらの計算例をいくつか紹介します．

例2-1 正規化LPFの周波数だけを変換して設計する定K型LPF

インピーダンス1Ω，遮断周波数1kHzの定K型LPFを，正規化定K型LPFの設計データを基に計算してみます．目的のフィルタは，正規化LPFと同じ1Ωのインピーダンスなので，遮断周波数だけを変換すれば求めることができます．

【手順1】最初に目的の周波数と基準になる周波数の比Mを求めます．

$$M = \frac{\text{目的の周波数}}{\text{基準になるもとの周波数}} = \frac{1.0\text{kHz}}{\left(\frac{1}{2\pi}\right)\text{Hz}} = \frac{1.0 \times 10^3 \text{Hz}}{0.159154\cdots\text{Hz}} \fallingdotseq 6283.1853\cdots$$

【手順2】すべての素子の値をMで割ると，遮断周波数だけが変更された，目的の周波数のフィルタ設計データが得られます(図2-7)．

例2-1の場合は，

$$L_{(NEW)} = \frac{L_{(OLD)}}{M} = \frac{1.0}{6283.1853\cdots} \fallingdotseq 0.000159155[\text{H}] = 0.159155\text{mH}$$

〈図2-7〉フィルタの遮断周波数を変える場合

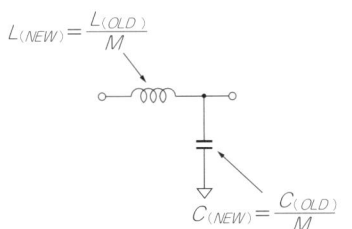

〈図2-8〉設計した1kHz，1Ωの2次定K型LPF

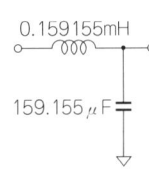

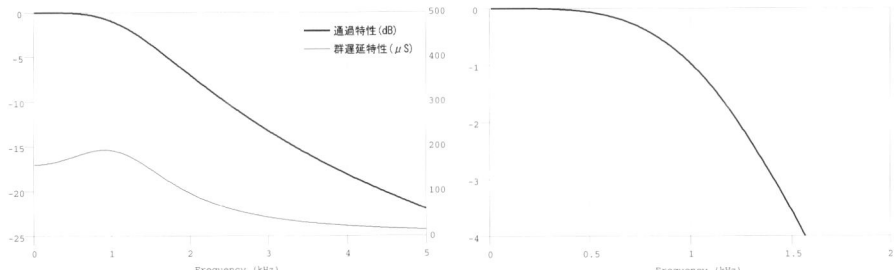

〈図2-9〉1kHz，1Ωの2次定K型LPFの遮断特性と群遅延特性

〈図2-10〉1kHz，1Ωの2次定K型LPFの遮断周波数近辺の特性

$$C_{(NEW)} = \frac{C_{(OLD)}}{M} = \frac{1.0}{6283.1853\cdots} \fallingdotseq 0.000159155[\mathrm{F}] = 0.159155[\mathrm{mF}] = 159.155\mu\mathrm{F}$$

　完成したインピーダンス1Ω，遮断周波数1kHzのLPFの回路を**図2-8**に，そのシミュレーション結果を**図2-9**に示します．

　図2-10は，遮断特性付近の通過特性を拡大したものです．設計遮断周波数である1kHzでの損失は-1dBで，実際の遮断周波数(-3.0dBとなる点)は，約1.4kHzとなっています．つまり，遮断周波数1kHzで設計したにもかかわらず，実際には1.4kHzとなってしまいました．近代的設計手法により設計されたフィルタでは，このようなことはありませんが，映像インピーダンス法で設計されたフィルタでは，しばしばこのようなことが起こります．

例2-2 正規化LPFのインピーダンスだけを変換して設計する定K型LPF

　インピーダンス10.0Ω，遮断周波数が正規化LPFと同じ$1/(2\pi) \fallingdotseq 0.15915\mathrm{Hz}$である定K型LPFを，正規化定K型LPFの設計データを基に計算してみます．

【手順1】インピーダンス変換を行うため，目的のインピーダンスと基準になるインピーダンスの比Kを求めます．

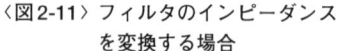

〈図2-11〉フィルタのインピーダンスを変換する場合

〈図2-12〉設計した0.15915Hz，10.0Ωの2次定K型LPF

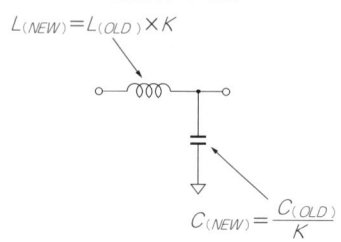

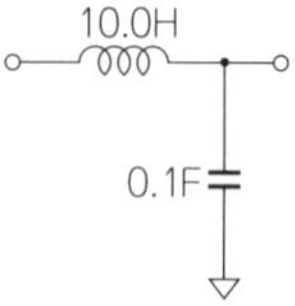

〈図2-13〉2次定K型LPF（遮断周波数 $1/(2\pi)$Hz，インピーダンス 1Ω）

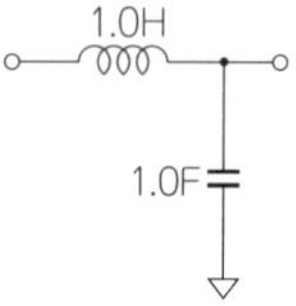

$$K = \frac{\text{目的のインピーダンス}}{\text{基準になるもとのインピーダンス}} = \frac{10\Omega}{1\Omega} = 10.0$$

【手順2】フィルタのインピーダンス変換は，フィルタ内のすべてのインダクタの値にKを掛け，すべてのキャパシタの値をKで割ると行うことができます（**図2-11**）．

例2-2の場合には，次の式のように計算します．

$$L_{(NEW)} = L_{(OLD)} \times K = 1.0 \times 10 = 10\text{H}$$

$$C_{(NEW)} = \frac{C_{(OLD)}}{K} = \frac{1.0}{10.0} = 0.1\text{F}$$

完成したインピーダンス10Ω，遮断周波数$1/(2\pi)$Hzの2次定K型LPFの回路は**図2-12**のようになります．

例2-3 正規化LPFの周波数とインピーダンスを変換して設計する定K型LPF

次に，インピーダンス50.0Ω，遮断周波数160.0kHzの2次定K型LPFを，正規化定K型LPFの設計データを基に求めます．

【手順1】目的の周波数との比Mを求めます．

$$M = \frac{\text{目的の周波数}}{\text{基準になるもとの周波数}} = \frac{160.0\text{kHz}}{\left(\frac{1}{2\pi}\right)\text{Hz}} = \frac{160 \times 10^3 \text{Hz}}{0.159154\cdots\text{Hz}} \fallingdotseq 1005309.649$$

【手順2】すべての素子の値をMで割ると，目的の周波数に変換されたフィルタの設計データが得られます．

$$L_{(NEW)} = \frac{L_{(OLD)}}{M} = \frac{1.0}{1005309.649} \fallingdotseq 0.994718\mu\text{H}$$

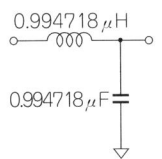

〈図2-14〉
遮断周波数を160.0kHzに変更したインピーダンス1Ωの2次定K型LPF

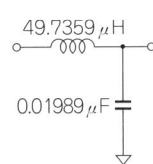

〈図2-15〉
設計した160kHz，50.0Ωの2次定K型LPF

$$C_{(NEW)} = \frac{C_{(OLD)}}{M} = \frac{1.0}{1005309.649} \fallingdotseq 0.994718 \mu F$$

インピーダンスは1Ωそのままで，遮断周波数だけを0.15915Hzから160kHzに変換した定K型LPFは，**図2-14**のようになります．

【手順3】 インピーダンス変換のため，目的のインピーダンスとの比Kを求めます．

$$K = \frac{\text{目的のインピーダンス}}{\text{基準になるもとのインピーダンス}} = \frac{50\Omega}{1\Omega} = 50.0$$

【手順4】 フィルタ内のすべてのインダクタの値にKを掛け，すべてのキャパシタの値をKで割ると，インピーダンス変換を行うことができます．計算は次のようになります．

$$L_{(NEW)} = L_{(OLD)} \times K = 0.994718[\mu H] \times 50 = 49.7359 \mu H$$

$$C_{(NEW)} = \frac{C_{(OLD)}}{K} = \frac{0.994718[\mu F]}{50} \fallingdotseq 0.019894[\mu F] = 19894 pF$$

完成したインピーダンス50.0Ω，遮断周波数160kHzの2次定K型LPFは，**図2-15**のような回路になります．

シミュレーションを行った結果を**図2-16**に示します．この場合も，遮断周波数(-3dBとなる点)は設計値に近い値になりますが，正確には設計値どおりにはなりません．これが，古典的手法で設計されたフィルタの特徴です．

試作では，**写真2-1**のように，トロイダル・コアに巻いたトロイダル・コイルとマイカ・コンデンサを使いました．

写真2-1のフィルタを測定した結果を**写真2-2**に示します．この測定結果は，信号源を掃引して，スペクトラム・アナライザの管面に蓄積し表示させたものです．0dBmの信号を入力して測定したため，スペクトラム・アナライザの読みがそのままフィルタの特性になります．実験結果からもわかりますが，シミュレーションどおりの結果が得られています．

〈図2-16〉160kHz，50Ωの2次定K型LPFの遮断特性と群遅延特性

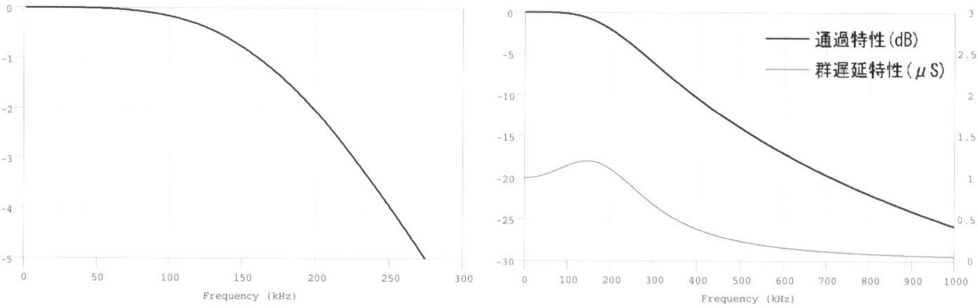

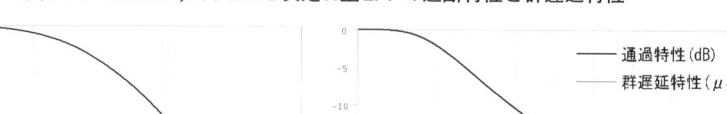

〈写真2-1〉製作した160kHz，50.0Ωの2次定K型LPF

〈写真2-2〉160kHz，50.0Ωの2次定K型LPFの測定結果（0〜1MHz，縦軸5dB/div.）

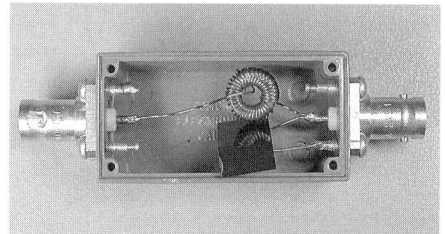
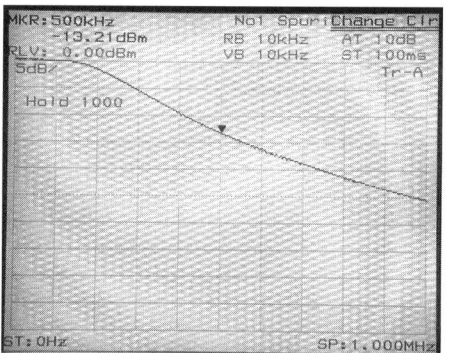

2.3　定K型正規化LPFのデータ

　図2-17に，定K型正規化LPFの設計データを紹介します．すべての定K型フィルタは，この設計データから簡単な変換を施すことで計算することができます．後述のハイパス・フィルタやバンドパス・フィルタ，それにバンド・リジェクト・フィルタを設計する場合にも，このデータが必要になります．

　図2-17では10次まで示しましたが，ここまで紹介すると，規則性に気づいた読者の方も多いと思います．すなわち定K型フィルタは，すべて2次の基本形に分解することができます．たとえば，3次の場合には，図2-18のように二つの2次定K型フィルタの集まりでできています．

〈図2-17〉定K型正規化LPFの設計データ(遮断周波数1/(2π)Hz, インピーダンス1Ω)

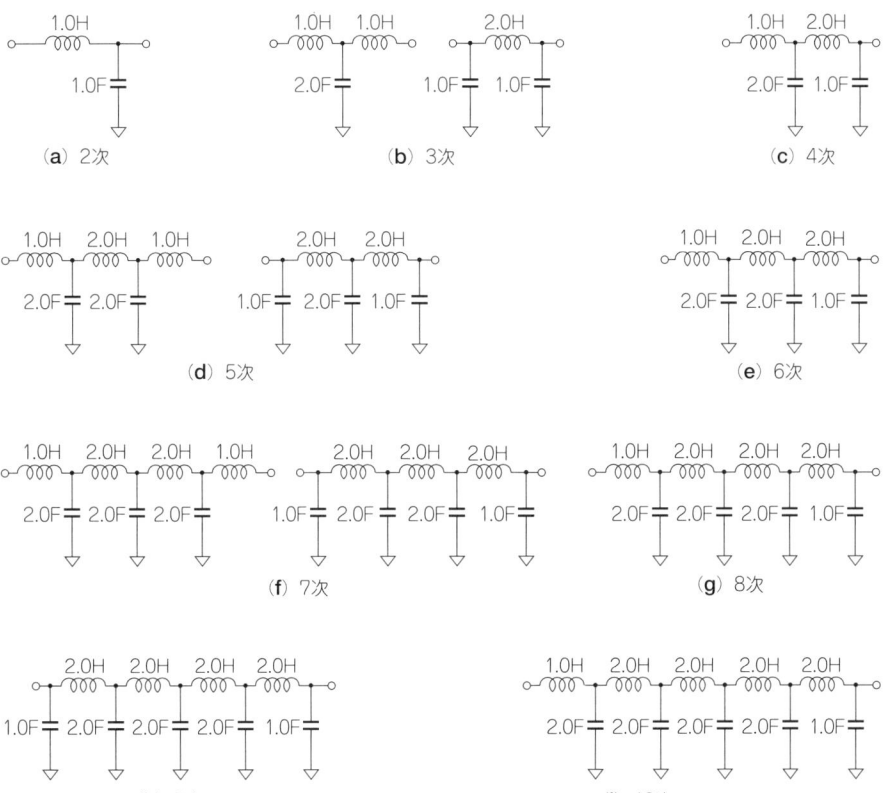

4次定K型正規化LPFの場合も，図2-19に示すように，2次のフィルタの集まりと考えることができます．

これから，N次の定K型正規化LPFの回路と定数は，図2-20のようになることが容易に想像できます．奇数次の場合はT形とπ形の2種類があります．

例2-4 遮断周波数1GHz，インピーダンス50Ωの3次T形定K型LPFを設計する

正規化LPFの設計データから，3次T形正規化定K型LPFの回路は図2-21のようになります．

まず遮断周波数を，例2-1や例2-3と同じ方法で変換します．周波数を変換するために必要な，目的の周波数と基準になる周波数の比Mを求めます．

〈図2-18〉3次以上の高次定K型正規化LPFは2次定K型フィルタの集まりとして考えることができる

〈図2-19〉4次の高次定K型正規化LPFを2次正規化定K型LPFを使って書いた場合

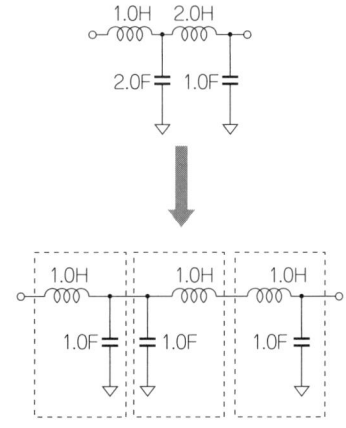

〈図2-20〉奇数次と偶数次のフィルタの形

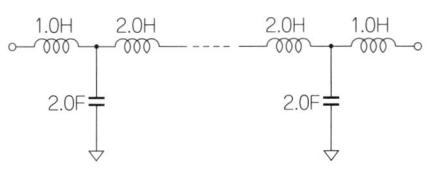

または，

（a）奇数次のフィルタ

（b）偶数次のフィルタ

〈図2-21〉
3次T形定K型正規化LPF
（遮断周波数 $1/(2\pi)$ Hz，インピーダンス 1Ω）

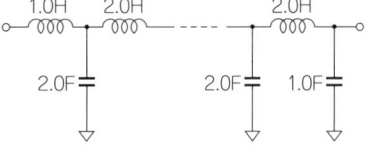

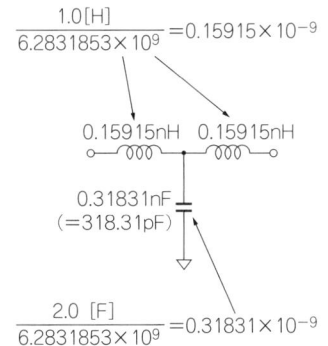

〈図2-22〉3次T形定K型LPF（遮断周波数1GHz，インピーダンス1Ω）

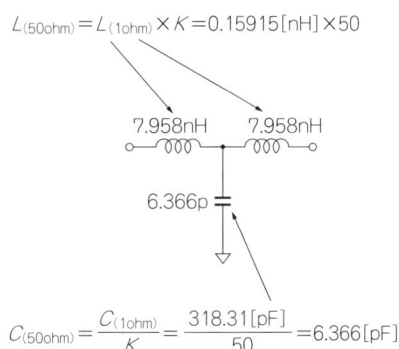

〈図2-23〉3次T形定K型LPF（遮断周波数1GHz，インピーダンス50Ω）

$$M = \frac{\text{目的の周波数}}{\text{基準になるもとの周波数}} = \frac{1\text{GHz}}{\left(\frac{1}{2\pi}\right)\text{Hz}} = \frac{1.0 \times 10^9 \text{Hz}}{0.159154 \cdots \text{Hz}} \fallingdotseq 6.2831853 \times 10^9$$

　正規化LPFのすべての素子値を変数Mで割ると，インピーダンスはそのままで遮断周波数を変更することができます．計算すると**図2-22**のような遮断周波数1GHz，インピーダンス1Ωのフィルタの回路が得られます．

　さらにインピーダンスを1Ωから50Ωに変更します．そのために，目的のインピーダンスと基準になるインピーダンスの比Kを求めます．インピーダンスを変更するには，フィルタのすべてのインダクタの値にKを掛け，すべてのキャパシタの値をKで割ります．

$$K = \frac{\text{目的のインピーダンス}}{\text{基準になるもとのインピーダンス}} = \frac{50\Omega}{1\Omega} = 50.0$$

　最終的には，次の**図2-23**のような回路になります．

　図2-24を見ると，遮断周波数である1GHzで－3dBと，めずらしく遮断周波数が設計値と一致しています．実は，3次の場合だけなのですが，定K型フィルタと近代的手法で設計されたバターワース型フィルタ（後述の章を参照）の定数が一致します．そのため，遮断周波数が正確に設計値どおりになります．

● LPFの製作手順

　図2-23に示したLPFを実際に作ってみましょう．1GHzのLPFというと身構えてしまう人もいるかもしれませんが，いたって簡単です．コンデンサに自己共振周波数の高いチ

〈図2-24〉
3次T形定K型LPFの通過特性と遅延特性

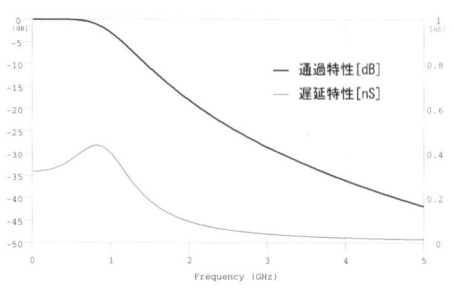

ップ・コンデンサを使い，コイルは後述の空芯コイルを使えば，簡単に実現できます．あとは，片面銅箔基板と，DIY店などで手に入る銅箔テープがあれば，**写真2-3**のような手順で簡単に製作することができます．

① 必要な部分に銅箔を貼る
② グラウンドと接続する部分に穴を開ける
③ 穴に銅線を通す

表から通し裏で曲げるようにすると，比較的きれいに仕上がります．また，はんだ付けの際，グラウンドの銅箔がめくれにくくなります．

④ ラインに直列に入るデバイス用に，切り込みを入れる
⑤ 部品を実装する
⑥ コネクタを取り付ける

コネクタは金めっきしたものを使います．ステンレス製にパッシベイト処理したものや，ニッケルめっき品でははんだ付けが大変です．

完成した1GHz LPFの測定結果は，**写真2-4**のようになりました．写真では4GHzまでの測定結果を示していますが，さらに高い周波数まで測定したところ，阻止帯域の減衰量は6GHzまで約–30dBと一定でした．

高い周波数での減衰量が期待どおりに下がらないのと，本来はないはずのノッチ点（急激に信号が減衰する点）が2GHzに存在するのは，基板の表と裏を接続した銅線のインダクタンスと，コンデンサの寄生インダクタンスによるものです．実際には，**図2-25**のような回路として，動作していることがわかります．

実際の回路は，別の章で解説するエリプティック型や逆チェビシェフ型と同じ回路構成になっています．このため，阻止域の減衰量はある値で止まってしまいます．高域の阻止特性を良くするには，これらのインダクタンスをできるかぎり減らします．インダクタン

〈写真2-3〉LPFの製作手順

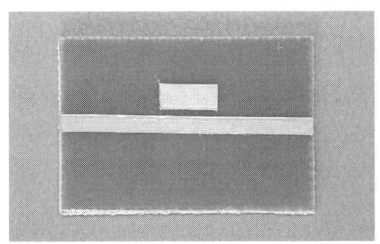

(a) 製作手順1：片面銅箔基板に銅テープを貼る

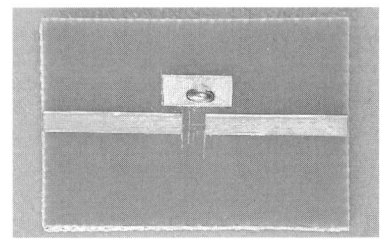

(e) 製作手順4：ラインに切り込みを入れる

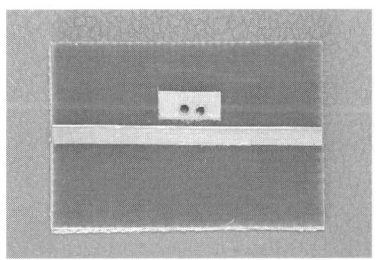

(b) 製作手順2：グラウンドと接続する部分に穴を開ける

(f) 製作手順5：部品を実装する

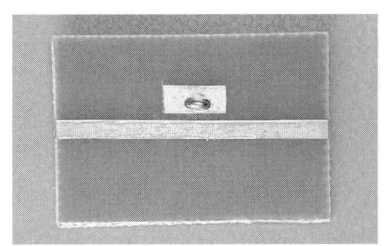

(c) 製作手順3：穴に銅線を通す（表面）

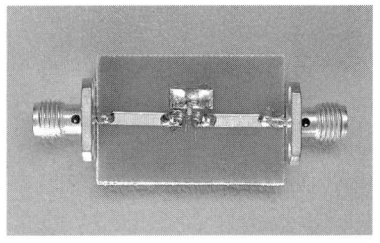

(g) 製作手順6：コネクタを取り付け完成した1GHz定K型LPF

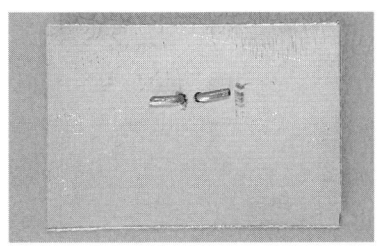

(d) 製作手順3：穴に銅線を通す（裏面）

〈写真2-4〉製作した**1GHz LPF**の実測特性（10MHz～4GHz, 10dB/div.）

〈図2-25〉実際にはこのような回路として動作している

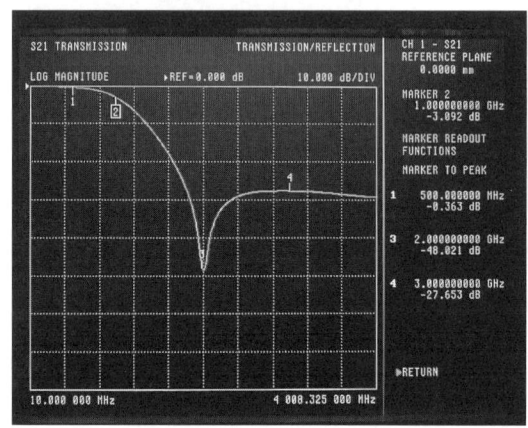

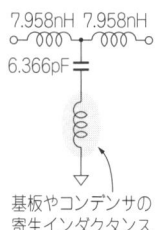

基板やコンデンサの寄生インダクタンス

スを減らすためには，できるかぎり薄い厚さの基板を使用し，裏面と接続する接続点（スルー・ホール）の数を増やします．高い周波数でフィルタの阻止量が十分にとれないのは部品どうしが結合していると考えて，銅板などで囲っている回路をよく見かけますが，50Ω系などの低いインピーダンスで，周波数が数GHz程度の比較的低い周波数の場合には，あまり効果がありません．銅板によるシールドが効果的なのは，高いインピーダンスのフィルタであり，高周波のフィルタすべてに必要なわけではありません．

バターワース型LPFの章では，部品やスルー・ホールのインダクタンスの影響を受けにくくする実装方法を使って製作した1.3GHzのローパス・フィルタを紹介しています．この1.3GHzフィルタは，阻止帯域で約50dBの阻止量が得られています．

例2-5 遮断周波数500Hz，インピーダンス8Ωの2次の定K型LPFを設計する

正規化LPFの設計データを見ると，2次正規化定K型LPFの回路は図2-17(a)のようになります．まず遮断周波数を，これまでと同じ方法で変換します．目的の周波数と基準になる周波数の比Mは，

$$M = \frac{\text{目的の周波数}}{\text{基準になるもとの周波数}} = \frac{500\text{Hz}}{\left(\frac{1}{2\pi}\right)\text{Hz}} = \frac{500\text{Hz}}{0.159154\cdots\text{Hz}} \fallingdotseq 3.1415926 \times 10^3$$

これより，遮断周波数を500Hzに変更したフィルタは図2-26(a)のようになります．さらにインピーダンスを1Ωから8Ωに変更します．そのために，目的のインピーダン

〈図2-26〉2次定 K 型 LPF を設計する($f_C = 500\text{Hz}$, $Z = 8\Omega$)

$L_{(500\text{Hz})} = \dfrac{1.0[\text{H}]}{M} = 0.31831 \times 10^{-3}$

0.31831mH

0.31831mF

$C_{(500\text{Hz})} = \dfrac{1.0[\text{F}]}{M} = 0.31831 \times 10^{-3}$

$L_{(8\text{ohm})} = L_{(1\text{ohm})} \times K = 0.31831[\text{mH}] \times 8$

2.5465mH

39.789pF

$C_{(8\text{ohm})} = \dfrac{C_{(1\text{ohm})}}{K} = \dfrac{0.31831[\text{mF}]}{8}$
$\fallingdotseq 0.039789[\text{mF}] = 39.789[\mu\text{F}]$

（a）遮断周波数を500Hzに変更した結果　　（b）インピーダンスを8Ωに変更した最終結果

〈図2-27〉2次定 K 型 LPF のシミュレーション結果（遮断周波数500Hz, インピーダンス8Ω）

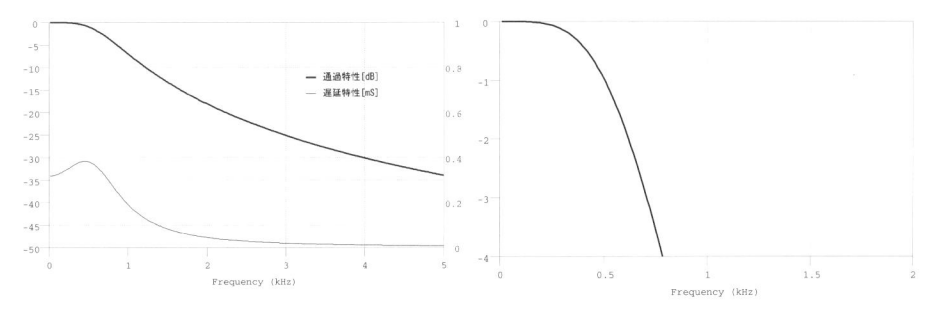

（a）通過特性と遅延特性　　　　　　　　（b）遮断周波数付近を拡大した通過特性

スと基準になるインピーダンスの比 K を求めます．

$$K = \dfrac{\text{目的のインピーダンス}}{\text{基準になるもとのインピーダンス}} = \dfrac{8\Omega}{1\Omega} = 8.0$$

最終的には，**図2-26**（**b**）のような回路になります．シミュレーションで求めた特性は，**図2-27**のようになります．

例2-6 遮断周波数50MHz，インピーダンス50Ωの5次π形定 K 型 LPF

　正規化LPFの設計データから，5次π形正規化定 K 型 LPF の回路は**図2-17**（**d**）のようになります．遮断周波数を，これまでと同じ方法で変換します．目的の周波数と基準になる周波数の比 M は，次の式で計算できます．フィルタのすべての素子の値を M で割ると，周波数変換を行うことができます．

〈図2-28〉
5次π形定K型LPFを設計する
($f_C = 50\text{MHz}$, $Z = 50\Omega$)

6.3662nH　6.3662nH　　318.3nH　318.3nH

3183.1pF　6366.2pF　3183.1pF　　63.66pF　127.2pF　63.66pF

(a) 遮断周波数を50MHzに変更した結果　　(b) インピーダンスを50Ωに変更した最終結果

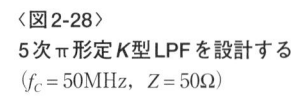

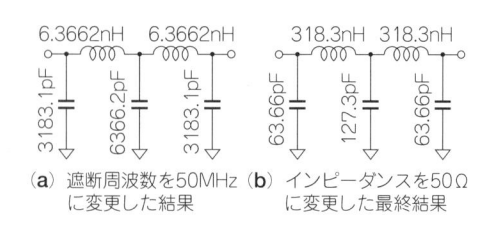

〈図2-29〉5次π形定K型LPFのシミュレーション結果（遮断周波数50MHz，インピーダンス50Ω）

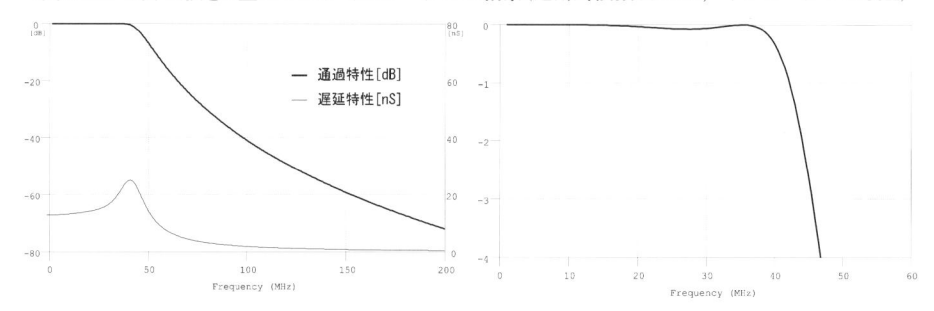

(a) 通過特性と遅延特性　　(b) 遮断周波数付近を拡大した通過特性

$$M = \frac{\text{目的の周波数}}{\text{基準になるもとの周波数}} = \frac{50\text{MHz}}{\left(\dfrac{1}{2\pi}\right)\text{Hz}} = \frac{50 \times 10^6 \text{Hz}}{0.159154\cdots \text{Hz}} \fallingdotseq 314.15927 \times 10^6$$

これより，インピーダンスはそのままで，遮断周波数を正規化周波数である$1/(2\pi)$Hzから50MHzに変更したフィルタは図2-28(a)のようになります．

さらに，インピーダンスを1Ωから50Ωに変更するため，目的のインピーダンスと基準になるインピーダンスの比Kを求めます．インピーダンスを変更するには，フィルタのすべてのインダクタの値にKを掛け，すべてのキャパシタの値をKで割ります．

$$K = \frac{\text{目的のインピーダンス}}{\text{基準になるもとのインピーダンス}} = \frac{50\Omega}{1\Omega} = 50.0$$

計算を行うと，図2-28(b)のような回路になります．このフィルタの特性は図2-29のようになります．

写真2-5は，後半で紹介する空芯コイルを使って製作した50MHz定K型LPFの外観です．使用した318.3nHを得るための空芯コイルの設計データをいくつか表2-1に示します．どれも同じ値が得られますので，使用する線材の太さやコイルを巻くために使う芯に合わ

〈写真2-5〉製作した5次π形定K型LPF
(遮断周波数50MHz, インピーダンス50Ω)特性

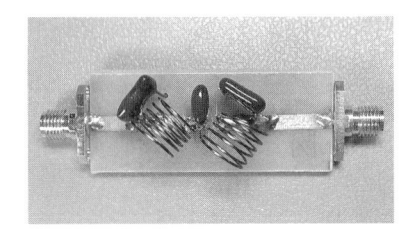

〈表2-1〉318.3nHの空芯コイルの設計データ

直径 [mm]	巻き数 [回]	コイルの長さ [mm]
9.5	6	5.778
9.5	7	9.425
9.5	8	13.663
8.0	7	6.102
8.0	8	9.100
8.0	9	12.507

〈写真2-6〉
製作した5次π形定K型LPFの通過特性
(10～300MHz, 10dB/div.)

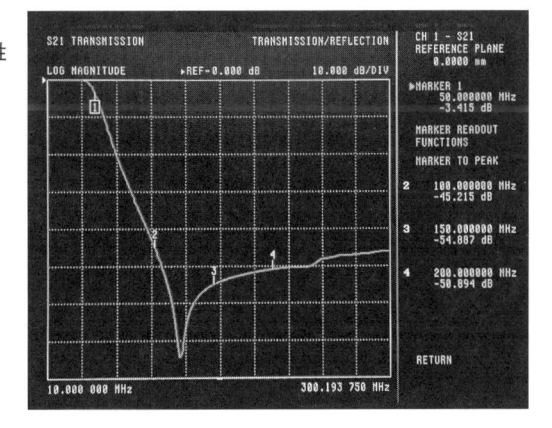

せて作りやすい設計値を選んでください．この設計データは，本書の後半で紹介する式を用いて求めたものです．

写真2-6は，ネットワーク・アナライザを使用して測定した測定結果です．本書の後半で紹介するように，この場合も先の例と同じように，コンデンサの寄生インダクタンスのため，設計時には存在しなかったノッチ点(信号が鋭く減衰する点)が生じ，高い周波数での阻止特性が理論どおりになりません．

2.4 誘導m型ローパス・フィルタ

定K型ローパス・フィルタは，**図2-17**のような素子を基本として，構成されていました．この定K型LPFの特性は先に紹介したとおりですが，遮断周波数に近い周波数の信号を排除したい場合には，次数がとても多くなります．

〈図2-30〉誘導m型LPFの特性例（遮断周波数100MHz，ノッチ周波数130MHz）

〈図2-31〉誘導m型ローパス・フィルタのユニット

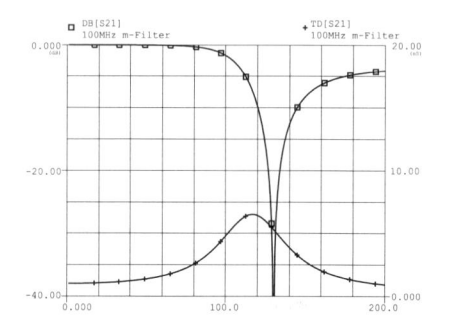

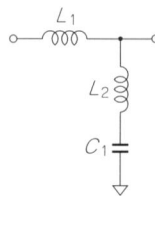

$$m = \sqrt{1 - \frac{f_c^2}{f_{rejection}^2}}$$

$$L_1 = m \times \frac{Z_0}{2\pi \cdot f_c}$$

$$L_2 = \left(\frac{1-m^2}{m}\right) \times \frac{Z_0}{2\pi \cdot f_c}$$

$$C_1 = m \cdot \frac{1}{2\pi \cdot f_c \cdot Z_0}$$

　遮断周波数に近い周波数を排除したい場合には，誘導m型LPFと呼ばれるフィルタを使うとよいでしょう．図2-30は，130MHzにノッチをもつ遮断周波数100MHzの誘導m型LPFの特性をシミュレーションしたものです．この誘導m型LPFは図のように，遮断周波数に比較的近い周波数にノッチ（信号が大きく減衰する部分）をもつことができます．つまり，少ない次数で遮断周波数に比較的近い周波数の信号を除去することができます．しかし，例からもわかるように，遮断周波数から離れた周波数での阻止特性はあまりよくありません．

　このため，普通，誘導m型LPF単体で使われることは少なく，定K型LPFと組み合わせて使われます．

2.5　誘導m型LPFの正規化データと設計方法

　最初に，正規化された誘導m型LPFを紹介します．最初に話をしたように，正規化されたLPFの設計データがあれば，インピーダンスや遮断周波数の異なるLPFを簡単に設計することができます．正規化LPFとは，遮断周波数$1/(2\pi)$Hz，インピーダンス1ΩのLPFのことです．

　誘導m型LPFは，図2-31のような基本回路の組み合わせで成り立っています．

　f_cはLPFの遮断周波数を意味し，$f_{rejection}$はゼロ点，つまりノッチを与える周波数で，阻止したい周波数を選びます．また，とくに$m=0.6$にした場合，インピーダンスZ_0とのマッチングがもっとも良くなります．このため，入出力端子に近い部分に$m=0.6$の回路を置くと，フィルタとのマッチングが良くなります（後述の例を参照）．ちなみに，$m=1.0$

⟨表2-2⟩ 誘導m型正規化LPFの設計データ（遮断周波数$1/(2\pi)$Hz, インピーダンス1Ω）

⟨図2-32⟩ 誘導m型ローパス・フィルタの特性（$m = 0.4 \sim 0.8$）

$f_{rejection}/f_C$	定数mの値	L_1 [H]	L_2 [H]	C_1 [F]
1.01	0.14037	0.14037	6.98362	0.14037
1.02	0.19706	0.19706	4.87763	0.19706
1.03	0.23959	0.23959	3.93418	0.23959
1.04	0.27467	0.27467	3.36606	0.27467
1.05	0.30491	0.30491	2.97474	0.30491
1.06	0.33167	0.33167	2.68340	0.33167
1.07	0.35575	0.35575	2.45517	0.35575
1.08	0.37771	0.37771	2.26986	0.37771
1.09	0.39789	0.39789	2.11533	0.39789
1.10	0.41660	0.41660	1.98780	0.41660
1.20	0.55277	0.55277	1.25630	0.55277
1.25	0.60000	0.60000	1.06667	0.60000
1.30	0.63897	0.63897	0.92605	0.63897
1.40	0.69985	0.69985	0.72901	0.69985
1.50	0.74536	0.74536	0.59628	0.74536
1.60	0.78062	0.78062	0.50040	0.78062
1.70	0.80869	0.80869	0.42788	0.80869
1.80	0.83148	0.83148	0.37120	0.83148
1.90	0.85029	0.85029	0.32578	0.85029
2.0	0.86603	0.86603	0.28868	0.86603
2.5	0.91652	0.91652	0.17457	0.91652
3.0	0.94281	0.94281	0.11785	0.94281
4.0	0.96825	0.96825	0.06455	0.96825
5.0	0.97980	0.97980	0.04082	0.97980
6.0	0.98601	0.98601	0.02817	0.98601
7.0	0.98974	0.98974	0.02062	0.98974
8.0	0.99216	0.99216	0.01575	0.99216
9.0	0.99381	0.99381	0.01242	0.99381
10.0	0.99499	0.99499	0.01005	0.99499

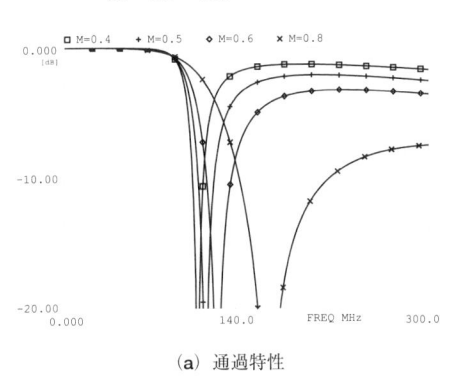

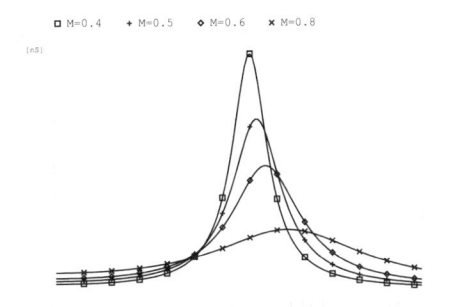

（a）通過特性

（b）群遅延特性（単位：ns）

の場合には，誘導m型LPFは定K型LPFと同じ回路になります．

図中の計算式で計算した誘導m型正規化LPFの設計データを**表2-2**に示します．

$f_{rejection}/f_C$は，ノッチを与える周波数と，遮断周波数の比を表しています．たとえば，$f_{rejection}/f_C = 2.0$の場合，遮断周波数の2倍の周波数にノッチが生じます．先の**図2-30**の特性例は，遮断周波数100MHz，ノッチ周波数130MHzであるので，$f_{rejection}/f_C = 1.30$となる正規化LPFのデータをもとに設計しました．

〈図2-33〉 $f_{rejection}/f_C=1.30$ の誘導 m 型正規化LPF

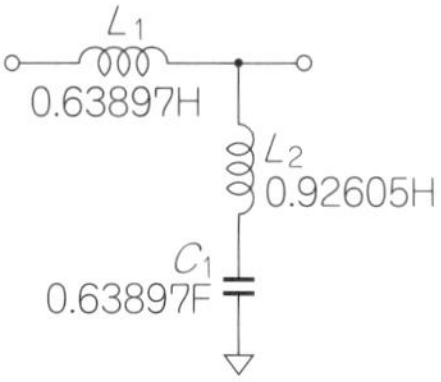

〈図2-34〉 誘導 m 型LPF（遮断周波数100MHz，ノッチ周波数130MHz，インピーダンス50Ω）を設計する

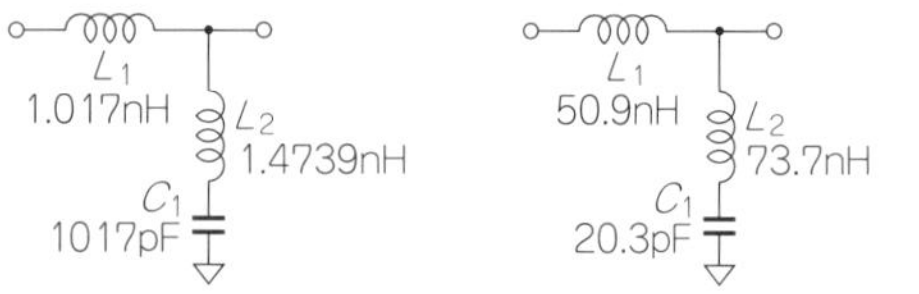

L_1 0.63897H
L_2 0.92605H
C_1 0.63897F

(a) 遮断周波数だけを変更した結果
L_1 1.017nH
L_2 1.4739nH
C_1 1017pF

(b) さらにインピーダンスを変更した最終結果
L_1 50.9nH
L_2 73.7nH
C_1 20.3pF

定数 m の値の異なる，遮断周波数100MHzの誘導 m 型LPFの通過特性と群遅延特性を図2-32に示します．

例2-7 遮断周波数100MHz，ノッチ周波数130MHz，インピーダンス50Ωの誘導 m 型LPFの設計

遮断周波数100MHz，ノッチ周波数130MHzであるから，

$$\frac{f_{rejection}}{f_C} = \frac{130 \times 10^6}{100 \times 10^6} = 1.30$$

が求まります．

誘導 m 型正規化LPFの設計データの表より，もとになる正規化LPFの回路は，図2-33のようになります．

定 K 型フィルタの場合と同じ方法で，遮断周波数を $1/(2\pi)$ Hzから100MHzに変更し，さらにインピーダンスを1Ωから50Ωに変更します．

計算は，フィルタの遮断周波数を変更するために，周波数比 M を求めます．

$$M = \frac{\text{目的の周波数}}{\text{基準になるもとの周波数}} = \frac{100\text{MHz}}{\left(\dfrac{1}{2\pi}\right)\text{Hz}} = \frac{100 \times 10^6 \text{Hz}}{0.159154\cdots\text{Hz}} \fallingdotseq 0.62831853 \times 10^9$$

この M を使って，遮断周波数を変更したフィルタの定数を計算すると図2-34(a)のような回路が得られます（詳細は定 K 型フィルタの例を参照）．

$$L_{1(NEW)} = \frac{L_{1(OLD)}}{M} = \frac{0.63897}{0.62831853 \times 10^9} \fallingdotseq 1.0170 \times 10^{-9} [\text{H}] = 1.0170\text{nH}$$

$$L_{2(NEW)} = \frac{L_{2(OLD)}}{M} = \frac{0.92605}{0.62831853 \times 10^9} \fallingdotseq 1.4739 \times 10^{-9} [\text{H}] = 1.4739\text{nH}$$

2.5 誘導m型LPFの正規化データと設計方法　41

〈写真2-7〉空芯コイルとチップ・コンデンサを使って試作した遮断周波数100MHz，ノッチ周波数130MHzの誘導m型LPF

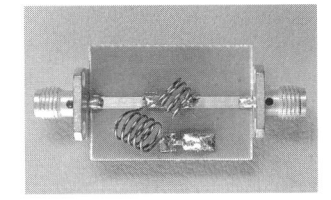

〈写真2-8〉試作した遮断周波数100MHz，ノッチ周波数130MHzの誘導m型LPFの通過特性（10〜240MHz，5dB/div.）

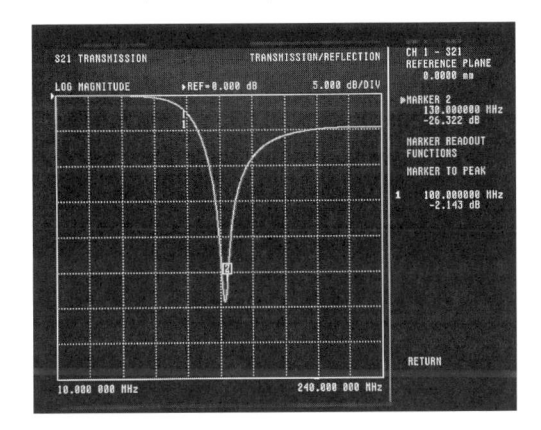

$$C_{(NEW)} = \frac{C_{(OLD)}}{M} = \frac{0.63897}{0.62831853 \times 10^9} \fallingdotseq 1.0170 \times 10^{-9} [\text{F}] = 1.0170 [\text{nF}] = 1017.0 \text{pF}$$

さらに，インピーダンスを変更します．インピーダンスを変更するためには，インピーダンス比Kを求め，すべてのコイルの値にKを掛け，すべてのコンデンサの値をKで割ります（詳細は定K型フィルタの例2-1〜例2-3を参照）．

$$K = \frac{\text{目的のインピーダンス}}{\text{基準になるもとのインピーダンス}} = \frac{50\Omega}{1\Omega} = 50.0$$

$$L_{1(NEW)} = L_{1(OLD)} \times K = 1.0170 [\text{nH}] \times 50 \fallingdotseq 50.9 \text{nH}$$

$$L_{2(NEW)} = L_{2(OLD)} \times K = 1.4739 [\text{nH}] \times 50 \fallingdotseq 73.7 \text{nH}$$

$$C_{(NEW)} = \frac{C_{1(OLD)}}{K} = \frac{1017.0}{50} \fallingdotseq 20.3 \text{pF}$$

計算を行うと，目的のフィルタが完成します．最終的には図2-34（b）のような回路になります．このLPFの特性をシミュレーションした結果が，先に示した図2-30です．

写真2-7は，空芯コイルと市販のチップ・コンデンサを使って試作した，遮断周波数100MHzの誘導m型LPFの外観です．また，**写真2-8**は，ベクトル・ネットワーク・アナライザによる測定結果です．

使用した空芯コイルは，後の章で紹介する空芯コイルのインダクタンスを求める式を使って設計しました．コイルの設計データを**表2-3**に示します．

〈表2-3〉コイルの設計データ

インダクタンス	コイル直径	巻き数	コイル全長
50.9nH	5.0mm	4回	5.50mm
73.7nH	5.0mm	5回	6.12mm

〈図2-35〉$f_{rejection}/f_C=2.00$ の誘導m型正規化LPF

L_1 0.86603H
L_2 0.28868H
C_1 0.86603F

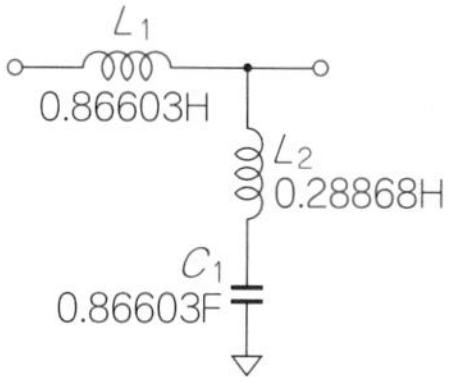

例2-8 例2-7と同じLPFを誘導m型の計算式を使って設計する

LPFの条件を，**図2-31**に示した誘導mを算出する式に入力すると，次のようにmとL_1，L_2，C_1を簡単に求めることができます．

$$m = \sqrt{1 - \frac{f_C^2}{f_{rejection}^2}} = \sqrt{1 - \left(\frac{1.0 \times 10^6}{1.30 \times 10^6}\right)^2} = \sqrt{1 - \left(\frac{1.0}{1.3}\right)^2} = \sqrt{1 - (0.76923)^2} = \sqrt{0.40828} \fallingdotseq 0.63897$$

$$L_1 = m \times \frac{Z_0}{2\pi \cdot f_C} = 0.63897 \times \frac{50}{2 \times \pi \times 100 \times 10^6} = \frac{50 \times 0.63897}{2 \times 3.141592 \times 100 \times 10^6}$$

$$= \frac{50 \times 0.63897}{2 \times 3.141592 \cdots \times 100} \times 10^{-6} \fallingdotseq 50.847 \text{nH}$$

$$L_2 = \left(\frac{1-m^2}{m}\right) \times \frac{Z_0}{2\pi \cdot f_C} = \left(\frac{1-0.40828}{0.63897}\right) \times \frac{50}{2\pi \times 100 \times 10^6}$$

$$= 0.92605 \times \frac{50}{2 \times 3.141592 \cdots \times 100} \times 10^{-6} \fallingdotseq 73.693 \text{nH}$$

$$C_1 = m \cdot \frac{1}{2\pi \cdot f_C \cdot Z_0} = 0.63897 \times \frac{1}{2 \times \pi \times 100 \times 10^6 \times 50} = \frac{0.63897}{2 \times 3.141592 \cdots \times 100 \times 50 \times 10^{-6}}$$

$$\fallingdotseq 0.00002034 \times 10^{-6} = 20.34 \text{pF}$$

計算結果より，最終的に先の例2-7と同じ回路が得られます．

例2-9 遮断周波数1.0kHz，ノッチ周波数2.0kHz，インピーダンス600Ωの誘導m型LPFの設計

遮断周波数1.0kHz，ノッチ周波数2.0kHzから，$f_{rejection}/f_C = 2.00$ が求まります．同様に，**表2-2**を利用すると，基になる正規化誘導m型正規化LPFの回路は**図2-35**のようになります．

2.5 誘導 m 型LPFの正規化データと設計方法

〈図2-36〉
誘導 M 型LPF（遮断周波数1kHz，ノッチ周波数2kHz，インピーダンス600Ω）を設計する

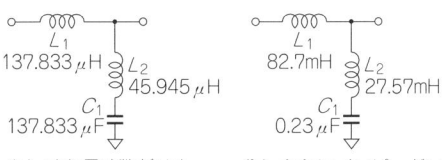

(a) 遮断周波数だけを変更した結果
L_1 137.833 μH，L_2 45.945 μH，C_1 137.833 μF

(b) さらにインピーダンスを変更した最終結果
L_1 82.7mH，L_2 27.57mH，C_1 0.23 μF

〈図2-37〉遮断周波数1kHz，インピーダンス600Ωの誘導 m 型LPFのシミュレーション結果

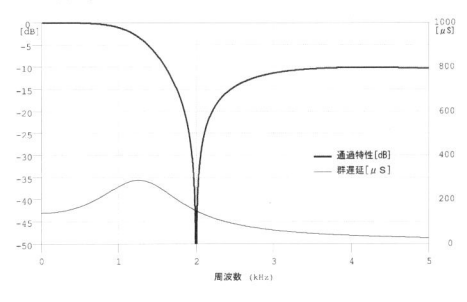

〈図2-38〉1kHz，100Ωの2次定 K 型LPFをブラック・ボックスとして考える

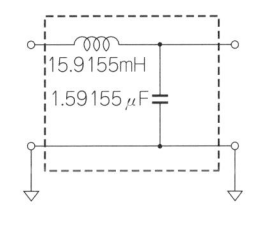

15.9155mH
1.59155 μF

　先の例と同じように，フィルタの遮断周波数を正規化フィルタの遮断周波数である $1/(2\pi)$Hz から目的の1kHzに変更します．フィルタの遮断周波数を変更するために用いる周波数比 M は，次の式のようになります．

$$M = \frac{\text{目的の周波数}}{\text{基準になるもとの周波数}} = \frac{1.0\text{kHz}}{\left(\dfrac{1}{2\pi}\right)\text{Hz}} = \frac{1.0\times 10^3\text{Hz}}{0.159154\cdots\text{Hz}} \fallingdotseq 6283.1853$$

　この M を使って，遮断周波数を変更したフィルタの定数を計算すると図2-36(a)のようになります．
　さらに，インピーダンスを変更します．インピーダンスを変更するために，インピーダンス比 K を求め，計算を行うと，最終的なフィルタの回路として図2-36(b)が求まります．

● フィルタのインピーダンスと整合性

　誘導 m 型フィルタでは，$m = 0.6$ のときにフィルタの設計インピーダンスとの整合性が良いということを述べました．誘導 m 型の整合性について説明を行うまえに，整合性について簡単に説明します．整合性とは，フィルタがどの程度設計インピーダンスに近いかということを意味しています．定 K 型フィルタを例に紹介します．
　遮断周波数1kHz，インピーダンス100Ωの2次定 K 型LPFは，図2-38のような回路に

〈図2-39〉実際に測定されるインピーダンス

〈図2-40〉インピーダンス Z_{in} の実数値と虚数値

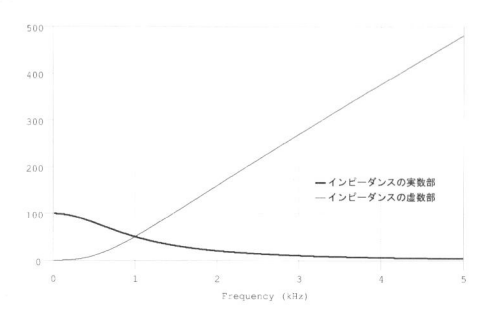

〈図2-41〉インピーダンス Z_{in} の大きさを表示した結果

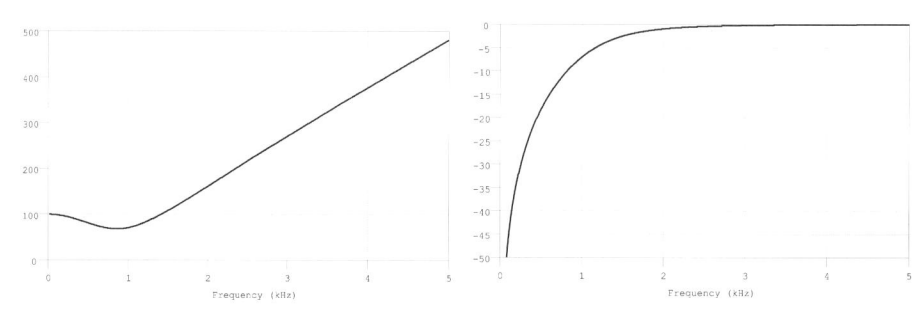

〈図2-42〉インピーダンスをリターン・ロスに置き換えて表示

なります．この回路を，一つのブラック・ボックスとして考えます．設計インピーダンス Z との整合性が良いフィルタということは，図2-39のようにフィルタの一方に，設計したインピーダンスと同じ値の抵抗を接続し，もう一方のポートのインピーダンスを測定した場合に観測されるインピーダンスが，どれだけ設計値に近いかということを意味します．

つまり，今の場合，フィルタの設計インピーダンスが100Ωなので，測定する端子と反対側の端子に100Ωを接続し，反対側からインピーダンス Z_{in} を測定します．この Z_{in} というインピーダンスは，位相情報も含むため，たとえば大きさ＋角度，複素数（実数＋虚数）などを使って表します．

図2-40のグラフは，シミュレーションによって複素インピーダンス Z_{in} の実数値と虚数値を表したものです．シミュレーション結果からも，完全に整合しているのは周波数ゼロの直流付近だけであることがわかります．

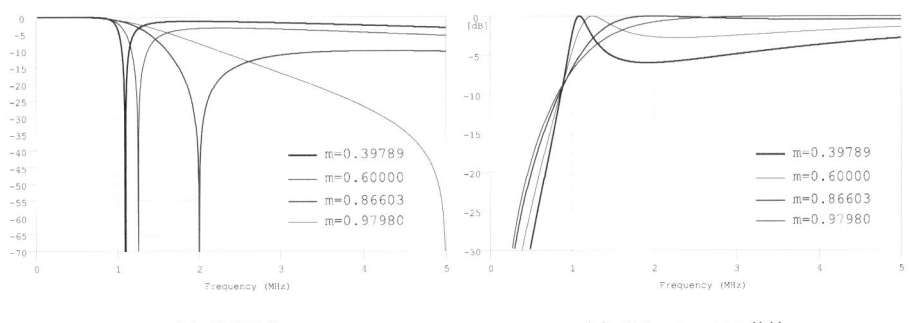

〈図2-43〉誘導m型LPFの特性

(a) 通過特性

(b) リターン・ロス特性

複素インピーダンスに慣れていないと，図2-40の実数と虚数のグラフからは，どれだけ整合しているのか一目ではわかりません．また，図2-41のように，インピーダンスの大きさだけを計算しても，整合の度合いを正しく表現することができません．図2-41を見ると2箇所でインピーダンスの大きさが100Ωとなり，整合しているように思えますが，実際に整合しているのは直流付近の1箇所です．

インピーダンスの大きさは，$|Z_{in}|$ で表し，たとえばインピーダンスを $Z_{in} = a + jb$ とすると，$|Z_{in}| = \sqrt{a^2 + b^2}$ と計算されます．

整合性を表現する場合は，図2-42に示すように，高周波回路でよく用いられるリターン・ロスというパラメータを使うと，どれだけ整合しているのかが一目でわかります．

完全に整合している場合，リターン・ロスというパラメータはマイナス無限大になります．つまり，値が小さければ小さいほど，整合性が良いといえます．この例の場合，直流付近の整合性がもっとも良く，周波数が高くなるにつれて整合性が悪くなっていることがわかります．

今後，整合性に関しては，リターン・ロスというパラメータを使って表します．リターン・ロスは，次の式により計算することができますが，計算が必要なことはまれでしょう．

$$ReturnLoss = 20 \log_{10}\left(\left| \frac{Z_{in} - Z_0}{Z_{in} + Z_0} \right| \right)$$

　Z_{in}：測定した複素インピーダンス
　Z_0：特性インピーダンス（フィルタの設計インピーダンス）

●誘導m型LPFの整合性

　誘導m型LPFの整合性について調べてみましょう．図2-43は，遮断周波数が1MHzで，

〈図2-44〉
誘導m型LPFと定K型LPFの整合性
（リターン・ロス）比較

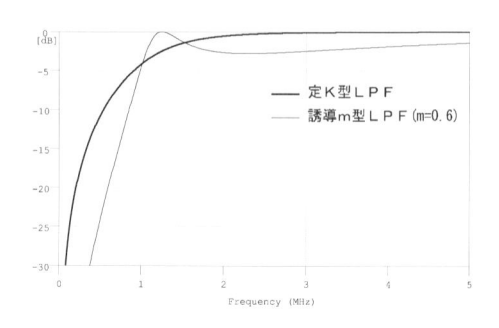

　ノッチ周波数がそれぞれ1.09MHz，1.25MHz，2.00MHz，5.00MHzとなる4種類の誘導m型LPFの通過特性とリターン・ロス特性をシミュレーションしたものです．リターン・ロス特性は，フィルタの整合性を表すパラメータであることは先に述べました．

　四つの誘導m型LPFのmの値は，それぞれ$m = 0.39789$，0.60000，0.86603，0.97980となります（誘導m型の設計を参照）．

　図2-43(b)のリターン・ロス特性を見ると，$m = 0.6$の場合がローパス・フィルタの帯域であるDC～1MHzの帯域すべてにおいて，一番小さな値であることがわかります．つまり，$m = 0.6$の場合に，設計インピーダンスにもっともよく整合しているのです．

　図2-44の，定K型LPFと誘導m型LPFのリターン・ロスを比べたグラフを見るとわかりますが，$m = 0.6$の誘導m型LPFは，定K型LPFよりもかなり整合性が良い（フィルタ帯域内のリターン・ロスがより小さい）ので，$m = 0.6$の誘導m型フィルタは，定K型フィルタの整合性を改善するためにも用いられます．

2.6　誘導m型と定K型を組み合わせた設計

　誘導m型フィルタは，遮断周波数近くの信号を減衰させることができましたが，遮断周波数から離れた周波数の信号を減衰させることが苦手でした．また逆に，定K型フィルタは，遮断周波数近くの信号を減衰させることは苦手ですが，遮断周波数から離れた周波数の信号を減衰させることは得意としています．

　この二つのフィルタの長所だけを利用できれば，かなり便利です．実は，古典的手法で設計されたフィルタに限ることなのですが，二つのフィルタを直列に接続することで，両方の長所をもったフィルタを構成することができます．ただし，近代的手法で設計されたフィルタでは，このように二つのフィルタを直列に接続する設計はできません．

2.6 誘導m型と定K型を組み合わせた設計　47

〈図2-45〉2次定K型LPF（遮断周波数1MHz，インピーダンス50Ω）

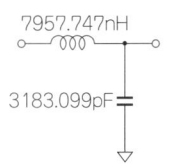

7957.747nH
3183.099pF

〈図2-46〉2次定K型LPFのシミュレーション結果

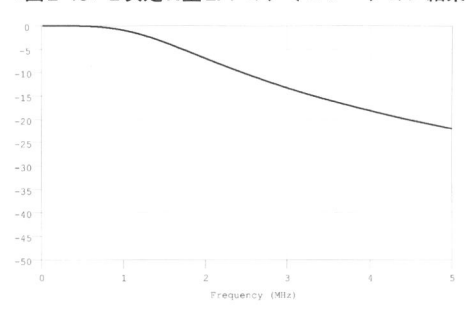

〈図2-47〉誘導m型LPF（遮断周波数1MHz，ノッチ周波数1.5MHz，インピーダンス50Ω）

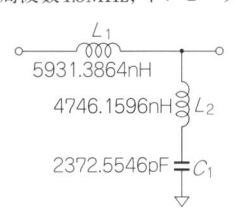

L_1
5931.3864nH
4746.1596nH L_2
2372.5546pF C_1

〈図2-48〉誘導m型LPFのシミュレーション結果

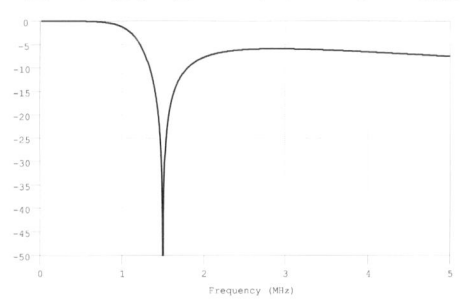

例2-10
遮断周波数1MHzの2次定K型フィルタと遮断周波数1MHz，ノッチ周波数1.5MHzの誘導m型フィルタを組み合わせて，遮断周波数1MHz，インピーダンス50ΩのLPFを設計する

遮断周波数1MHz，インピーダンス50Ωの2次定K型LPFは図2-45のような回路になり（設計方法は例2-3を参照），図2-46がこの回路のシミュレーション結果です．

さらに，先の例にしたがって遮断周波数1MHz，ノッチ周波数1.5MHzの誘導m型LPFを設計すると図2-47の回路が得られ，シミュレーションによると，図2-48のような特性を示すことがわかります．

この二つの回路を直列に接続すると，回路は図2-49のようになり，図2-50のような特性を示します．

シミュレーション結果からもわかるように，定K型と誘導m型の両方の特徴をもった特性になっていることがわかります．

〈図2-49〉定K型と誘導m型を組み合わせたLPF(遮断周波数1MHz, インピーダンス50Ω)

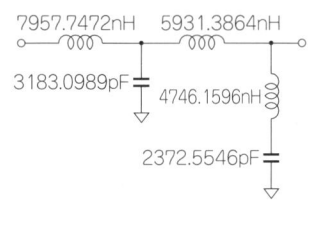

〈図2-50〉定K型と誘導m型を組み合わせたLPFのシミュレーション結果

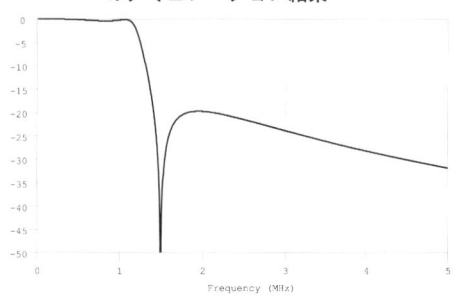

〈図2-51〉
$m=0.6$の誘導m型フィルタを使って整合性を改善する

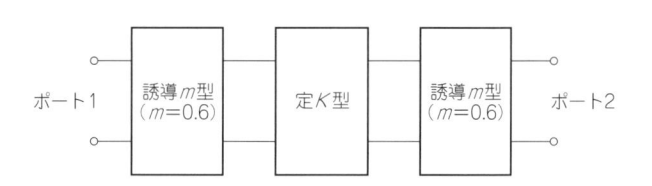

2.7 誘導m型フィルタを使って整合性を改善するテクニック

　$m=0.6$の誘導m型フィルタは，フィルタの設計インピーダンスとの整合性がもっとも良いことを述べました．このフィルタを効果的に配置すると，整合性の良いフィルタを設計することができます．

　たとえば，定K型フィルタの場合，誘導m型フィルタに比べて整合性が悪いので，図2-51のように，$m=0.6$の誘導m型フィルタを入出力ポートに近い部分に配置すると，フィルタ全体の整合性を改善することができます．

例2-11 遮断周波数1MHzの2次定K型LPFと，遮断周波数1MHz，$m=0.6$の誘導m型LPFを組み合わせて，整合性の良いフィルタを設計する

　遮断周波数1MHz，インピーダンス50Ωの2次定K型LPFは，正規化LPFより計算すると，図2-52(a)のような回路になります(設計方法は例2-3を参照)．また，$m=0.6$の誘導m型LPFは，図2-52(b)のような回路になるでしょう(設計方法は例2-7を参照)．

　この二つのフィルタを組み合わせると，図2-53のようになります．この回路のシミュレーション結果を，図2-54に示します．

2.7 誘導 m 型フィルタを使って整合性を改善するテクニック

〈図2-52〉
二つのLPF

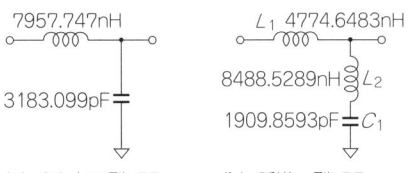

(a) 2次定 K 型LPF
（遮断周波数1MHz,
インピーダンス50Ω）

7957.747nH
3183.099pF

(b) 誘導 m 型LPF
（遮断周波数1MHz, m=0.6,
インピーダンス50Ω）

L_1 4774.6483nH
8488.5289nH L_2
1909.8593pF C_1

〈図2-53〉
m＝0.6の誘導 m 型LPFを使って整合性を改善した遮断周波数1MHz, インピーダンス50ΩのLPF

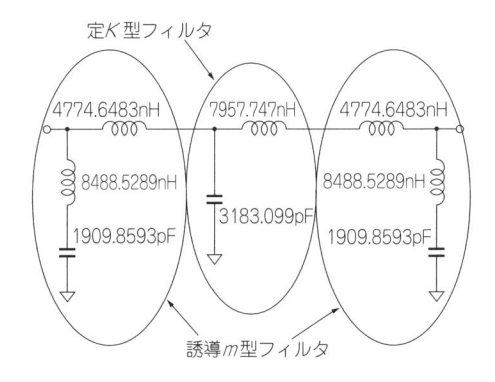

定 K 型フィルタ

4774.6483nH　7957.747nH　4774.6483nH
8488.5289nH　3183.099pF　8488.5289nH
1909.8593pF　　　　　　　1909.8593pF

誘導 m 型フィルタ

〈図2-54〉 m＝0.6の誘導 m 型LPFを使って整合性を改善したLPF特性

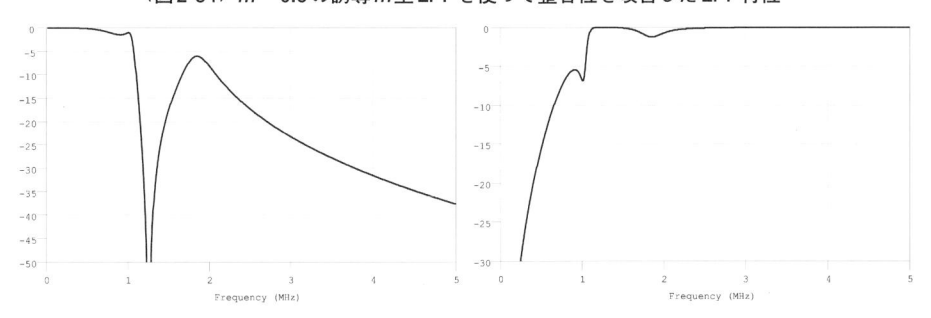

(a) 通過特性

(b) リターン・ロス特性

50　第2章　古典的設計手法によるローパス・フィルタの設計

〈図2-55〉条件に合うフィルタの構成を考える

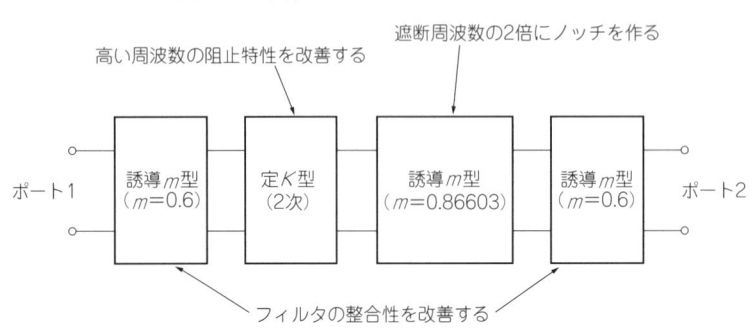

高い周波数の阻止特性を改善する
遮断周波数の2倍にノッチを作る

ポート1 ─ 誘導m型（m=0.6） ─ 定K型（2次） ─ 誘導m型（m=0.86603） ─ 誘導m型（m=0.6） ─ ポート2

フィルタの整合性を改善する

〈図2-56〉
三つのフィルタ

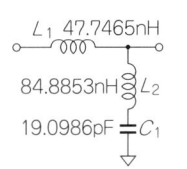

(a) 誘導m型LPF
L_1 47.7465nH
84.8853nH L_2
19.0986pF C_1
目的：整合性を改善する
（遮断周波数100MHz，m=0.6）

(b) 遮断周波数100MHz，ノッチ周波数200MHz（m=0.86603）の誘導m型LPF
L_1 68.9165nH
22.9724nH L_2
27.5666pF C_1
目的：200MHzにノッチを設ける

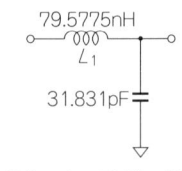

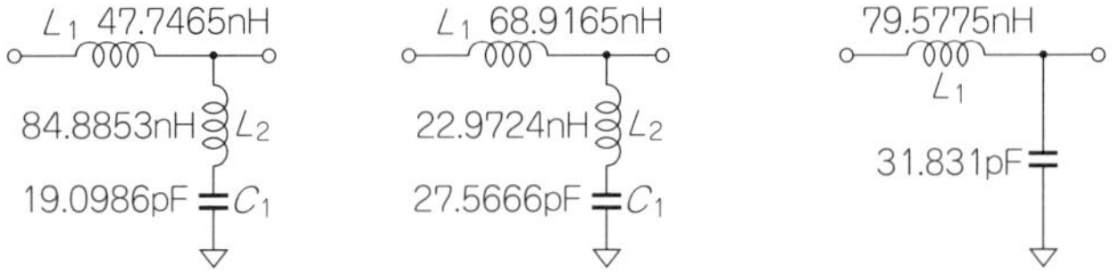

(c) 2次定K型LPF
79.5775nH
L_1
31.831pF
目的：高い周波数の阻止特性を改善する
（遮断周波数100MHz，インピーダンス50Ω）

例2-12 定K型LPFと誘導m型LPFを使った遮断周波数100MHz，ゼロ周波数（ノッチを与える周波数）200MHz，インピーダンス50ΩのLPF

　この条件を実現するためには，いろいろな組み合わせのフィルタが考えられますが，筆者は図2-55のような構成を考えました．このフィルタを構成するには，図2-56に示す三つのフィルタが必要です．

　これら三つの回路を組み合わせると，図2-57(a)のようになります．直列になっているコイルをまとめると，図2-57(b)のようになります．

　図2-58に，設計したLPFのシミュレーション結果を示します．125MHzのノッチは，整合性を高めるために使ったm＝0.6の誘導m型LPFにより生じたものです．

　詳細は省きますが，図2-59のようなフィルタの組み合わせでも，条件を満たすことができます．この場合には，フィルタの回路は図2-60(a)のようになります．コイルをまとめると，最終的には図2-60(b)のような回路になります．この回路のシミュレーション結

2.7 誘導m型フィルタを使って整合性を改善するテクニック　51

〈図2-57〉設計したLPF（遮断周波数100MHz，ノッチ周波数200MHz，インピーダンス50Ω）

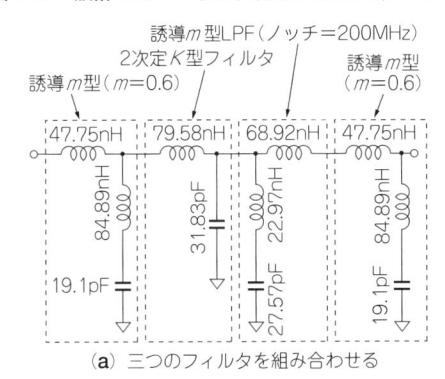

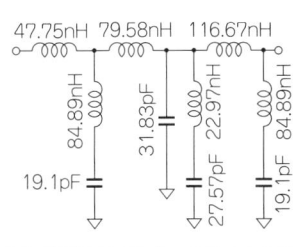

(a) 三つのフィルタを組み合わせる

(b) 直列のコイルを一つにまとめる

〈図2-58〉設計したLPFのシミュレーション結果

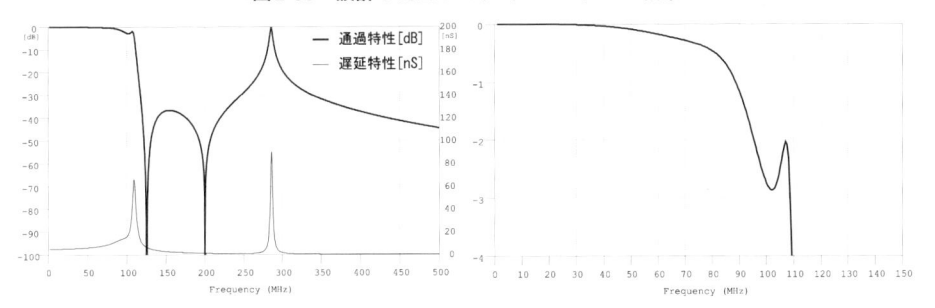

(a) 通過特性と遅延特性

(b) 遮断周波数付近の通過特性

〈図2-59〉条件に合うほかの組み合わせ

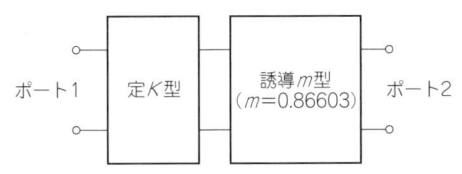

〈図2-60〉設計したLPF②（遮断周波数100MHz，ノッチ周波数200MHz，インピーダンス50Ω）

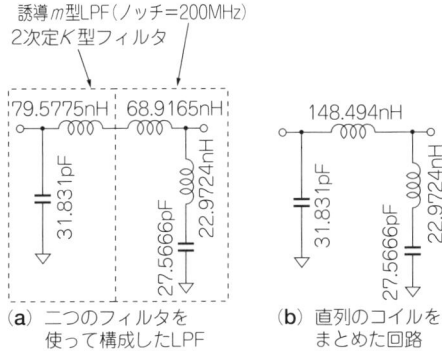

(a) 二つのフィルタを使って構成したLPF

(b) 直列のコイルをまとめた回路

〈図2-61〉設計したLPF②のシミュレーション結果

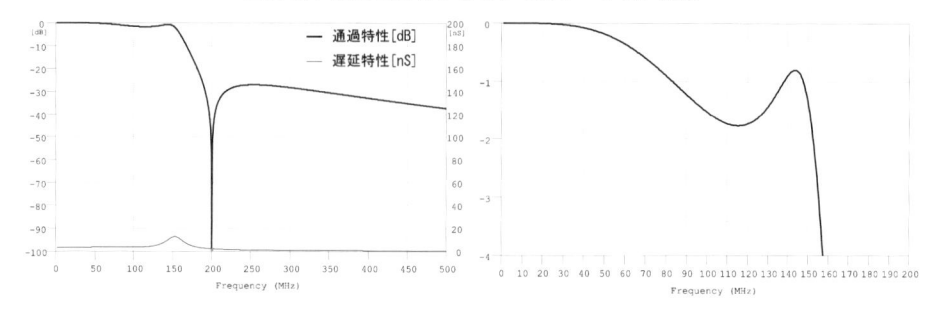

(a) 通過特性と遅延特性

(b) 遮断周波数付近の通過特性

〈図2-62〉
条件に合うフィルタの
構成を考える

ポート1 — 誘導m型（m=0.94281）[3倍高調波を取り除く] — 誘導m型（m=0.97980）[5倍高調波を取り除く] — 誘導m型（m=0.98974）[7倍高調波を取り除く] — ポート2

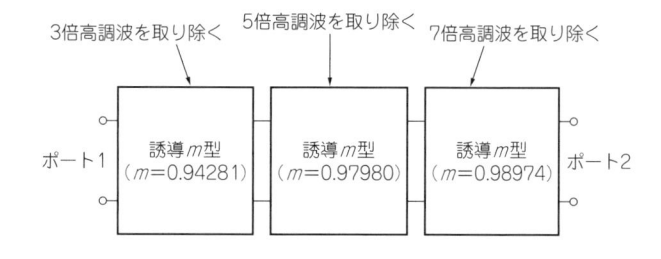

〈図2-63〉
三つのLPF

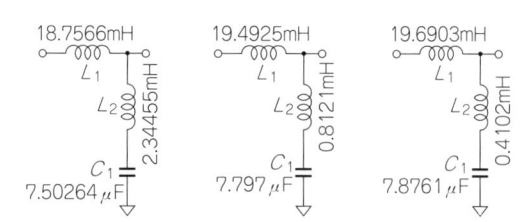

(a) 1200Hzを取り除く
　　誘導m型LPF（50Ω，
　　遮断周波数400Hz）
　　L_1 = 18.7566mH
　　L_2 = 2.3455mH
　　C_1 = 7.50264μF

(b) 2000Hzを取り除く
　　誘導m型LPF（50Ω，
　　遮断周波数400Hz）
　　L_1 = 19.4925mH
　　L_2 = 0.8121mH
　　C_1 = 7.797μF

(c) 2800Hzを取り除く
　　誘導m型LPF（50Ω，
　　遮断周波数400Hz）
　　L_1 = 19.6903mH
　　L_2 = 0.4102mH
　　C_1 = 7.8761μF

果は，**図2-61**のようになります．

例2-13 周波数400Hz，デューティ比50％の方形波から正弦波を取り出すインピーダンス50ΩのLPF

　方形波を正弦波にするには，基本波だけを通して，信号の奇数次の高調波成分を通さないフィルタを設計すればよいので，**図2-62**のように，遮断周波数の3倍，5倍，7倍にノッチ周波数をもつ誘導m型LPFを使って実現することにします．

2.7 誘導m型フィルタを使って整合性を改善するテクニック   53

〈図2-64〉
基本波の3倍，5倍，7倍を取り除く
三つの誘導m型LPFの特性

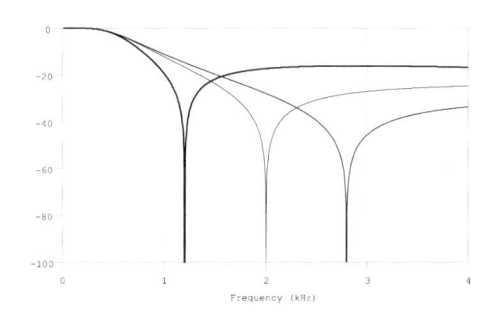

〈図2-65〉
奇数次高調波を取り除くLPF
（遮断周波数400Hz，ノッチ
周波数1200Hz，2000Hz，
2800Hz，インピーダンス50Ω）

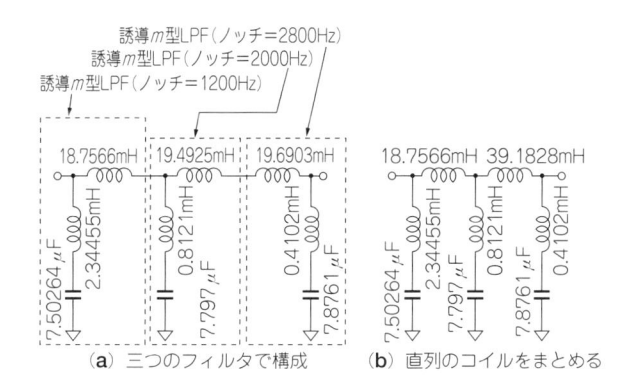

(a) 三つのフィルタで構成　　(b) 直列のコイルをまとめる

〈図2-66〉
設計した奇数次高調波を取り除く
LPFの特性

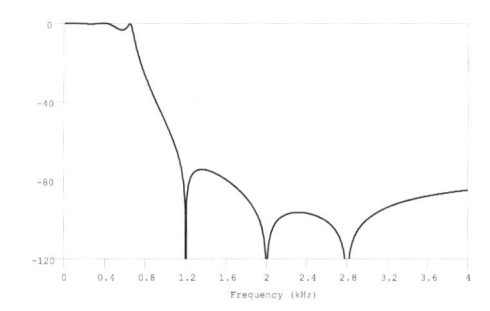

　必要な三つの誘導m型LPFは**図2-63**のように計算され，おのおののフィルタは**図2-64**のグラフで示されるような特性を示します．
　これら三つのLPFを直列に接続すると，**図2-65**に示す目的のフィルタが完成します．古典的手法で設計されたフィルタは，このように直列接続が可能です．しかし，本書後半

〈図2-67〉時間軸測定の回路

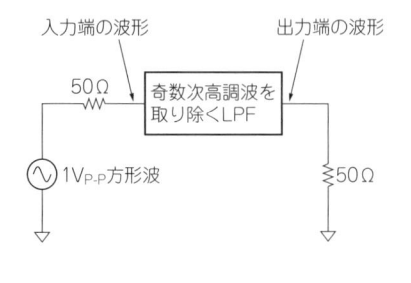

〈図2-68〉方形波を入力した場合のフィルタの入力端と出力端の波形シミュレーション

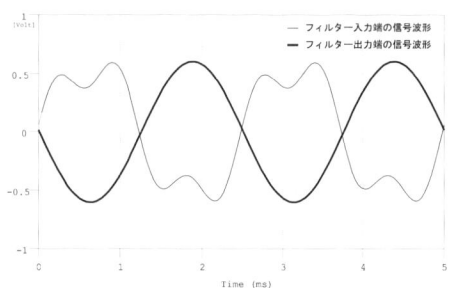

で紹介する近代的手法で設計されたフィルタは，直列接続することはできません．

このフィルタの特性は，**図2-66**のようになります．設計どおり，遮断周波数400Hzの3倍，5倍，7倍の周波数にノッチがあることが，シミュレーション結果よりわかります．

次に，時間軸のシミュレーションを行い，効果を確認してみます．**図2-67**は回路シミュレータに入力した測定系全体を示しています．**図2-68**の結果からもわかりますが，このフィルタを通すと，目的どおり正弦波の波形が得られています．

本書で掲載しているフィルタの特性シミュレーションは，下記のソフトウェアを使用しています．

● **Microwave Office**(Applied Wave Research社)
高周波の線形，非線形，2.5次元のEMシミュレーションが可能です．

● **Advanced Design System**(Agilent社，EESof)
高周波の線形，非線形，2.5次元のEMシミュレーションに加え，システム・シミュレーション，DSPシミュレーション，DSPコード生成が可能です．EEsof社が開発したTouchstoneとHP社のMDSの両方の流れを汲むもので，業界標準に近い地位を確立しています．

● **Touchstone**(Agilent社，EESof)
高周波の線形シミュレーションが可能なソフトウェアで，最初の本格的なマイクロ波シミュレータです．ワークステーション上で動作するものから，DOS版，Windows版などが作られました．その後，AcademyからLibra，さらにSeries IVと変遷を遂げ，MDSと統合され，上記のAdvanced Design Systemが作られました．

両社の関連ホームページを下記に示しますので，参考にしてください．
AWR   http://www.mwoffice.com/products/mwoffice.html
EEsof   http://contact.tm.agilent.com/tmo/hpeesof/index.html

第3章
バターワース型ローパス・フィルタの設計
―帯域内の通過特性が平坦で扱いやすい―

　バターワース・フィルタ(Butter-worth filter)は，ワーグナー・フィルタ(Wagner filter)と呼ばれることもあります．近代的手法で計算されるフィルタのなかで，もっとも有名なものです．設計も簡単で，性能に目立った欠点がないため，広く使われています．フィルタを構成する素子(部品)に要求されるQ値も低いので，作りやすく，性能が得られやすいフィルタです．

　どのような種類のフィルタを使ってよいのか迷った場合には，このフィルタを使うことをおすすめします．

3.1　バターワース型ローパス・フィルタの特性

　最初に，遮断周波数がfであるバターワース型LPFの特性を図3-1～図3-3に紹介します．グラフのスケールは周波数で正規化してあるため，このグラフを用いることで，好きな遮断周波数のバターワース型LPFの遮断特性や遅延特性を簡単に求めることができます．

3.2　正規化LPFから作るバターワース型ローパス・フィルタ

　何度も繰り返しますが，本書では正規化ローパス・フィルタという，インピーダンスが1Ωで遮断周波数が$1/(2\pi)$Hz($\fallingdotseq 0.159$Hz)であるローパス・フィルタの設計データを紹介しています．

　この正規化ローパス・フィルタの設計データをもとにすれば，あらゆる遮断周波数やイ

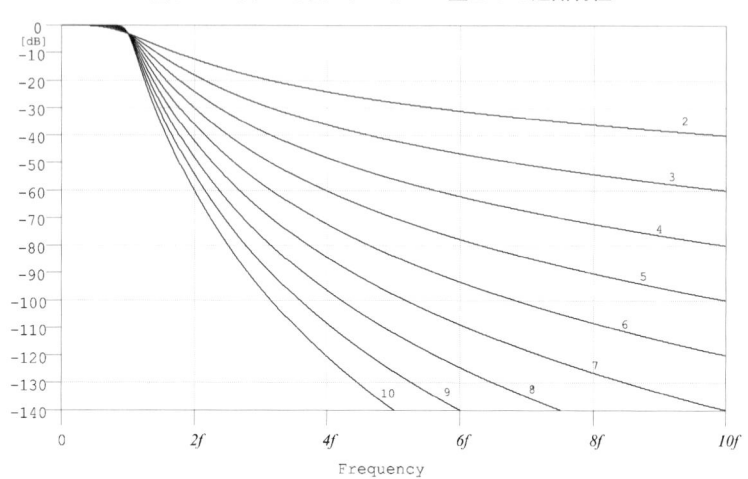

〈図3-1〉2次～10次バターワース型LPFの遮断特性

〈図3-2〉2次～10次バターワース型LPFの遮断周波数付近の特性

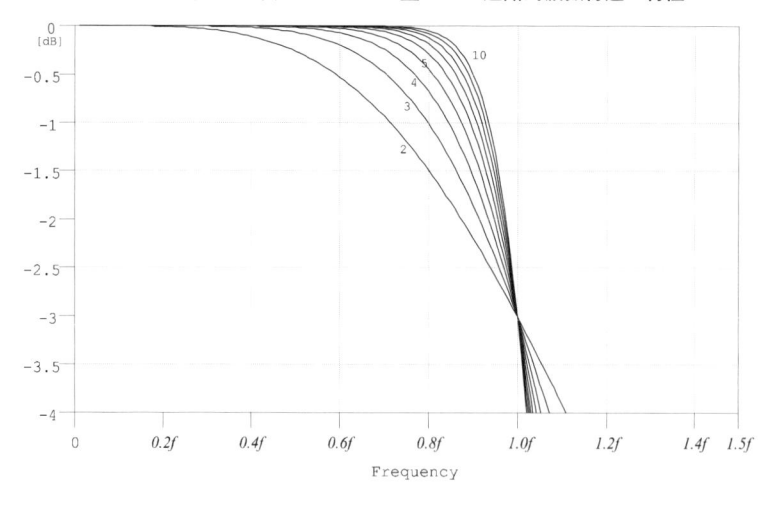

ンピーダンスのフィルタを，**図3-4**のような手順で簡単に計算することができます．

　バターワース型のLPFを設計したい場合には，バターワース型の正規化LPFの設計データをもとにして，その遮断周波数とインピーダンスを目的の値に変更します．

　フィルタの遮断周波数を変換するには，次の式のように，フィルタ内のすべての素子の

3.2 正規化LPFから作るバターワース型ローパス・フィルタ

〈図3-3〉2次～10次バターワース型LPFの遅延特性

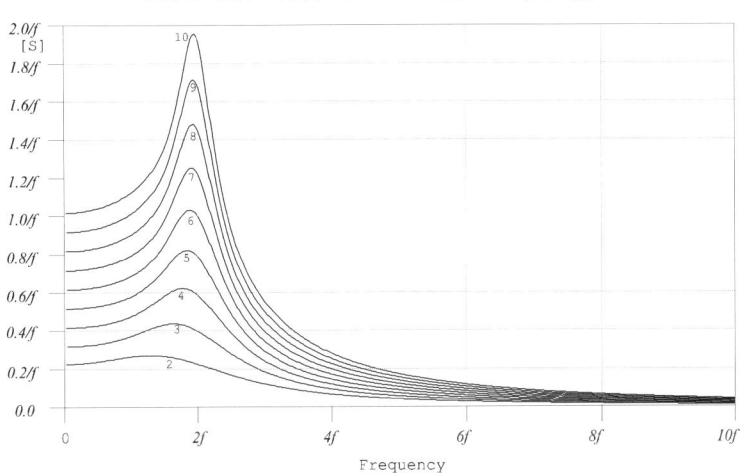

〈図3-4〉
正規化LPFの設計データを使ったフィルタ設計の手順

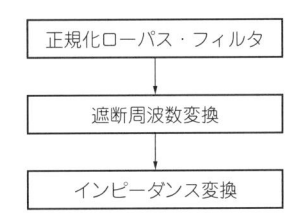

```
正規化ローパス・フィルタ
   ↓
遮断周波数変換
   ↓
インピーダンス変換
```

値を，目的の周波数と基準になる元の周波数の比Mで割ります．

$$M = \frac{目的の周波数}{基準になるもとの周波数}$$

$$L_{(NEW)} = \frac{L_{(OLD)}}{M}$$

$$C_{(NEW)} = \frac{C_{(OLD)}}{M}$$

また，フィルタのインピーダンスを変換するには，変数Kを次のように計算し，フィルタ内のすべてのコイルの値にKを掛け，すべてのコンデンサの値をKで割ります．

$$K = \frac{目的のインピーダンス}{基準になるもとのインピーダンス}$$

〈図3-5〉2次の正規化バターワース型LPF（遮断周波数1/(2π)Hz, インピーダンス1Ω）

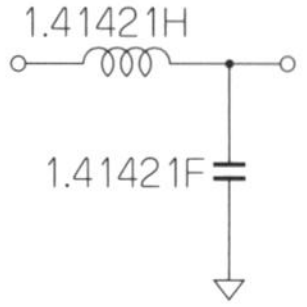

〈図3-6〉フィルタの遮断周波数を変える方法

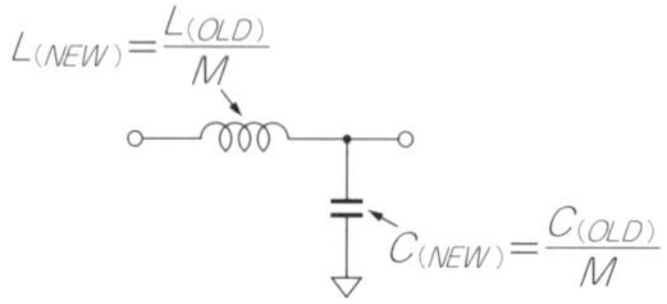

$$L_{(NEW)} = L_{(OLD)} \times K$$

$$C_{(NEW)} = \frac{C_{(OLD)}}{K}$$

最初に，2次の正規化バターワース型LPFの設計データを図3-5に紹介します．それを基に，いくつかのフィルタを設計してみることにします．

例3-1 インピーダンス1Ω，遮断周波数100Hzの2次バターワース型LPFを正規化バターワース型LPFの設計データを基に設計する

定K型LPFの章でも詳しく説明したとおり，最初に遮断周波数を正規化LPFの遮断周波数である1/(2π)Hz（≒0.159Hz）から100Hzに変換します．正規化LPFのインピーダンスは1Ωであるので，例3-1のフィルタを設計するためには，インピーダンスをそのままにして，遮断周波数を100Hzに変換します．

余談ですが，0.159Hzという周波数は一見すると中途半端に思えます．しかし，ハイパス・フィルタを設計するときなどに非常に役に立ちます．

【手順1】 周波数変換を行うため，最初に目的の周波数と基準になる周波数の比Mを求めます．

$$M = \frac{\text{目的の周波数}}{\text{基準になるもとの周波数}} = \frac{100\text{Hz}}{\left(\frac{1}{2\pi}\right)\text{Hz}} = \frac{100\text{Hz}}{0.159154\cdots\text{Hz}} \fallingdotseq 628.31853$$

【手順2】 周波数変換は，図3-6のように，すべての素子の値を周波数比Mで割ります．

この例の場合は，次のように計算できます．

$$L_{(NEW)} = \frac{L_{(OLD)}}{M} = \frac{1.41421}{628.31853} \fallingdotseq 0.00225079[\text{H}] = 2.25079\text{mH}$$

$$C_{(NEW)} = \frac{C_{(OLD)}}{M} = \frac{1.41421}{628.31853} \fallingdotseq 0.00225079[\text{F}] = 2.25079[\text{mF}] = 2250.79\mu\text{F}$$

3.2 正規化LPFから作るバターワース型ローパス・フィルタ

〈図3-7〉設計した100Hz, 1Ωの2次バターワース型LPF

2.25079mH
2250.79μF

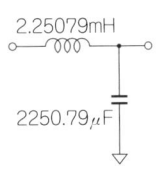

〈図3-8〉100Hz, 1Ωの2次バターワース型LPFの遮断特性と群遅延特性

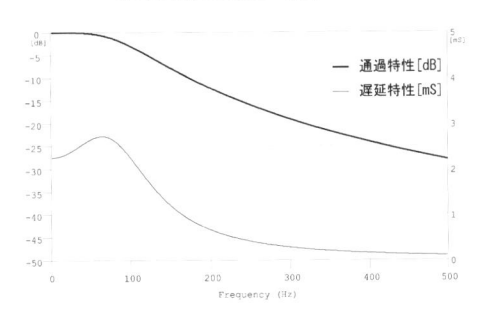

通過特性[dB]
遅延特性[mS]

〈図3-9〉
100Hz, 1Ωの2次バターワース型LPFの遮断周波数近辺の特性

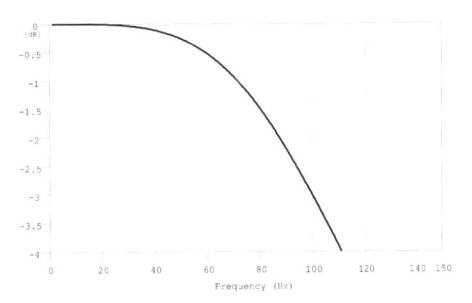

　完成したインピーダンス1Ω, 遮断周波数100Hzの2次バターワース型LPFの回路を**図3-7**に, シミュレーション結果を**図3-8**に示します.

　図3-9は, 遮断周波数付近の通過特性を拡大したものです. 古典的手法で設計される定K型LPFや誘導m型LPFと違って, 設計遮断周波数である100Hzでのロスは-3dBとなっています. 近代的手法で設計されるすべてのフィルタは, このように遮断周波数でのロスがきちんと計算されます.

例3-2 インピーダンス1Ω, 遮断周波数1kHzの2次バターワース型LPFを正規化バターワース型LPFの設計データを基に設計し, 定K型LPFと比較する

　もとになる2次バターワース型正規化LPFの回路は, 先に紹介したとおり**図3-5**の回路で表されます.

【手順1】周波数変換を行うため, 最初に目的の周波数と基準になる周波数の比Mを求めます.

〈図3-10〉
設計した1kHz，1Ωの2次バターワース型LPF

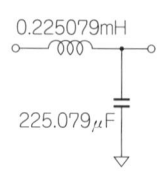

$$M = \frac{\text{目的の周波数}}{\text{基準になるもとの周波数}} = \frac{1\text{kHz}}{\left(\frac{1}{2\pi}\right)\text{Hz}} = \frac{1.0 \times 10^3 \text{Hz}}{0.159154 \cdots \text{Hz}} \fallingdotseq 6283.1853$$

求めた変数Mを使って周波数変換を行います．周波数変換については，前章で詳しく説明しました．計算を行うと，インピーダンスはそのままで，遮断周波数だけを1kHzに変更することができます．

$$L_{(NEW)} = \frac{L_{(OLD)}}{M} = \frac{1.41421}{6283.1853} \fallingdotseq 0.000225079[\text{H}] = 0.225079\text{mH}$$

$$C_{(NEW)} = \frac{C_{(OLD)}}{M} = \frac{1.41421}{628.31853} \fallingdotseq 0.000225079[\text{F}] = 0.225079[\text{mF}] = 225.079\mu\text{F}$$

正規化フィルタのインピーダンスは1Ωで，目的のフィルタのインピーダンスと同じなので，ここではインピーダンス変換は必要ありません．インピーダンス1Ω，遮断周波数1kHzの2次バターワース型LPFの回路は図3-10のようになります．このLPFと，第2章で解説した定K型LPFとの特性の相違をシミュレーションで確認してみましょう．結果を図3-11に示します．

遮断特性はバターワース型のほうが良好です．また，どちらのフィルタも遮断周波数1kHzで設計したにも関わらず，古典的手法で設計される定K型LPFは約1.4kHzと40％以上も遮断周波数がずれています．ただし，遅延特性は定K型LPFのほうが良いようです．

整合性を見るために，リターン・ロスもシミュレーションしてみました．同じ2次のフィルタで比較してみると，定K型のほうがバターワース型よりも整合性が良いことがわかります．

例3-3 インピーダンス50Ω，遮断周波数300kHzの2次バターワース型LPFを設計する

このフィルタも，図3-5に示した正規化LPFに周波数変換とインピーダンス変換を施すことで設計することができます．

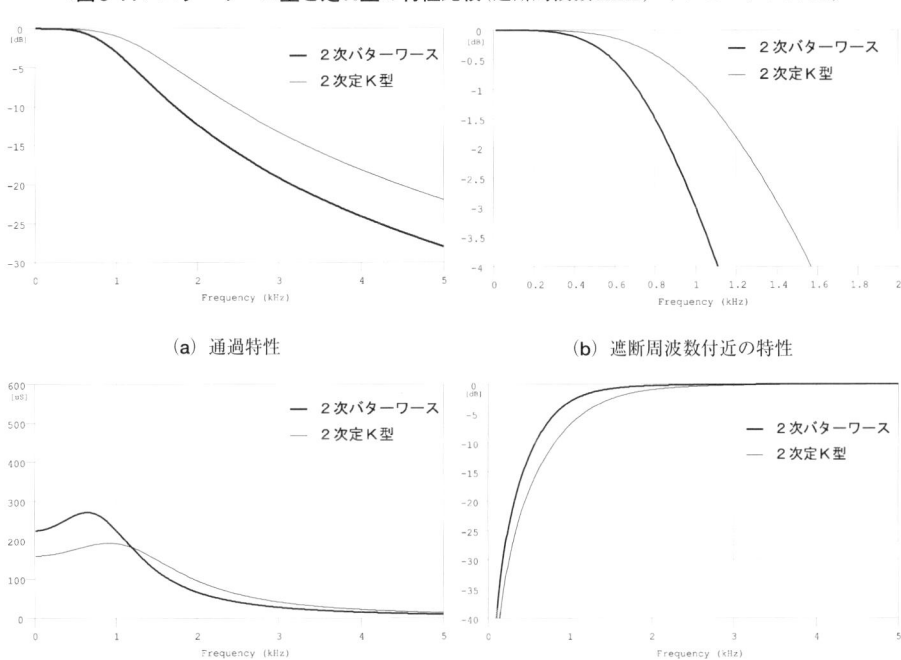

3.2 正規化LPFから作るバターワース型ローパス・フィルタ　61

〈図3-11〉バターワース型と定K型の特性比較(遮断周波数1kHz，インピーダンス1Ω)

(a) 通過特性

(b) 遮断周波数付近の特性

(c) 群遅延特性

(d) リターン・ロス特性

【手順1】目的の周波数との比Mを求めます．

$$M = \frac{\text{目的の周波数}}{\text{基準になるもとの周波数}} = \frac{300.0\text{kHz}}{\left(\dfrac{1}{2\pi}\right)\text{Hz}} = \frac{300 \times 10^3 \text{Hz}}{0.159154\cdots\text{Hz}} \fallingdotseq 1884955.592$$

【手順2】すべての素子の値を，変数Mで割ると周波数変換を行うことができます．

$$L_{(NEW)} = \frac{L_{(OLD)}}{M} = \frac{1.41421}{1884955.592} \fallingdotseq 0.75026 \mu\text{H}$$

$$C_{(NEW)} = \frac{C_{(OLD)}}{M} = \frac{1.41421}{1884955.592} \fallingdotseq 0.75026 \mu\text{F}$$

　正規化LPFのインピーダンスは1Ωであるので，周波数変換だけを行ったフィルタのインピーダンスも1Ωとなります．周波数変換を施し，遮断周波数を0.15915Hzから300kHzに変更した2次バターワース型LPFは**図3-12**(a)のようになります．

〈図3-12〉
遮断周波数300kHz，インピーダンス50Ωの
2次バターワース型LPFを設計する

(a) 遮断周波数だけを300kHzに変更した結果
(b) インピーダンスを50Ωに変更した最終結果

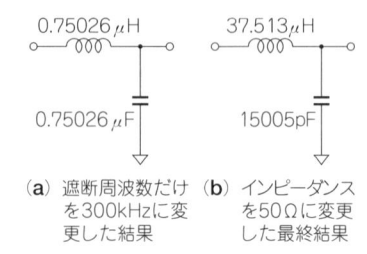

〈図3-13〉設計した300kHz，50Ωの2次バターワース型LPFのシミュレーション結果

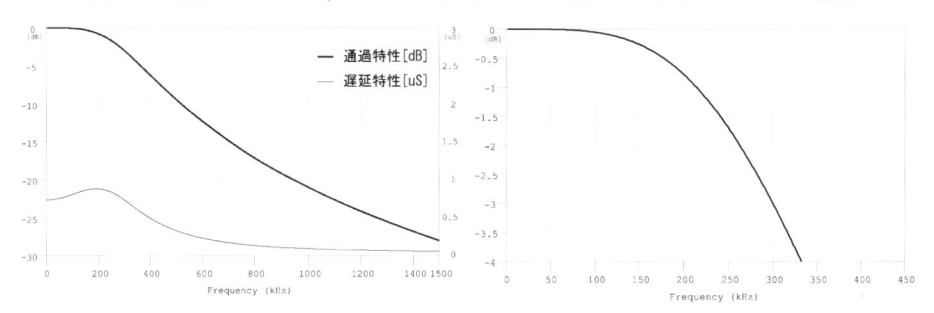

(a) 通過特性と遅延特性
(b) 遮断周波数付近の通過特性

【手順3】インピーダンス変換のため，目的のインピーダンスとの比Kを求めます．

$$K = \frac{目的のインピーダンス}{基準になるもとのインピーダンス} = \frac{50\Omega}{1\Omega} = 50.0$$

【手順4】インピーダンス変換は，フィルタ内のすべてのインダクタの値にKを掛け，すべてのキャパシタの値をKで割ります．

$$L_{(NEW)} = L_{(OLD)} \times K = 0.75026[\mu H] \times 50 = 37.513\mu H$$

$$C_{(NEW)} = \frac{C_{(OLD)}}{K} = \frac{0.75026[\mu F]}{50} \fallingdotseq 0.015005[\mu F] = 15005 \text{pF}$$

完成したインピーダンス50Ω，遮断周波数300kHzの2次バターワース型LPFは図3-12(b)のようになります．図3-13にシミュレーション結果を示します．

例3-4 インピーダンス50Ω，遮断周波数165MHzの2次バターワース型LPFを設計する

2次のバターワース正規化LPF（図3-5）に，周波数変換，インピーダンス変換を施し，目的のフィルタを設計します．

〈図3-14〉
遮断周波数165MHz，インピーダンス50Ωの2次バターワース型LPFを設計する

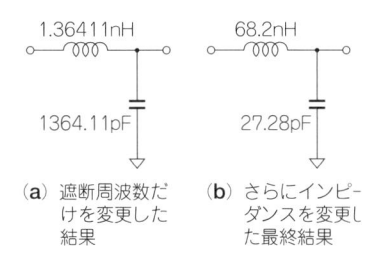

(a) 遮断周波数だけを変更した結果
1.36411nH / 1364.11pF

(b) さらにインピーダンスを変更した最終結果
68.2nH / 27.28pF

【手順1】周波数変換を行うため，目的の周波数との比 M を求めます．

$$M = \frac{目的の周波数}{基準になるもとの周波数} = \frac{165.0\text{MHz}}{\left(\frac{1}{2\pi}\right)\text{Hz}} = \frac{165\times10^6\text{Hz}}{0.159154\cdots\text{Hz}} \fallingdotseq 1036.726\times10^6 = 1.036726\times10^9$$

【手順2】すべての素子の値を M で割ると，目的の遮断周波数のフィルタ設計データが得られます．

$$L_{(NEW)} = \frac{L_{(OLD)}}{M} = \frac{1.41421}{1.036726\times10^9} = 1.36411\times10^{-9}[\text{H}] = 1.36411\text{nH}$$

$$C_{(NEW)} = \frac{C_{(OLD)}}{M} = \frac{1.41421}{1.036726\times10^9} = 1.36411\times10^{-9}[\text{F}] = 1.36411[\text{nF}] = 1364.11\text{pF}$$

計算を行うと，インピーダンス1Ωで，遮断周波数が165MHzである2次バターワース型LPFの回路が**図3-14**(a)のように得られます．

【手順3】次にインピーダンス変換を行います．インピーダンス変換に必要な，目的のインピーダンスとの比 K を求めます．

$$K = \frac{目的のインピーダンス}{基準になるもとのインピーダンス} = \frac{50\Omega}{1\Omega} = 50.0$$

【手順4】インピーダンス変換は，先に求めた K を使い，素子の値を計算します．変換するには，フィルタ内のすべてのインダクタの値に K を掛け，すべてのキャパシタの値を K で割ります．

$$L_{(NEW)} = L_{(OLD)} \times K = 1.36411[\text{nH}] \times 50 \fallingdotseq 68.20\text{nH}$$

$$C_{(NEW)} = \frac{C_{(OLD)}}{K} = \frac{1364.11[\text{pF}]}{50} \fallingdotseq 27.28\text{pF}$$

完成したインピーダンス50Ω，遮断周波数165MHzの2次バターワース型LPFは**図3-14**(b)のようになります．設計データのシミュレーション結果を**図3-15**に示します．

〈図3-15〉設計した165MHz，50Ωの2次バターワース型LPFのシミュレーション結果

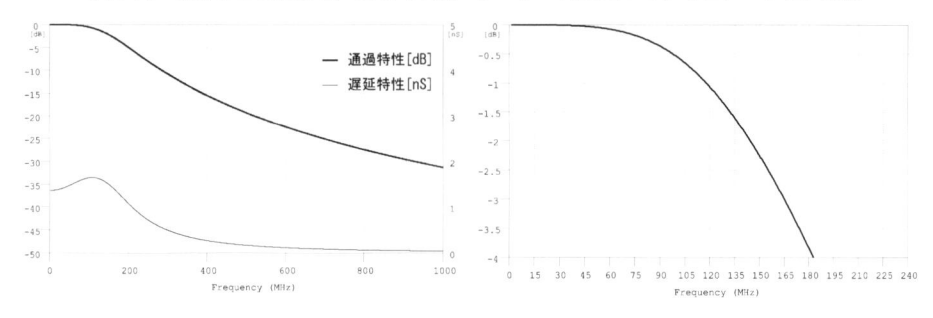

(a) 通過特性と遅延特性

(b) 遮断周波数付近の通過特性

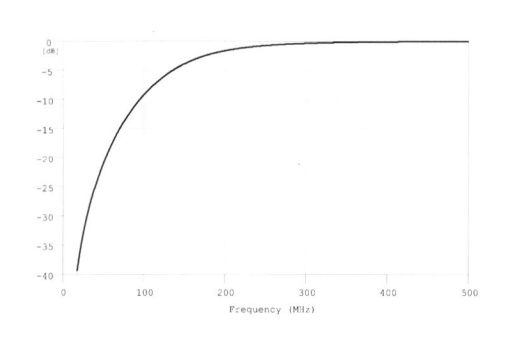

(c) 反射特性(リターン・ロス特性)

3.3　正規化バターワース型LPFの設計データ

　正規化LPFから，必要な遮断周波数とインピーダンスをもつフィルタを計算する方法をいくつか紹介しました．ここまで順番に読んだ方は，正規化LPFのデータがあれば，自由にフィルタの設計ができるはずです．

　2次から10次までの正規化バターワース型LPFの設計データを**図3-16**に示します．このデータは，LPFだけでなく，HPFやBPF，BRFなどすべてのバターワース型フィルタで使います．

　このデータは，定K型LPFで紹介したデータと一見なんら変わりのないように見えますが，フィルタを構成する素子の値が違います．

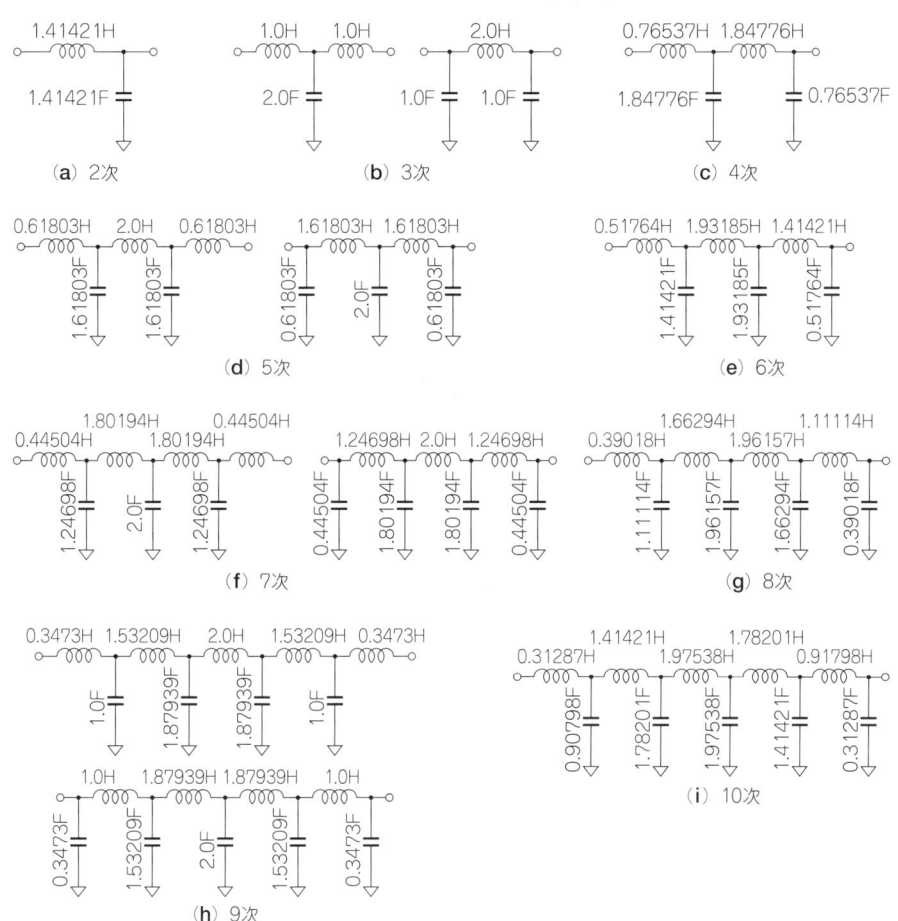

〈図3-16〉正規化バターワースLPF（遮断周波数$1/(2\pi)$Hz，インピーダンス1Ω）

(a) 2次
(b) 3次
(c) 4次
(d) 5次
(e) 6次
(f) 7次
(g) 8次
(h) 9次
(i) 10次

3.4 バターワースLPFの素子値を計算で求める

　バターワース型正規化LPFの素子値は，簡単に求めることができます．10次までのフィルタは前述の**図3-16**を利用すればよいのですが，11次以上の正規化LPFデータは紹介していません．しかし，これらの素子値も簡単に求めることができます．

　前述の図にない，高次バターワース型フィルタの素子値を求めたい場合や，希望する減衰特性から必要なフィルタの次数を求めたい場合には，次のように計算します．以下に手

順を示します．

① 減衰量と次数 n との関係

バターワース型フィルタの減衰量は，次のように計算されます．

$$Att_{dB} = 10 \cdot \log\left[1 + \left(\frac{2\pi f_x}{2\pi f_C}\right)^{2n}\right]$$

f_x：減衰量を求めたい周波数［Hz］
f_C：カットオフ周波数［Hz］
n：フィルタの次数

② 正規化したLPF（カットオフ周波数$1/(2\pi)$Hz（約0.15915Hz），インピーダンス1Ω）のLCの値を，次の計算式を元に計算する

$$C_k または L_k = 2\sin\frac{(2k-1)\pi}{2n} \quad\cdots\cdots\cdots\text{(3-1)}$$

$k = 1, 2, \cdots, n$

ここで，$(2k-1)\pi/2n$ はラジアンで表します．一部の関数電卓では，ラジアンでなく角度を入力するものがあるので計算の際に注意が必要です．角度とラジアン，ラジアンと角度の間には，次のような関係があります．

$$\frac{角度}{180} \times \pi = ラジアン \qquad \frac{ラジアン}{\pi} \times 180 = 角度$$

わかりにくいかと思いますので，実際に例を挙げて説明します．例として，5次の正規化バターワース型LPFを設計します．

【手順1】次数を5次と決めたので $n=5$ となり，(3-1)式を使うと $k=1$ の場合から $k=5$ の場合までの五つの式が得られ，C_1，L_1〜C_5，L_5 を求めることができます．

$$C_1 または L_1 = 2\sin\frac{(2\times 1 - 1)\pi}{2\times 5} \fallingdotseq 0.61803$$

$$C_2 または L_2 = 2\sin\frac{(2\times 2 - 1)\pi}{2\times 5} \fallingdotseq 1.61803$$

$$C_3 または L_3 = 2\sin\frac{(2\times 3 - 1)\pi}{2\times 5} \fallingdotseq 2.00000$$

$$C_4 または L_4 = 2\sin\frac{(2\times 4 - 1)\pi}{2\times 5} \fallingdotseq 1.61803$$

〈図3-17〉
3次T形バターワース型LPFの設計
（遮断周波数1GHz，インピーダンス50Ω）

$$L_{(1GHz)} = \frac{1.0\,[\mathrm{H}]}{M} = 0.15915 \times 10^{-9}$$

0.15915nH　0.15915nH
318.31pF

$$C_{(1.0GHz)} = \frac{2.0\,[\mathrm{F}]}{M} = 0.31831 \times 10^{-9}$$

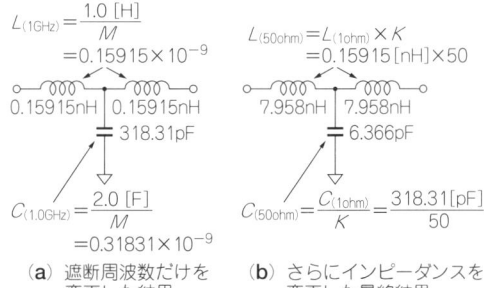

（a）遮断周波数だけを変更した結果

$$L_{(50\text{ohm})} = L_{(1\text{ohm})} \times K = 0.15915\,[\mathrm{nH}] \times 50$$

7.958nH　7.958nH
6.366pF

$$C_{(50\text{ohm})} = \frac{C_{(1\text{ohm})}}{K} = \frac{318.31\,[\mathrm{pF}]}{50}$$

（b）さらにインピーダンスを変更した最終結果

$$C_5 \text{ または } L_5 = 2\sin\frac{(2\times5-1)\pi}{2\times5} \fallingdotseq 0.61803$$

これで，カットオフ周波数$1/(2\pi)$Hz，入出力インピーダンス1Ωのバタワース型LPFの素子値が求まりました．5次のフィルタにはT形とπ形があるので，π形，T形フィルタの回路は，それぞれ先に示した**図3-16(d)**のようになります．

例3-5 遮断周波数1GHz，インピーダンス50Ωの3次のT形バターワース型LPF

設計には，3次の正規化バターワース型LPFの設計データが必要です．先に説明したとおり，3次T形正規化バターワース型LPFの回路は**図3-16(b)**のようになります．

遮断周波数を，例3-1などと同じ方法で変換します．目的の周波数と基準になる周波数の比Mは，次のように求めます

$$M = \frac{\text{目的の周波数}}{\text{基準になるもとの周波数}} = \frac{1\mathrm{GHz}}{\left(\frac{1}{2\pi}\right)\mathrm{Hz}} = \frac{1.0\times10^9\,\mathrm{Hz}}{0.159154\cdots\mathrm{Hz}} \fallingdotseq 6.2831853\times10^9$$

変数Mが求まったので，すべての素子の値をMで割ります．この計算を行うと，遮断周波数が1GHzに変更されます．設計した回路は**図3-17(a)**のようになります．

さらにインピーダンスを正規化LPFのインピーダンスである1Ωから目的の50Ωに変更します．そのために，目的のインピーダンスと基準になるインピーダンスの比Kを求め，インピーダンス変換を行います．

$$K = \frac{\text{目的のインピーダンス}}{\text{基準になるもとのインピーダンス}} = \frac{50\Omega}{1\Omega} = 50.0$$

計算を行うと**図3-17(b)**のような回路が得られます．
このフィルタの特性をシミュレーションすると，結果は**図3-18**のようになります．3次

〈図3-18〉1GHz，3次T形バターワースLPFのシミュレーション結果

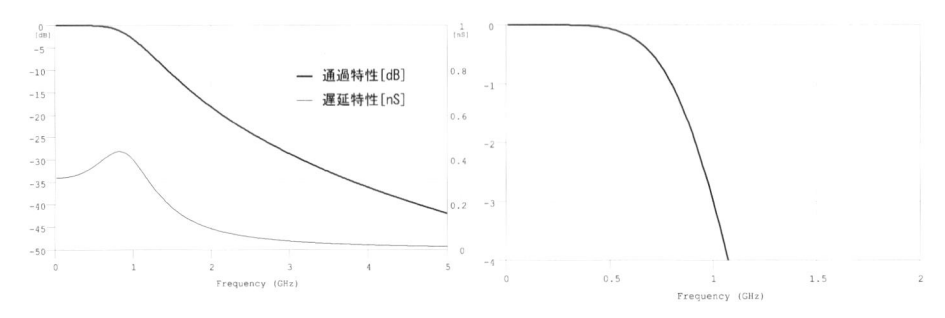

(a) 通過特性と遅延特性

(b) 遮断周波数付近の通過特性

〈図3-19〉
設計した5次バターワース型LPF
(π形，f_C = 190MHz，Z_0 = 50Ω)

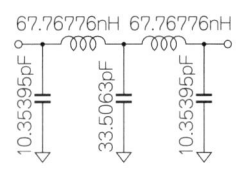

67.76776nH　67.76776nH
10.35395pF　33.5063pF　10.35395pF

のバターワース型フィルタは，3次の定K型フィルタと同じ素子値になるので，3次の場合にかぎって定K型とバターワース型は同じ特性になります．

例3-6 遮断周波数190MHz，インピーダンス50Ωの5次π形バターワース型LPFを設計し，試作する

設計には，5次π形正規化バターワース型LPFの設計値が必要です．この設計値は，先の図3-16(d)のようになります．この正規化バターワース型LPFの遮断周波数を$1/(2\pi)$Hzから190MHzに，インピーダンスを1Ωから50Ωに変換します．

両方の変換を施すと，目的のフィルタが設計できます．変換に必要なMとKの値は次のように計算され，設計したフィルタは図3-19のようになります．実際に製作する場合には，インダクタは68nH，キャパシタは10pFと33pFの定数を選ぶとよいでしょう．

$$M = \frac{\text{目的の周波数}}{\text{基準になるもとの周波数}} = \frac{190\text{MHz}}{\left(\frac{1}{2\pi}\right)\text{Hz}} = \frac{190 \times 10^6 \text{Hz}}{0.159154 \cdots \text{Hz}} \fallingdotseq 1193.8052 \times 10^6$$

$$= 1.1938052 \times 10^9$$

$$K = \frac{\text{目的のインピーダンス}}{\text{基準になるもとのインピーダンス}} = \frac{50\Omega}{1\Omega} = 50.0$$

〈図3-20〉190MHz，5次バターワース型LPFのシミュレーション結果

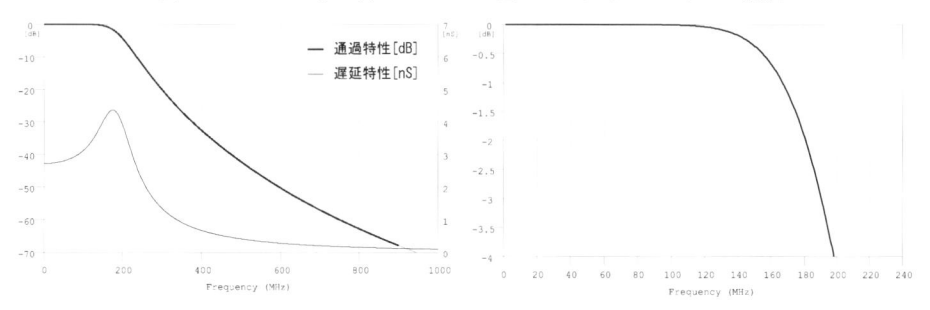

(a) 通過特性と遅延特性

(b) 遮断周波数付近の通過特性

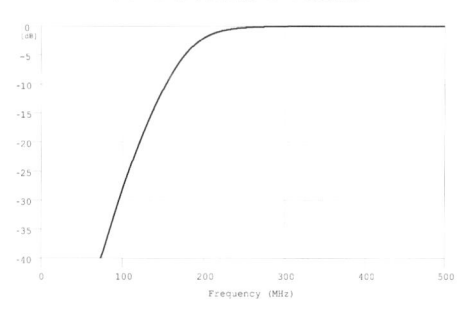

〈写真3-1〉試作した190MHzバターワース型LPF（紙フェノール基板，$t = 1.6\text{mm}$）

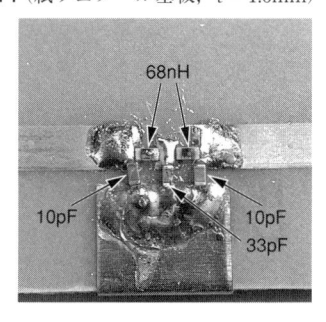

(c) リターン・ロス特性

シミュレーション結果は，図3-20のようになります．シミュレーション結果のうち，図(c)のリターン・ロス特性は，定K型フィルタの章で説明したとおり，フィルタの設計インピーダンスに対する整合性を示しています．

実際に，チップ・コンデンサとチップ・コイルを使用して試作してみました．写真3-1が製作したLPFの外観です．チップ・コンデンサとチップ・コイルは，1.6mm × 0.8mmのサイズのものを使いました．このLPFを，ベクトル・ネットワーク・アナライザで測定した結果を図3-21に示します．

測定結果を見ると840MHz付近を境にシミュレーション結果と異なっています．これは，次のような原因があります．
(1) 実際の部品には寄生容量や寄生インダクタンスがある
(2) 部品を接続するティー・ジャンクション（tee junction）の影響
(3) 部品とグラウンド間の容量

〈図3-21〉
試作したバターワース型
LPFの通過/反射特性（40
〜1040MHz）

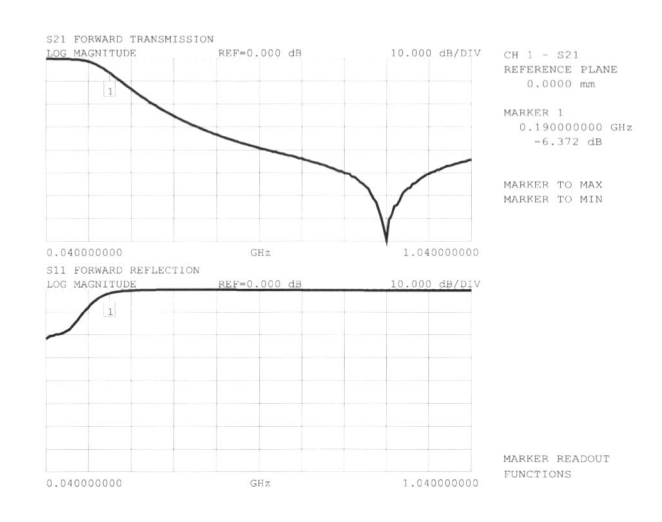

(4) 部品とグラウンドの接続方法
(5) 浮遊容量の影響

　(1)や(2)については，いろいろな書物で細かく説明されているので，いまさら話すこともないでしょう．また，(3)，(5)については容易に理解できると思いますので，ここでは省きます．思わぬ落とし穴である(4)について説明したいと思います．

　製作したフィルタの写真をご覧ください．部品は，すべて表面に付いています．**図3-22**のように，グラウンド端子と接続する必要のあるコンデンサは，裏面の全面グラウンドとつながった銅板に表側で接続されています．この銅板は，直流的にはグラウンドですが，高周波ではグラウンドになり得ません．

　試作したフィルタは，コンデンサのすぐそばに穴を空け，銅線を通してグラウンドのインダクタンスを少なくしています．実際，プリント基板を製作する場合には，スルー・ホールを使います．スルー・ホールは，インダクタンスを小さくするために，できるかぎりコンデンサのそばに配置します．スルー・ホールのインダクタンスが多いと，高域の阻止量が十分取れなくなります．

　参考までに，**図3-23**にLPFの実装例を紹介します．小型のチップ部品を使い，このような実装方法を行うと，GHz帯のフィルタも簡単に製作できます．また，今回の試作では行いませんでしたが，コンデンサ間のストレィ容量による結合と，磁気的な結合を減らすために，部品をマイクロストリップ・ラインの両脇に交互に配置すると，高域でのアイソレーションを若干改善することができます．このテクニックは，特に高いインピーダン

3.4 バターワースLPFの素子値を計算で求める   71

〈図3-22〉グラウンドに接続した「つもり」のコンデンサ

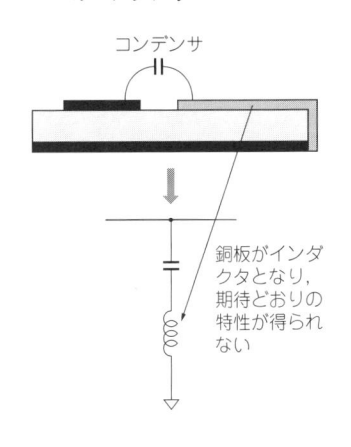

〈図3-23〉集中定数で製作するフィルタの実装例

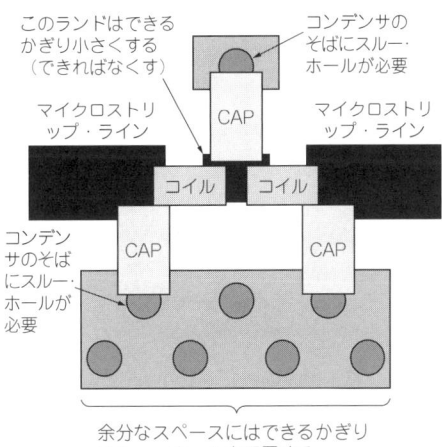

〈図3-24〉
コンデンサのそばの銅線を外して測定した通過/反射特性
(40〜540MHz)

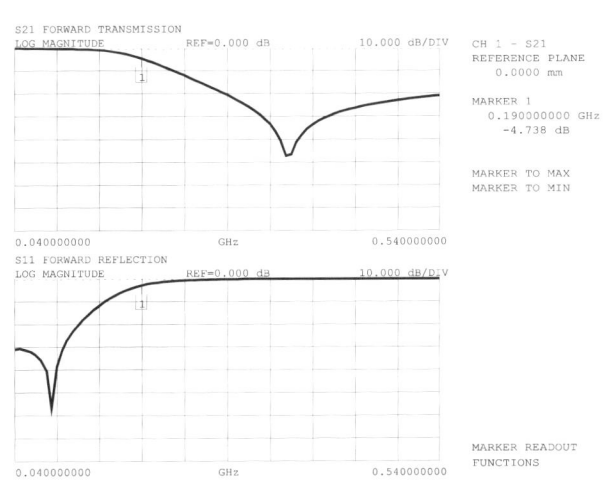

スのフィルタに有効です．しかし，50Ω系の場合，どちらかというとチップ・コンデンサやスルー・ホールのインダクタンス成分による影響のほうが支配的です．

図3-24の測定結果は，先ほど試作したLPFで，コンデンサのそばにある2本の銅線を外して測定したものです．銅板のインダクタンスのため，阻止域の特性がかなり悪くなっています．

高い周波数で使用するフィルタを製作する場合，基板の厚さを薄くするとよい場合が多

〈図3-25〉設計した5次バターワース型LPF（T形, $f_C = 1300\text{MHz}$, $Z_0 = 50\Omega$）

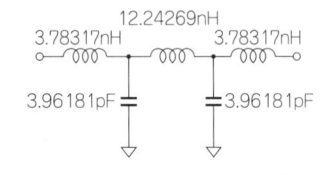

3.78317nH　12.24269nH　3.78317nH

3.96181pF　3.96181pF

〈図3-27〉スルー・ホールのインダクタンスの影響を少なくする組み立てかた（5次T形フィルタの場合）

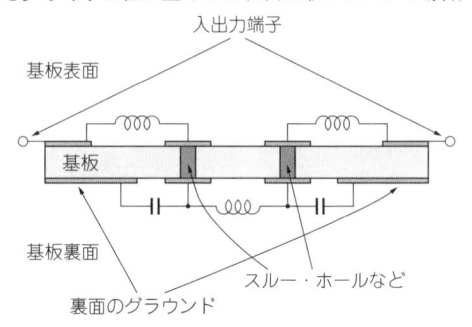

入出力端子
基板表面
基板
基板裏面
スルー・ホールなど
裏面のグラウンド

〈図3-26〉設計した1300MHz，5次バターワース型LPFのシミュレーション結果

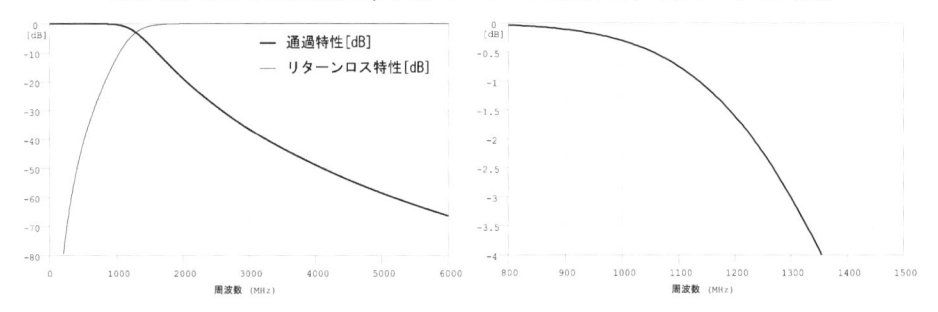

(a) 通過特性とリターン・ロス特性

(b) 遮断周波数付近の通過特性

いでしょう．こうすることで，スルー・ホールのインダクタンスを小さくすることができ，高い周波数の阻止特性を改善することができます．また，同時に自己インダクタンスの小さなコンデンサを選ぶ必要があります．

例3-7 遮断周波数1.3GHz，インピーダンス50Ωの5次T形バターワース型LPFを設計し，試作する

このフィルタの設計には，5次T形正規化バターワース型LPFの設計値が必要です．この設計値は，先の図3-16(d)の左側のようになります．このフィルタに周波数変換，インピーダンス変換を施し，遮断周波数を1.3GHz，インピーダンスを50Ωに変更します．

先の例と同様に計算を行うと，図3-25のような定数になるはずです．

この回路の特性をシミュレーションした結果を，図3-26に示します．図3-26(a)は通過特性とリターン・ロス特性を，図3-26(b)は遮断周波数付近の通過特性を示しています．

3.4 バターワースLPFの素子値を計算で求める   73

〈写真3-2〉
製作した1.3GHz LPFの表面

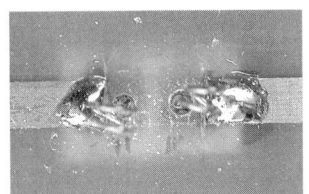

(a) 外観

(b) 表面拡大

〈写真3-3〉
製作した1.3GHz LPFの裏面

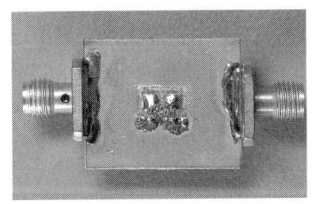

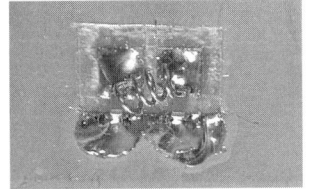

(a) 外観

(b) 裏面拡大

　リターン・ロス特性は，フィルタの整合性を示す指標になることは，前の章で話しましたね．

　さっそく試作してみます．今回は，コンデンサやスルー・ホールのインダクタンスの影響をできるだけ少なくするために，アセンブリ方法を工夫しました．**図3-27**のように組み立てると，スルー・ホールのインダクタンスはフィルタに使用するコイルの一部とみなすことができます．こうすることで，コンデンサに直列に入るインダクタンスを減らすことができ，スルー・ホールの影響を気にすることなく，フィルタを作ることができるはずです．

　写真3-2は，基板表から見たフィルタの外観とその拡大です．また，**写真3-3**はフィルタ裏面の外観とその拡大です．

　このフィルタを測定した結果を**写真3-4**に示します．先の章で製作した1GHz定K型LPFよりも大きな阻止量が得られています．これは，次数が増えたためではなく，グラウンドとコンデンサの間のインダクタンスが減ったために起こったことです．

　帯域内のフィルタの整合性もかなり良く(リターン・ロスが30dB)，市販のチップ・コンデンサを使った割には良い特性を示しています．

　この実装方法では，スルー・ホールの影響はないのですが，コンデンサの寄生インダクタンスが残っています．このため，阻止帯域での阻止量が－40dB以上には下がりません．

〈写真3-4〉
製作した5次1.3GHz LPFの測定結果
(通過特性とリターン・ロス特性，
10MHz～6GHz，10dB/div.)

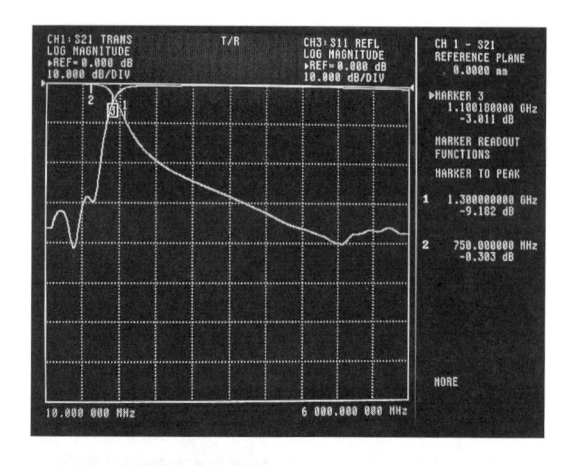

〈写真3-5〉
半分の容量のコンデンサを2個並列接続したフィルタの測定結果(10MHz～6GHz，10dB/div.)

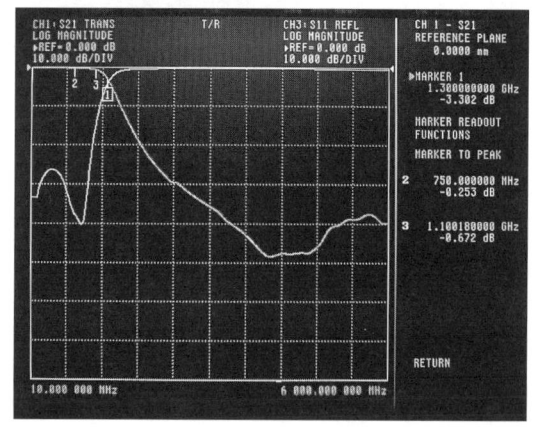

　さらにコンデンサの寄生インダクタンスも減らしてみましょう．寄生インダクタンスを減らすためには，半分の容量のコンデンサを2個並列に接続します．こうすることで理論上，インダクタンスは約半分になるはずです．**写真3-5**の測定結果を見ると，約10dBほど阻止域の阻止量が改善されています．
　もし，コイルや入出力ポートなどが高周波的に結合していると仮定すると，コンデンサのインダクタンスを減らしても阻止量には変化がないはずですが，実際には阻止量が10dBほど改善されました．この結果からも，阻止域の阻止特性がシミュレーションどおりにならないのは，コイルどうしの結合によるものではなく，コンデンサとグラウンドとの間のインダクタンスによる影響が大きいことがわかります．

第4章

チェビシェフ型ローパス・フィルタの設計
― 帯域内リプルを許容して急峻な遮断特性を得る ―

チェビシェフ・フィルタ(Chebyshev filter)は，等リプル・フィルタとも呼ばれ，帯域内の振幅リプルが等しくなります．帯域内でのリプルを許したため，遮断特性が良くなります．そのかわり，群遅延特性がよくありません．

A-D/D-Aコンバータの前置/後置フィルタや，ディジタル信号のフィルタとして使う場合には，フィルタの遮断特性だけでなく，実際に信号を入力して信号の歪みが許容される範囲かどうかを確認する必要があります．

4.1　チェビシェフ型ローパス・フィルタの特性

遮断周波数がfであるチェビシェフ型LPFの特性をいくつか紹介します．グラフのスケールは周波数で正規化してあるため，このグラフを用いることで，好きな遮断周波数をもつチェビシェフ型LPFの遮断特性や遅延特性を簡単に求めることができます．

図4-1〜**図4-5**に紹介するのは，帯域内リプルが0.001dBの3次〜9次チェビシェフLPFの特性です．チェビシェフ型の特徴は，通過帯域のリプルが等しいことです．**図4-2**を見るとわかると思います．

リプルと整合性は関係しており，同じリプルをもつLPFの帯域内リターン・ロスの極大値は，**図4-5**のようにすべて同じ値になります．

次に，帯域内リプルを0.001dBから1.0dBに変えた場合の特性を**図4-6**〜**図4-9**に示します．0.001dBの帯域内リプルをもつチェビシェフ型LPFに比べ，遮断特性が急峻になっていますが，整合性と遅延特性が悪化しています．整合性が悪化するとリターン・ロスがゼロに近づきます．

76　第4章　チェビシェフ型ローパス・フィルタの設計

〈図4-1〉リプル0.001dB，チェビシェフLPFの遮断特性（3次〜9次）

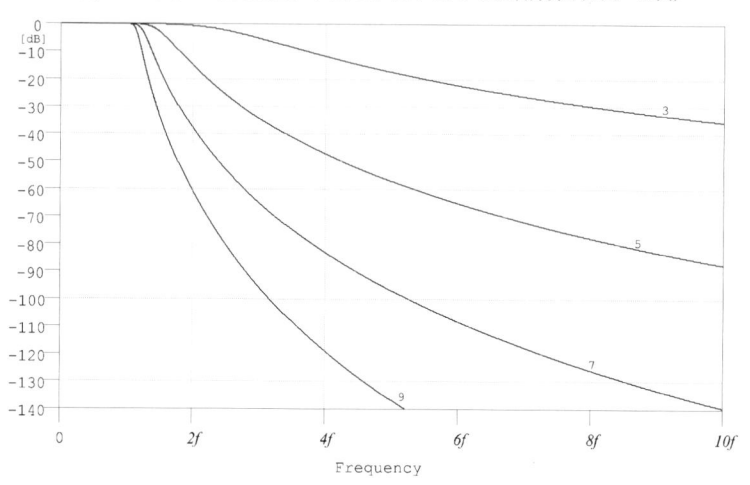

〈図4-2〉リプル0.001dB，チェビシェフLPFの遮断特性①（3次〜9次）

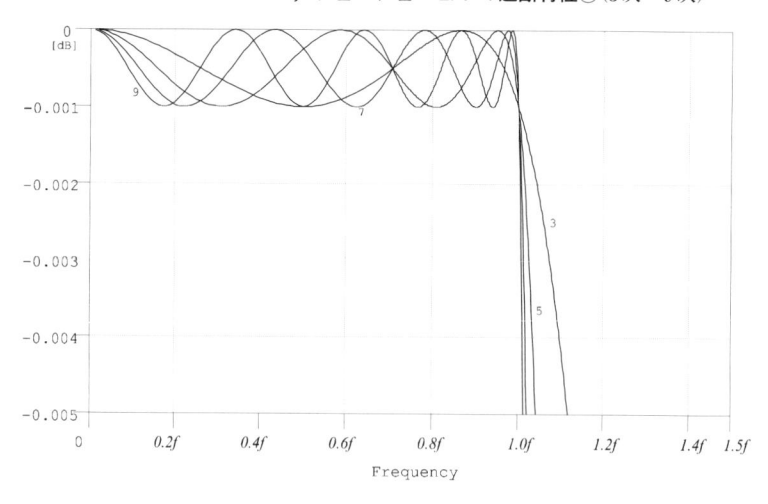

4.1　チェビシェフ型ローパス・フィルタの特性　77

〈図4-3〉リプル0.001dB，チェビシェフLPFの遮断特性②(3次〜9次)

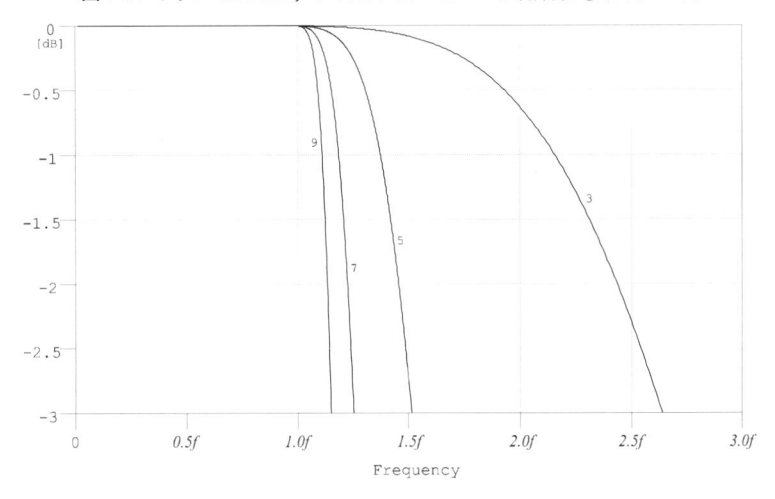

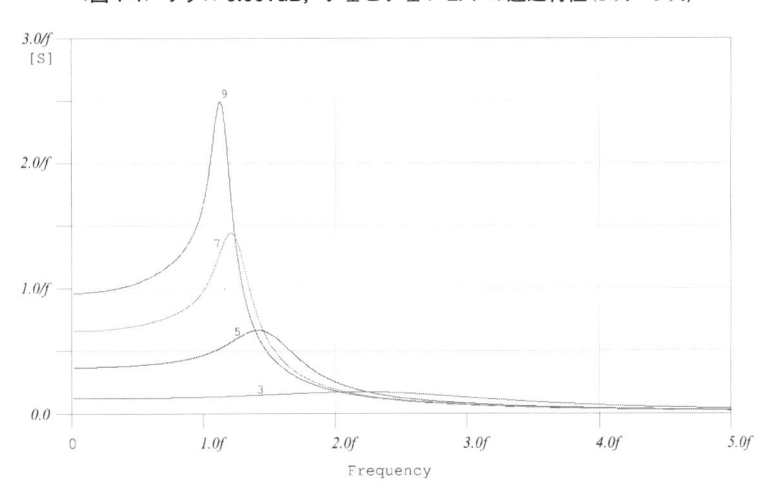

〈図4-4〉リプル0.001dB，チェビシェフLPFの遅延特性(3次〜9次)

〈図4-5〉リプル0.001dB，チェビシェフLPFのリターン・ロス特性（3次〜9次）

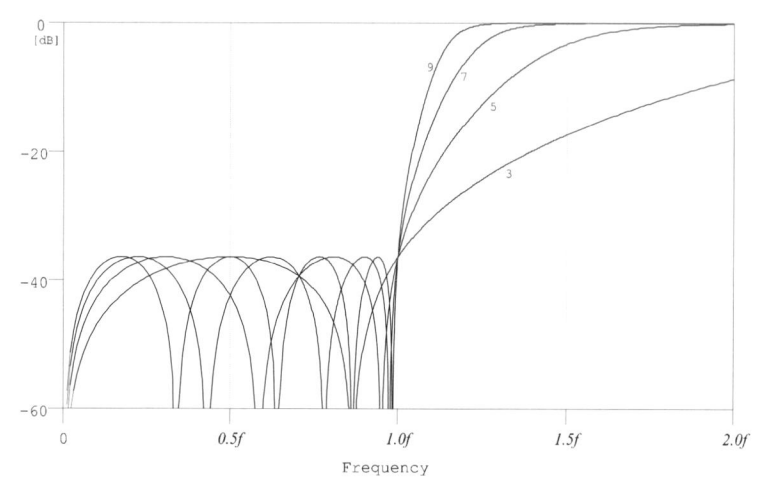

〈図4-6〉リプル1.0dB，チェビシェフLPFの遮断特性①（3次〜9次）

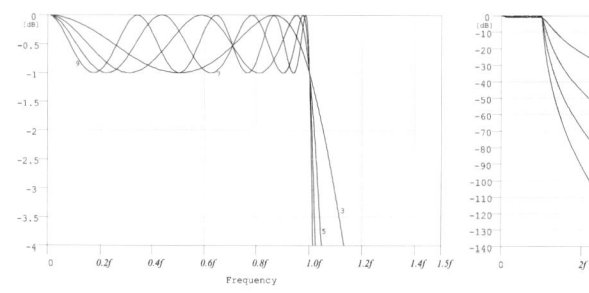

〈図4-7〉リプル1.0dB，チェビシェフLPFの遮断特性②（3次〜9次）

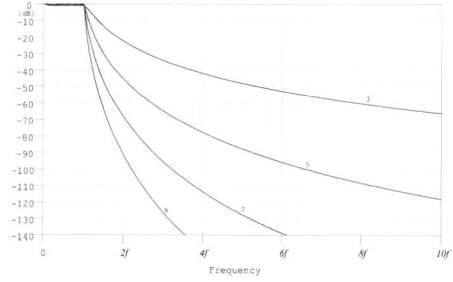

〈図4-8〉リプル1.0dB，チェビシェフLPFの遅延特性（3次〜9次）

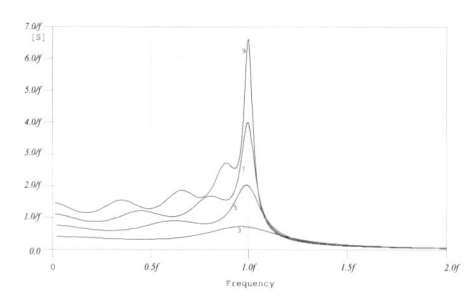

〈図4-9〉リプル1.0dB，チェビシェフLPFの反射特性（3次〜9次）

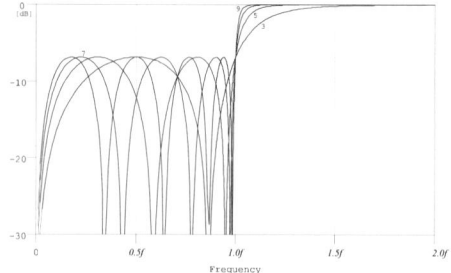

より大きな帯域内リプルをもつチェビシェフ型LPFは，より急峻な遮断特性が得られますが，遅延特性と整合性は悪化します．

4.2 正規化LPFから作るチェビシェフ型ローパス・フィルタ

　本書では，正規化ローパス・フィルタという，インピーダンスが1Ωで遮断周波数が$1/(2\pi)$Hz（≒0.159Hz）であるローパス・フィルタの設計データを紹介しています．

　しかし，チェビシェフ型の場合はちょっと勝手が違います．チェビシェフ型の設計データは，−3dBとなる遮断周波数ではなく，等しいリプルが得られる帯域（等リプル帯域）が$1/(2\pi)$Hzとなる設計データを紹介しています．このほうが，実際に使用する場合に便利です．何度も話しますが，必要なフィルタは，この正規化ローパス・フィルタから，**図4-10**の手順で簡単に計算することができます．

　チェビシェフ型のローパス・フィルタを設計する場合には，チェビシェフ型の正規化ローパス・フィルタの設計をもとにして，その等リプル周波数とインピーダンスを目的の値に変更します．

　フィルタの周波数や等リプル周波数を変換するには，次のようにフィルタの各素子の値を，目的の周波数と基準になる元の周波数との比Mで割ります．

$$M = \frac{目的の周波数}{基準になるもとの周波数}$$

$$L_{(NEW)} = \frac{L_{(OLD)}}{M}$$

$$C_{(NEW)} = \frac{C_{(OLD)}}{M}$$

　また，フィルタのインピーダンスを変換するには，変数Kを次の式で計算し，フィルタを構成するすべてのコイルの値にKを掛け，すべてのコンデンサの値をKで割ります．

〈図4-10〉
正規化LPFの設計データを使ったフィルタ設計の手順

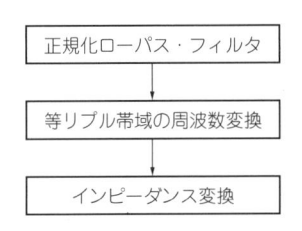

正規化ローパス・フィルタ
↓
等リプル帯域の周波数変換
↓
インピーダンス変換

〈図4-11〉
1.0dBのリプルをもった3次正規化チェビシェフ型LPF(等リプル帯域$1/(2\pi)$Hz，インピーダンス1Ω)

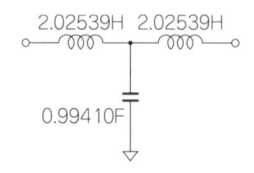

$$K = \frac{目的のインピーダンス}{基準になるもとのインピーダンス}$$

$$L_{(NEW)} = L_{(OLD)} \times K$$

$$C_{(NEW)} = \frac{C_{(OLD)}}{K}$$

最初に，3次の正規化チェビシェフ型LPFの設計データと，周波数/フィルタ・インピーダンスの変換例をいくつか紹介します．

チェビシェフ型を設計するためには，帯域内にどのくらいのリプルを許容するかを決めなければなりません．ここでは，1.0dBとすることにします．帯域内リプル1.0dBの3次の正規化チェビシェフ型LPFデータを図4-11に示します．

例4-1 インピーダンス1Ω，等リプル帯域1kHz，リプル1.0dBの3次チェビシェフ型LPFを，先の正規化データをもとに設計し，3次バターワース型LPFの特性と比較する

インピーダンス1Ω，等リプル帯域1kHzのチェビシェフLPFを，図4-11に示した正規化フィルタの設計データを基に計算してみます．

【手順1】最初に目的の周波数と基準になる周波数の比Mを求めます．

$$M = \frac{目的の周波数}{基準になるもとの周波数} = \frac{1\text{kHz}}{\left(\frac{1}{2\pi}\right)\text{Hz}} = \frac{1.0 \times 10^3 \text{Hz}}{0.159154\cdots\text{Hz}} \fallingdotseq 6283.1853$$

【手順2】すべての素子の値をMで割ると目的の周波数のフィルタ設計データが得られます．

$$L_{(NEW)} = \frac{L_{(OLD)}}{M} = \frac{2.02539}{6283.1853} \fallingdotseq 0.000322350[\text{H}] = 0.32235\text{mH}$$

$$C_{(NEW)} = \frac{C_{(OLD)}}{M} = \frac{0.99410}{6283.1853} \fallingdotseq 0.0001582159[\text{F}] = 0.158216[\text{mF}] = 158.216\mu\text{F}$$

完成したインピーダンス1Ω，等リプル帯域1kHzの3次チェビシェフ型LPFは，図4-12のようになり，この特性をシミュレーションすると図4-13のようになります．図4-13

〈図4-12〉
設計した等リプル帯域1kHz, インピーダンス1Ω, リプル1.0dBの3次チェビシェフ型LPF

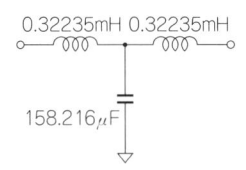

```
    0.32235mH  0.32235mH
  ───YYY────┬────YYY───
            │
         158.216μF
            │
           ─┴─
```

には同じ設計条件のバターワース型LPFの特性も併記してあります.

図4-13(b)は，遮断特性付近の通過特性を拡大したものです．バターワース型の遮断周波数での損失は-3dBでした．チェビシェフ型の場合は等リプル帯域の設計データをもとにしたので，この場合の設計周波数である1kHzでの損失はリプルと同じ1.0dBとなります．

例4-2 インピーダンス50Ω, 等リプル帯域300kHz, リプル1.0dBの3次チェビシェフ型LPFを設計する

このフィルタも図4-11に示した3次のチェビシェフ型正規化LPF(リプル1.0dB)に，周波数変換とインピーダンス変換を施すことで設計することができます．

【手順1】周波数変換を行うため，計算に必要な目的の周波数との比Mを求めます．

$$M = \frac{\text{目的の周波数}}{\text{基準になるもとの周波数}} = \frac{300.0\text{kHz}}{\left(\frac{1}{2\pi}\right)\text{Hz}} = \frac{300 \times 10^3 \text{Hz}}{0.159154\cdots\text{Hz}} \fallingdotseq 1884955.592$$

【手順2】周波数変換はすべての素子の値を変数Mで割ると行うことができます．

$$L_{(NEW)} = \frac{L_{(OLD)}}{M} = \frac{2.02539}{1884955.592} \fallingdotseq 1.074503\mu\text{H}$$

$$C_{(NEW)} = \frac{C_{(OLD)}}{M} = \frac{0.99410}{1884955.592} \fallingdotseq 0.527386\mu\text{F}$$

この計算を施すと，元のフィルタと同じインピーダンスで，周波数だけが変わったフィルタの定数を求めることができます．つまり，等リプル帯域を0.15915Hzから300kHzに変換した3次チェビシェフ型LPFは図4-14(a)のようになります．

【手順3】次に，インピーダンスを変更するために，目的のインピーダンスとの比Kを求めます．

$$K = \frac{\text{目的のインピーダンス}}{\text{基準になるもとのインピーダンス}} = \frac{50\Omega}{1\Omega} = 50.0$$

【手順4】インピーダンス変換を行うには，フィルタ内のすべてのインダクタの値にKを掛け，すべてのキャパシタの値をKで割ります．

〈図4-13〉
等リプル帯域1kHz，インピーダンス1Ω，リプル1.0dBの3次チェビシェフ型LPFとバターワース型LPFの特性比較

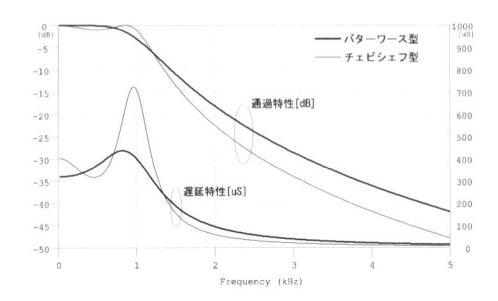

(a) 遮断特性と群遅延特性

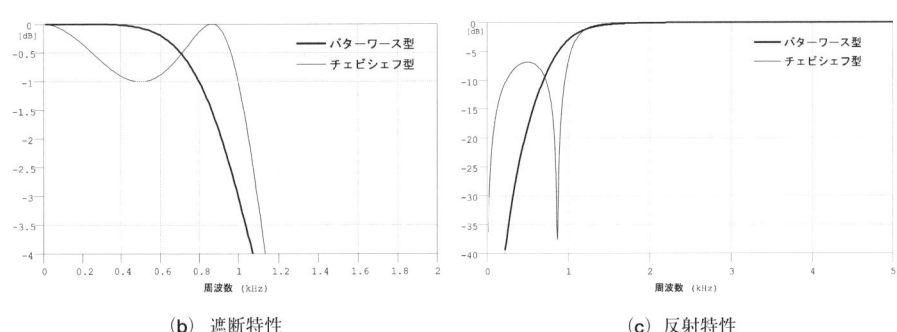

(b) 遮断特性

(c) 反射特性

〈図4-14〉
1.0dBのリプルをもつ3次チェビシェフ型LPF（等リプル帯域300kHz，インピーダンス1Ω）を設計する

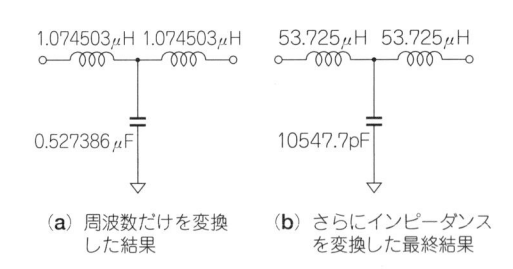

(a) 周波数だけを変換した結果

(b) さらにインピーダンスを変換した最終結果

$$L_{(NEW)} = L_{(OLD)} \times K = 1.074503[\mu H] \times 50 \fallingdotseq 53.725 \mu H$$

$$C_{(NEW)} = \frac{C_{(OLD)}}{K} = \frac{0.527386[\mu F]}{50} = 0.0105477[\mu F] = 10.5477[nF] \fallingdotseq 10547.7 pF$$

完成したインピーダンス50Ω，等リプル帯域300kHz，リプル1.0dBの3次チェビシェフ型LPFは**図4-14(b)**のようになります．

このフィルタをシミュレーションした結果を**図4-15**に示します．同じ次数のバターワース型と比べると，遮断特性のスロープが急なことがわかります．

4.2 正規化LPFから作るチェビシェフ型ローパス・フィルタ

〈図4-15〉設計した300kHz, 50Ω, リプル1.0dBの3次チェビシェフ型LPFのシミュレーション結果

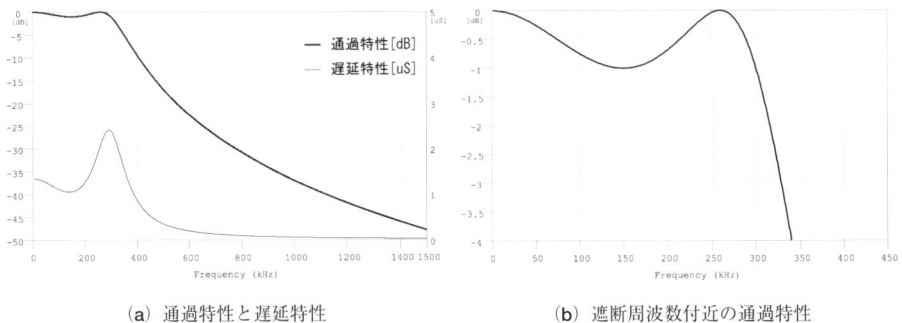

(a) 通過特性と遅延特性

(b) 遮断周波数付近の通過特性

図4-15(b)は, 遮断周波数付近を拡大したものです. 帯域内リプルが1.0dBの正規化LPFのデータをもとに設計したため, 完成したフィルタの帯域内リプルも1.0dBとなっています. また, 設計周波数である300kHzでの通過損失は1.0dBと, 帯域内リプルの値と等しい値になります.

例4-3 インピーダンス50Ω, 等リプル帯域165MHz, リプル1.0dBの3次チェビシェフ型LPFを設計する

次に, インピーダンス50Ω, 等リプル帯域165MHz, リプル1.0dBの3次チェビシェフ型LPFを, 図4-11に示した正規化ローパス・フィルタの設計データを基に求めます.

【手順1】 周波数変換を行うため, 計算に必要な目的の周波数との比Mを求めます.

$$M = \frac{目的の周波数}{基準になるもとの周波数} = \frac{165.0\text{MHz}}{\left(\dfrac{1}{2\pi}\right)\text{Hz}} = \frac{165 \times 10^6 \text{Hz}}{0.159154\cdots\text{Hz}} \fallingdotseq 1036.726 \times 10^6$$

$$= 1.036726 \times 10^9$$

【手順2】 周波数変換は, すべての素子の値をMで割ることで実現できました. 計算は次の式のようになります.

$$L_{(NEW)} = \frac{L_{(OLD)}}{M} = \frac{2.02539}{1.036726 \times 10^9} \fallingdotseq 1.9536 \times 10^{-9} [\text{H}] = 1.9536\text{nH}$$

$$C_{(NEW)} = \frac{C_{(OLD)}}{M} = \frac{0.99410}{1.036726 \times 10^9} \fallingdotseq 0.95888 \times 10^{-9} [\text{F}] = 0.95888[\text{nF}] = 958.88\text{pF}$$

インピーダンス1Ωで, 等リプル帯域が165MHzである3次チェビシェフ型LPFは**図4-16(a)**のような回路になります.

〈図4-16〉
1.0dBのリプルをもつ3次チェビシェフ型LPF（等リプル帯域165MHz，インピーダンス50Ω）を設計する

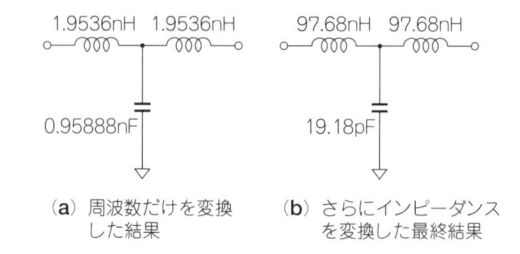

(a) 周波数だけを変換した結果

(b) さらにインピーダンスを変換した最終結果

【手順3】次に，インピーダンスを1Ωから50Ωに変更するため，目的のインピーダンスとの比Kを求めます．

$$K = \frac{\text{目的のインピーダンス}}{\text{基準になるもとのインピーダンス}} = \frac{50\Omega}{1\Omega} = 50.0$$

【手順4】インピーダンス変換を行うには，フィルタ内のすべてのインダクタの値にKを掛け，すべてのキャパシタの値をKで割ります．

$$L_{(NEW)} = L_{(OLD)} \times K = 1.9536[\text{nH}] \times 50 = 97.68\text{nH}$$

$$C_{(NEW)} = \frac{C_{(OLD)}}{K} = \frac{958.88[\text{pF}]}{50} \fallingdotseq 19.18\text{pF}$$

設計したインピーダンス50Ω，等リプル帯域165MHz，リプル1.0dBの3次チェビシェフ型LPFは**図4-16(b)**のようになります．このフィルタのシミュレーション結果を**図4-17**に示します．

写真4-1は，空芯コイルとチップ・コンデンサ（20pF）を使って製作した等リプル帯域165MHzのチェビシェフ型LPFの外観です．97.68nHの空芯コイルは，本書後半で紹介する空芯コイルのインダクタンスを求める式を使って設計しました．ここでは**表4-1**の設計データを使いました．

写真4-2は帯域内リプルの測定結果を，**写真4-3**は帯域内のリターン・ロスの測定結果を示しています．リターン・ロス特性は，フィルタの整合性を確かめるために便利だということは先の章で述べました．

等リプル帯域の設計値は165MHzでしたが，実際には**写真4-2**の結果を見ると，約150MHzと10％近く下がってしまいました．これは，コンデンサの自己インダクタと，裏面のグラウンドと表面のグラウンドを接続した銅線のインダクタンスの影響によるものです．

写真4-4の通過特性の測定結果を見ると明らかなのですが，シミュレーションでは存在しないノッチが，測定結果に現れています．この影響を少なくするには，基板の表裏をう

4.2 正規化LPFから作るチェビシェフ型ローパス・フィルタ

〈図4-17〉1.0dBのリプルをもつ3次チェビシェフ型LPFのシミュレーション結果
(等リプル帯域165MHz, インピーダンス50Ω)

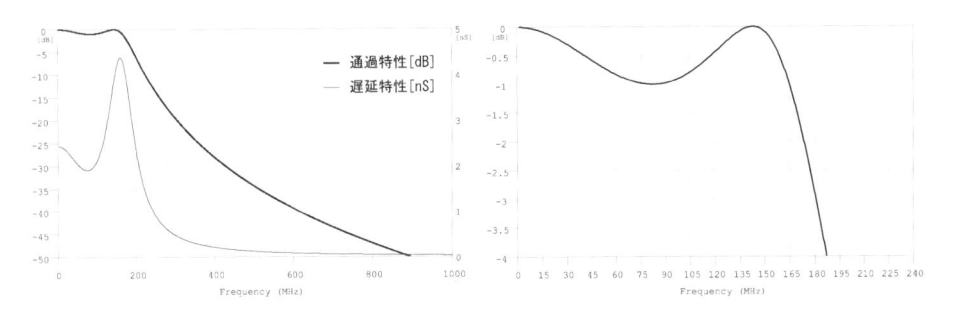

(a) 通過特性と遅延特性

(b) 通過特性

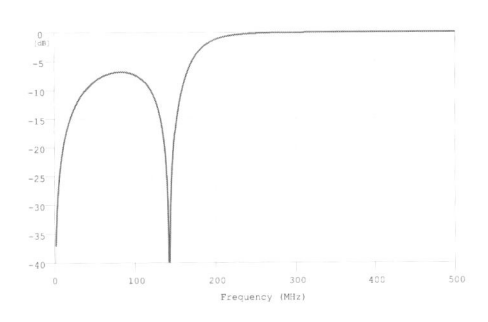

(c) リターン・ロス特性

〈写真4-1〉製作した3次チェビシェフ型LPF(等リプル帯域165MHz, リプル1.0dB)

〈写真4-2〉製作した3次チェビシェフ型LPFの帯域内リプル特性(10〜240MHz, 1dB/div.)

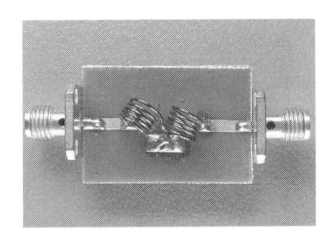

〈表4-1〉97.68nHの空芯コイルの設計データ

インダクタンス [nH]	コイル直径 [mm]	巻き数 [回]	コイル長さ [mm]
97.68	5.0	5	4.05

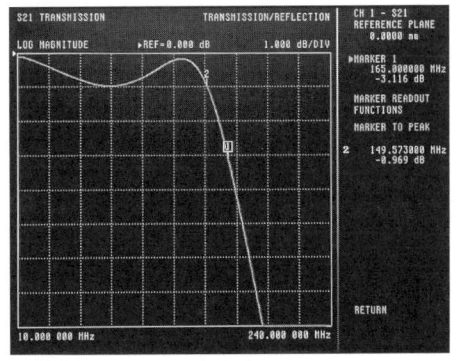

〈写真4-3〉製作した3次チェビシェフ型LPFの帯域内リターン・ロス特性（10～240MHz, 5dB/div.）

〈写真4-4〉製作した3次チェビシェフ型LPFの通過特性（10MHz～1GHz, 10dB/div.）

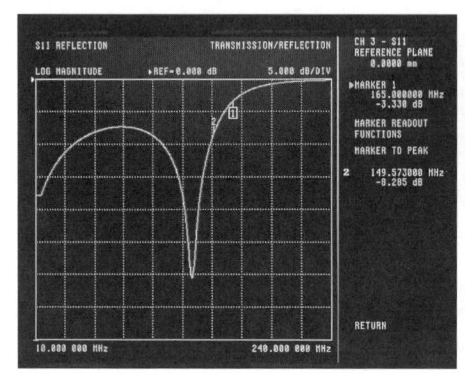

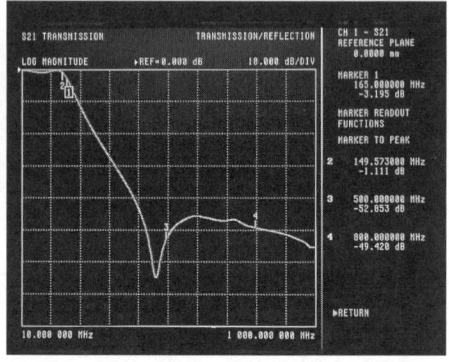

〈写真4-5〉
製作した3次チェビシェフ型LPFの遅延特性
（10～300MHz, 1ns/div.）

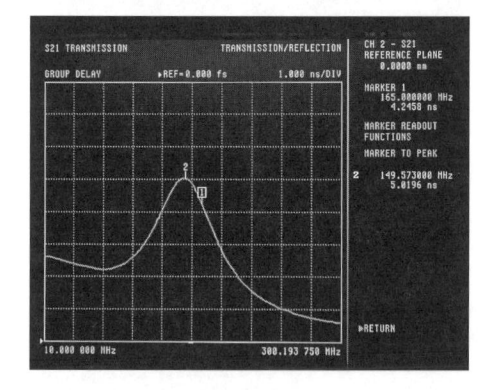

まく使って組み立てることと，自己インダクタンスの少ないコンデンサを選ぶことが必要です．

また，**写真4-5**は遮断周波数付近の遅延特性を測定したものです．

4.3 正規化チェビシェフ型LPFのデータ

図4-18(pp.88～91)にチェビシェフ型の正規化LPFの設計データを紹介します．チェビシェフ型での正規化LPFの設計データは，実際に使用する場合に便利なので，−3dBとなる遮断周波数ではなく，等しいリプルが終わる帯域（等リプル帯域）で示しました．

ここに示した正規化チェビシェフ型LPFの設計データは，他の正規化フィルタの設計データと異なり，−3dB点（遮断周波数）が$1/(2\pi)$Hzとなるのではなく，等リプル帯域が

⟨図4-19⟩
等リプル帯域と3dB帯域の違い
(リプル1dBの場合)

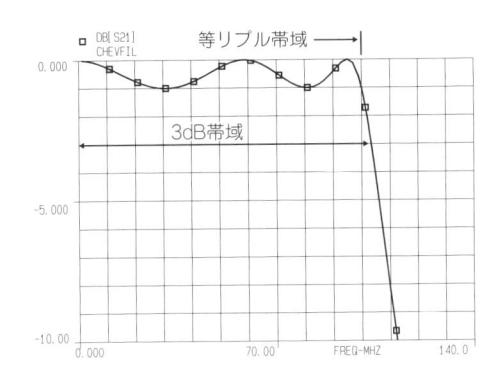

⟨図4-20⟩
9次T形正規化チェビシェフ型LPF
(リプル0.5dB)

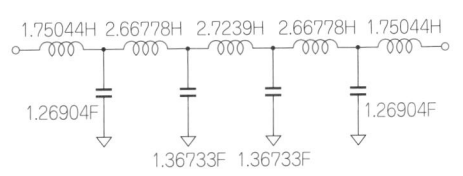

$1/(2\pi)$Hzとなります．図4-19は，等リプル帯域と図からもわかるように，3dB帯域の違いを示したものです．図からもわかるように，3dB帯域は等リプル帯域よりも広くなります．

　また，2次，4次，6次，…など，偶数の次数をもつチェビシェフ型フィルタは，入出力のインピーダンスが等しくなりません．そのため，偶数次のデータではマッチングするインピーダンスも同時に示しました．

例4-4 等リプル帯域44kHz，インピーダンス600Ω，帯域内リプル0.5dB，9次のT形チェビシェフ型LPFを設計する

　先に紹介した正規化LPFの図表より，リプル0.5dBの9次T形正規化チェビシェフ型LPFの設計値は，図4-20のようになります．

　目的のフィルタを設計するためには，正規化LPFの周波数を$1/(2\pi)$Hzから44kHzに，インピーダンスを1Ωから600Ωに変換します．定数変換に必要なMとKの値は，次のように計算されます．

$$M = \frac{\text{目的の周波数}}{\text{基準になるもとの周波数}} = \frac{44\text{kHz}}{\left(\frac{1}{2\pi}\right)\text{Hz}} = \frac{44\times 10^3 \text{Hz}}{0.159154\cdots\text{Hz}} \fallingdotseq 276.460\times 10^3$$

$$K = \frac{\text{目的のインピーダンス}}{\text{基準になるもとのインピーダンス}} = \frac{600\Omega}{1\Omega} = 600.0$$

〈図4-18〉正規化チェビシェフ LPF(等リプル帯域 $1/(2\pi)$Hz,インピーダンス 1Ω)

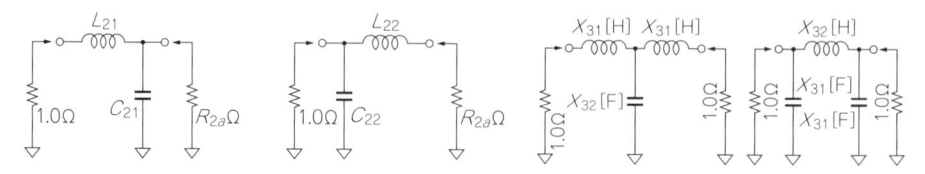

リプル [dB]	L_{21} [H]	C_{21} [F]	R_{2a} [Ω]
0.001	0.24825	0.24083	1.03081
0.002	0.29616	0.28372	1.04386
0.005	0.37476	0.35017	1.07022
0.01	0.44888	0.40780	1.10075
0.02	0.53930	0.47083	1.14542
0.03	0.60159	0.50941	1.18095
0.04	0.65081	0.53707	1.21178
0.05	0.69227	0.55845	1.23962
0.06	0.72849	0.57572	1.26535
0.07	0.76092	0.59009	1.28950
0.08	0.79045	0.60230	1.31241
0.09	0.81768	0.61282	1.33430
0.10	0.84304	0.62201	1.35536
0.20	1.03784	0.67455	1.53855
0.30	1.18042	0.69572	1.69670
0.40	1.29881	0.70455	1.84345
0.50	1.40290	0.70708	1.98406
0.60	1.49745	0.70595	2.12118
0.70	1.58519	0.70253	2.25641
0.80	1.66780	0.69760	2.39078
0.90	1.74645	0.69165	2.52504
1.00	1.82194	0.68501	2.65972

(a) 2次 L-C 型

リプル [dB]	L_{22} [H]	C_{22} [F]	R_{2a} [Ω]
0.001	0.24083	0.24825	0.97010
0.002	0.28372	0.29616	0.95798
0.005	0.35017	0.37476	0.93438
0.01	0.40780	0.44888	0.90847
0.02	0.47083	0.53930	0.87304
0.03	0.50941	0.60159	0.84677
0.04	0.53707	0.65081	0.82523
0.05	0.55845	0.69227	0.80670
0.06	0.57572	0.72849	0.79030
0.07	0.59009	0.76092	0.77550
0.08	0.60230	0.79045	0.76196
0.09	0.61282	0.81768	0.74946
0.10	0.62201	0.84304	0.73781
0.20	0.67455	1.03784	0.64996
0.30	0.69572	1.18042	0.58938
0.40	0.70455	1.29881	0.54246
0.50	0.70708	1.40290	0.50402
0.60	0.70595	1.49745	0.47144
0.70	0.70253	1.58519	0.44318
0.80	0.69760	1.66780	0.41827
0.90	0.69165	1.74645	0.39603
1.00	0.68501	1.82194	0.37598

(b) 2次 C-L 型

リプル [dB]	X_{31} [H]/[F]	X_{32} [H]/[F]
0.001	0.40878	0.72651
0.002	0.46368	0.79859
0.005	0.55024	0.89683
0.01	0.62918	0.97028
0.02	0.72329	1.03894
0.03	0.78719	1.07485
0.04	0.83734	1.09754
0.05	0.87940	1.11316
0.06	0.91606	1.12443
0.07	0.94880	1.13278
0.08	0.97859	1.13907
0.09	1.00602	1.14382
0.10	1.03156	1.14740
0.20	1.22755	1.15254
0.30	1.37122	1.13786
0.40	1.49083	1.11801
0.50	1.59628	1.09669
0.60	1.69232	1.07519
0.70	1.78163	1.05401
0.80	1.86591	1.03340
0.90	1.94630	1.01342
1.00	2.02359	0.99410

(c) 3次

〈図4-18〉正規化チェビシェフLPF（等リプル帯域 $1/(2\pi)$Hz, インピーダンス1Ω）（つづき）

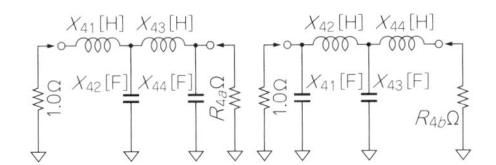

リプル [dB]	X_{41} [H]/[F]	X_{42} [H]/[F]	X_{43} [H]/[F]	X_{44} [H]/[F]	R_{4a} [Ω]	R_{4b} [Ω]
0.001	0.49488	0.98817	1.01862	0.48008	1.03081	0.97010
0.002	0.54959	1.05487	1.10113	0.52650	1.04386	0.95798
0.005	0.63518	1.14065	1.22076	0.59350	1.07022	0.93438
0.01	0.71287	1.20035	1.32128	0.64762	1.10075	0.90847
0.02	0.80532	1.25145	1.43344	0.70307	1.14542	0.87304
0.03	0.86809	1.27540	1.50618	0.73508	1.18095	0.84677
0.04	0.91740	1.28890	1.56190	0.75707	1.21178	0.82523
0.05	0.95877	1.29701	1.60780	0.77344	1.23962	0.80670
0.06	0.99486	1.30193	1.64740	0.78623	1.26535	0.79030
0.07	1.02713	1.30477	1.68250	0.79653	1.28950	0.77550
0.08	1.05650	1.30618	1.71424	0.80501	1.31241	0.76196
0.09	1.08357	1.30656	1.74335	0.81209	1.33430	0.74946
0.10	1.10879	1.30618	1.77035	0.81808	1.35536	0.73781
0.20	1.30284	1.28443	1.97617	0.84680	1.53855	0.64996
0.30	1.44569	1.25370	2.12714	0.85206	1.69670	0.58938
0.40	1.56494	1.22253	2.25368	0.84892	1.84345	0.54246
0.50	1.67031	1.19257	2.36612	0.84187	1.98406	0.50402
0.60	1.76643	1.16412	2.46930	0.83276	2.12118	0.47144
0.70	1.85596	1.13719	2.56596	0.82253	2.25641	0.44318
0.80	1.94055	1.11168	2.65779	0.81168	2.39078	0.41827
0.90	2.02132	1.08747	2.74591	0.80051	2.52504	0.39603
1.00	2.09905	1.06444	2.83112	0.78920	2.65972	0.37598

(d) 4次

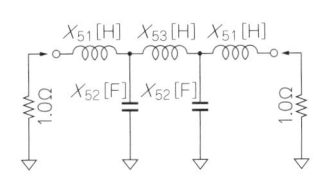

リプル [dB]	X_{51} [H]/[F]	X_{52} [H]/[F]	X_{53} [H]/[F]
0.001	0.54266	1.12188	1.31019
0.002	0.59627	1.18120	1.38448
0.005	0.68013	1.25536	1.48986
0.01	0.75633	1.30492	1.57731
0.02	0.84717	1.34488	1.67481
0.03	0.90898	1.36192	1.73845
0.04	0.95758	1.37039	1.78752
0.05	0.99842	1.37454	1.82832
0.06	1.03407	1.37619	1.86370
0.07	1.06598	1.37625	1.89526
0.08	1.09503	1.37525	1.92394
0.09	1.12184	1.37350	1.95037
0.10	1.14681	1.37121	1.97500
0.20	1.33945	1.33702	2.16605
0.30	1.48164	1.29922	2.30947
0.40	1.60057	1.26322	2.43141
0.50	1.70577	1.22963	2.54083
0.60	1.80185	1.19831	2.64199
0.70	1.89141	1.16903	2.73730
0.80	1.97609	1.14153	2.82827
0.90	2.05698	1.11562	2.91591
1.00	2.13488	1.09111	3.00092

(e) 5次

〈図4-18〉正規化チェビシェフLPF（等リプル帯域 $1/(2\pi)$Hz，インピーダンス 1Ω）（つづき）

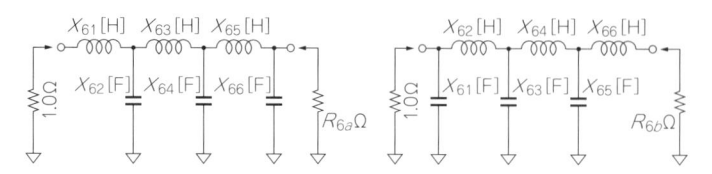

リプル [dB]	X_{61} [H]/[F]	X_{62} [H]/[F]	X_{63} [H]/[F]	X_{64} [H]/[F]	X_{65} [H]/[F]	X_{66} [H]/[F]	R_{6a} [Ω]	R_{6a} [Ω]
0.001	0.57115	1.19630	1.45332	1.40988	1.23617	0.55408	1.03081	0.97010
0.002	0.62379	1.25031	1.51890	1.45509	1.30514	0.59759	1.04386	0.95798
0.005	0.70627	1.31674	1.61194	1.50617	1.40921	0.65992	1.07022	0.93438
0.01	0.78135	1.36001	1.68967	1.53503	1.49703	0.70984	1.10075	0.90847
0.02	0.87105	1.39338	1.77739	1.55173	1.59601	0.76046	1.14542	0.87304
0.03	0.93218	1.40647	1.83539	1.55416	1.66097	0.78935	1.18095	0.84677
0.04	0.98031	1.41211	1.88053	1.55188	1.71117	0.80899	1.21178	0.82523
0.05	1.02079	1.41407	1.91834	1.54752	1.75291	0.82347	1.23962	0.80670
0.06	1.05615	1.41393	1.95133	1.54213	1.78912	0.83467	1.26535	0.79030
0.07	1.08781	1.41248	1.98090	1.53618	1.82140	0.84359	1.28950	0.77550
0.08	1.11666	1.41017	2.00790	1.52993	1.85072	0.85085	1.31241	0.76196
0.09	1.14329	1.40728	2.03287	1.52354	1.87774	0.85685	1.33430	0.74946
0.10	1.16811	1.40397	2.05621	1.51710	1.90289	0.86185	1.35536	0.73781
0.20	1.35981	1.36322	2.23947	1.45557	2.09738	0.88383	1.53855	0.64996
0.30	1.50158	1.32178	2.37899	1.40213	2.24265	0.88500	1.69670	0.58938
0.40	1.62028	1.28331	2.49854	1.35536	2.36571	0.87894	1.84345	0.54246
0.50	1.72536	1.24787	2.60637	1.31366	2.47584	0.86962	1.98406	0.50402
0.60	1.82140	1.21510	2.70643	1.27591	2.57745	0.85867	2.12118	0.47144
0.70	1.91095	1.18643	2.80096	1.24134	2.67302	0.84690	2.25641	0.44318
0.80	1.99566	1.15615	2.89138	1.20939	2.76410	0.83473	2.39078	0.41827
0.90	2.07661	1.12939	2.97864	1.17964	2.85175	0.82241	2.52504	0.39603
1.00	2.15459	1.10413	3.06342	1.15178	2.93669	0.81008	2.65972	0.37598

(f) 6次

〈図4-18〉正規化チェビシェフLPF（等リプル帯域 $1/(2\pi)$Hz，インピーダンス 1Ω）（つづき）

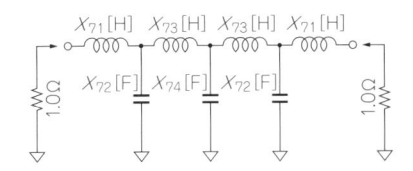

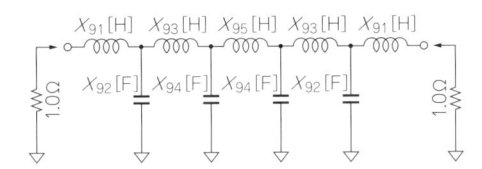

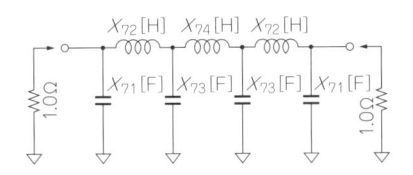

リプル [dB]	X_{71} [H]/[F]	X_{72} [H]/[F]	X_{73} [H]/[F]	X_{74} [H]/[F]
0.001	0.58928	1.24139	1.53181	1.54694
0.002	0.64119	1.29178	1.59141	1.58115
0.005	0.72265	1.35316	1.67642	1.61665
0.01	0.79695	1.39242	1.74813	1.63313
0.02	0.88585	1.42169	1.83001	1.63718
0.03	0.94653	1.43237	1.88472	1.63215
0.04	0.99434	1.43631	1.92761	1.62461
0.05	1.03458	1.43695	1.96372	1.61619
0.06	1.06974	1.43573	1.99536	1.60750
0.07	1.10124	1.43338	2.02382	1.59878
0.08	1.12995	1.43029	2.04987	1.59016
0.09	1.15646	1.42672	2.07404	1.58169
0.10	1.18118	1.42281	2.09667	1.57340
0.20	1.37226	1.37820	2.27566	1.50016
0.30	1.51374	1.33464	2.41307	1.44031
0.40	1.63229	1.29474	2.53133	1.38923
0.50	1.73729	1.25824	2.63829	1.34433
0.60	1.83328	1.22464	2.73775	1.30409
0.70	1.92283	1.19349	2.83185	1.26748
0.80	2.00756	1.16443	2.92196	1.23383
0.90	2.08854	1.13718	3.00901	1.20264
1.00	2.16656	1.11251	3.09364	1.17352

(g) 7次

リプル [dB]	X_{91} [H]/[F]	X_{92} [H]/[F]	X_{93} [H]/[F]	X_{94} [H]/[F]	X_{95} [H]/[F]
0.001	0.60999	1.29064	1.60995	1.66501	1.74458
0.002	0.66095	1.33677	1.66279	1.68762	1.78761
0.005	0.74113	1.39231	1.73903	1.70767	1.85055
0.01	0.81446	1.42706	1.80436	1.71254	1.90579
0.02	0.90241	1.45178	1.88016	1.70519	1.97173
0.03	0.96253	1.45981	1.93151	1.69367	2.01749
0.04	1.00997	1.46188	1.97212	1.68161	2.05426
0.05	1.04991	1.46109	2.00652	1.66975	2.08576
0.06	1.08485	1.45871	2.03681	1.65830	2.11375
0.07	1.11616	1.45539	2.06415	1.64729	2.13919
0.08	1.14471	1.45147	2.08927	1.63670	2.16269
0.09	1.17108	1.44716	2.11262	1.62652	2.18466
0.10	1.19567	1.44260	2.13455	1.61672	2.20537
0.20	1.38603	1.39389	2.30932	1.53405	2.37280
0.30	1.52717	1.34807	2.44466	1.46913	2.50450
0.40	1.64554	1.30666	2.56166	1.41469	2.61927
0.50	1.75044	1.26904	2.66778	1.36733	2.72390
0.60	1.84638	1.23457	2.76664	1.32516	2.82173
0.70	1.93592	1.20271	2.86032	1.28699	2.91467
0.80	2.02065	1.17305	2.95013	1.25205	3.00394
0.90	2.10166	1.14529	3.03695	1.21975	3.09040
1.00	2.17972	1.11918	3.12143	1.18967	3.17463

(h) 9次

〈図4-21〉
設計した9次T形チェビシェフ型LPF
(等リプル帯域44kHz, インピーダンス600Ω, リプル0.5dB)

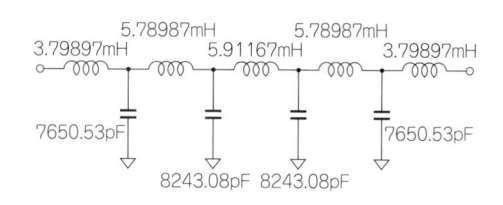

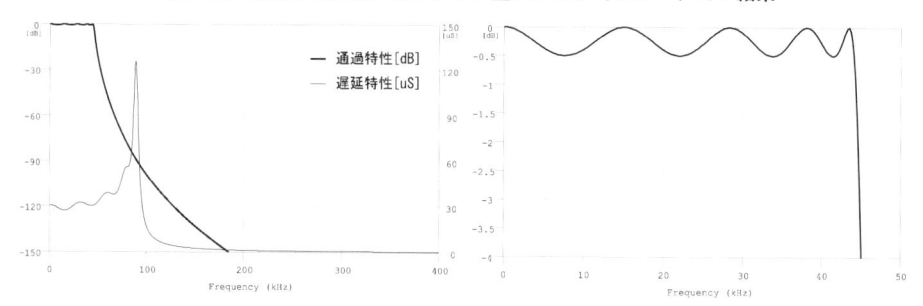

(a) 通過特性と遅延特性

(b) 遮断周波数付近の通過特性

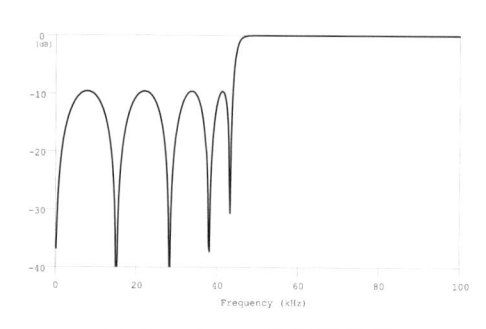

〈図4-22〉設計した9次チェビシェフ型LPFのシミュレーション結果

(c) リターン・ロス特性(反射特性)

このようにして設計したフィルタは，**図4-21**のようになります．

このフィルタの特性をシミュレーションした結果を**図4-22**に示します．図(**b**)の帯域内リプルの特性をご覧ください．リプルの山と谷の合計が9個ありますね．この山と谷の合計は，フィルタの次数と同じ数になります．逆に，帯域内リプルの特性から容易にフィルタの次数を知ることができます．

図(**c**)は，600Ωとの整合性をシミュレーションした結果です．チェビシェフ型の場合，帯域内リプルと帯域内の整合性(リターン・ロス特性)は密接に関係しています(整合性に

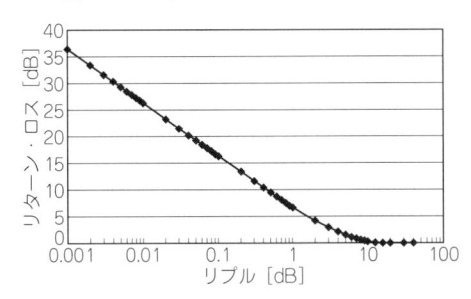

〈図4-23〉リプルとリターン・ロスの関係

〈図4-24〉5次の正規化チェビシェフ型LPF
(等リプル帯域1/(2π)Hz, インピーダンス1Ω, リプル0.1dB)

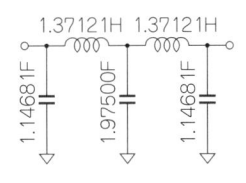

関しては定K型LPFの設計のところで詳細を述べた).帯域内リプルを大きくすると,帯域内の整合性も悪くなります.また,帯域内の整合性を良くしたい場合には,帯域内リプルを小さくしなければなりません.

図4-23のグラフは,帯域内リプルと帯域内のリターン・ロス(反射特性)の最大値との関係を表したものです.これらの関係を,式を使って表すと次のようになります.

$$\text{帯域内リプル [dB]} = -10\log(1-\Gamma^2)$$

ただし,
Γ：反射係数
$\Gamma = 10^{\frac{-RL}{20}}$
RL：リターン・ロス [dB]
$RL = -20\log|\Gamma|$
$VSWR = \dfrac{1+|\Gamma|}{1-|\Gamma|}$

たとえば,リターン・ロスが20dBの場合の反射係数はΓ = 0.1であり,その場合の帯域内リプルは0.04dBと計算されます.

例4-5 等リプル帯域190MHz,インピーダンス50Ω,帯域内リプル0.1dB,5次のπ形チェビシェフ型LPFを設計する

先に紹介した正規化LPFの図表より,リプル0.1dBの5次π形正規化チェビシェフ型LPFの設計値は,**図4-24**のようになります.

正規化LPFの周波数を1/(2π)Hzから190MHzに,インピーダンスを1Ωから50Ωに変換します.周波数変換とインピーダンス変換の両方を施すと,目的のフィルタが設計できます.変換に必要なMとKの値は,次のように計算されます.

〈図4-25〉
設計した5次チェビシェフ型LPF（等リプル帯域190MHz，帯域内リプル0.1dB，インピーダンス50Ω）

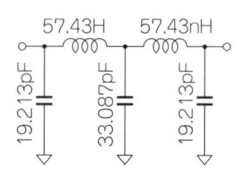

〈図4-26〉5次チェビシェフ型LPFのシミュレーション結果

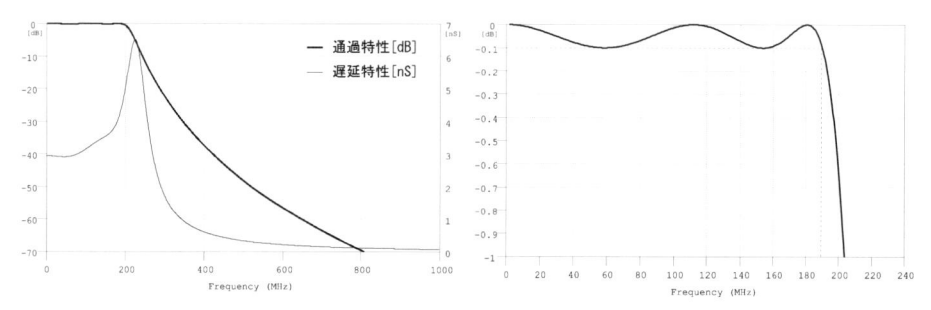

(a) 通過特性と遅延特性

(b) 遮断周波数付近の通過特性

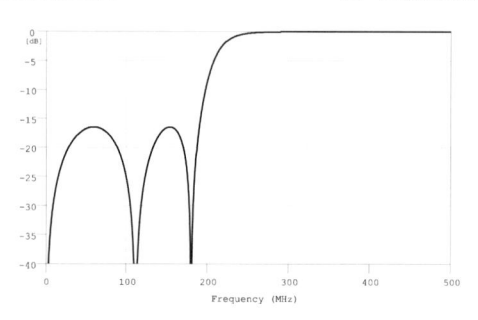

(c) リターン・ロス特性（反射特性）

$$M = \frac{\text{目的の周波数}}{\text{基準になるもとの周波数}} = \frac{190\text{MHz}}{\left(\frac{1}{2\pi}\right)\text{Hz}} = \frac{190 \times 10^6 \text{Hz}}{0.159154\cdots\text{Hz}} \fallingdotseq 1193.8052 \times 10^6$$

$$= 1.1938052 \times 10^9$$

$$K = \frac{\text{目的のインピーダンス}}{\text{基準になるもとのインピーダンス}} = \frac{50\Omega}{1\Omega} = 50.0$$

計算を行うと，**図4-25**のような回路が得られるはずです．**図4-26**は，このフィルタの特性をシミュレーションした結果を示しています．このフィルタは5次であるので，図4-

4.3 正規化チェビシェフ型LPFのデータ

〈図4-27〉
2次正規化チェビシェフ型LPF(リプル0.3dB, 等リプル帯域 $1/(2\pi)$Hz, インピーダンス1Ω)

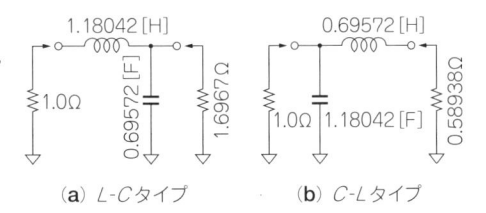

(a) L-Cタイプ
(b) C-Lタイプ

〈図4-28〉
2次チェビシェフ型LPF(リプル0.3dB, 等リプル帯域300kHz, インピーダンス50Ω)を設計する

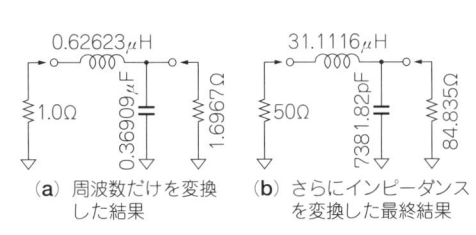

(a) 周波数だけを変換した結果
(b) さらにインピーダンスを変換した最終結果

26(b)のグラフを見てもらうとわかりますが，山と谷の合計は5個になります．

例4-6 一方のポートのインピーダンスが50Ωで，等リプル帯域が300kHz，リプル0.3dBの2次チェビシェフ型LPFを設計し，もう一方のポートのインピーダンスを求める

リプル0.3dBの2次チェビシェフ正規化LPFは，先の**図4-18**からすると，**図4-27**に示す2種類があります．

最初に図(a)のL-Cタイプのフィルタを使って設計します．

【手順1】 周波数変換を行うために必要な，目的の周波数との比 M を求めます．

$$M = \frac{\text{目的の周波数}}{\text{基準になるもとの周波数}} = \frac{300.0\text{kHz}}{\left(\dfrac{1}{2\pi}\right)\text{Hz}} = \frac{300 \times 10^3 \text{Hz}}{0.159154\cdots\text{Hz}} \fallingdotseq 1.8849556 \times 10^6$$

【手順2】 次に，すべての素子の値を M で割ります．計算を行うと，インピーダンスがそのままで，周波数だけが変わったフィルタの素子値が得られます．

$$L_{(NEW)} = \frac{L_{(OLD)}}{M} = \frac{1.18042}{1884955.592} \fallingdotseq 0.626232\mu\text{H}$$

$$C_{(NEW)} = \frac{C_{(OLD)}}{M} = \frac{0.69572}{1884955.592} \fallingdotseq 0.369091\mu\text{F}$$

これより，インピーダンスが1Ωで，等リプル帯域が300kHzである2次チェビシェフ型LPFは**図4-28(a)**のようになります．

〈図4-29〉設計した300kHz，50Ωの2次チェビシェフ型LPFのシミュレーション結果
（ポートを設計インピーダンスできちんと終端した場合）

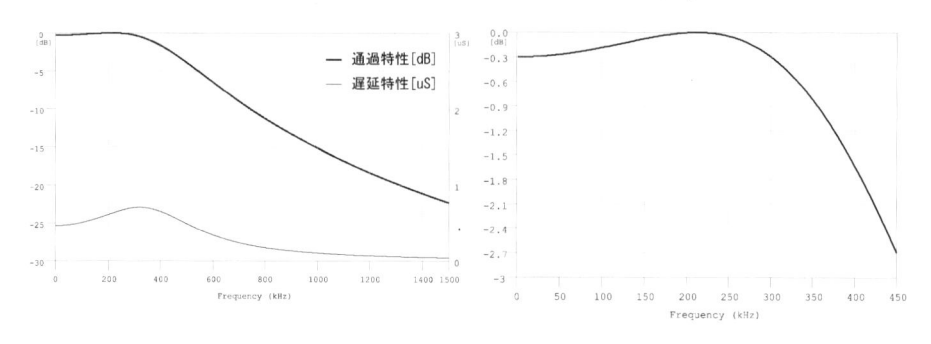

(a) 通過特性と遅延特性　　　　　　　　(b) 遮断周波数付近の通過特性

【手順3】次に，インピーダンスを50Ωに変更するため，50Ωとの比Kを求めます．

$$K = \frac{\text{目的のインピーダンス}}{\text{基準になるもとのインピーダンス}} = \frac{50\Omega}{1\Omega} = 50.0$$

【手順4】インピーダンス変換は，フィルタ内のすべてのインダクタの値にKを掛け，すべてのキャパシタの値をKで割ることで，行うことができました．

$$L_{(NEW)} = L_{(OLD)} \times K = 0.626232[\mu H] \times 50 = 31.3116 \mu H$$

$$C_{(NEW)} = \frac{C_{(OLD)}}{K} = \frac{0.369091[\mu F]}{50} = 0.00738182[\mu F] = 7.38182[nF] = 7381.82 pF$$

これより，インピーダンス50Ω，等リプル帯域300kHz，リプル0.3dBの2次チェビシェフ型LPFは図4-28(b)のようになります．図(b)のように，50Ωでないもう一方のインピーダンスは，表中に示されているインピーダンスが1.69670Ωであったことから，次のように計算されます．

$$Z = 1.69670 \times 50 = 84.835\Omega$$

このフィルタを，一方のポートのインピーダンスが50Ωであり，もう一方のポートのインピーダンスが84.835Ωであるような測定器で測定すると，図4-29のような特性になるでしょう．

また，両方の端子を間違って50Ωのインピーダンスで終端して測定すると，図4-30のように，特性が設計値どおりになりません．したがって，偶数次のチェビシェフ型フィルタの場合には，終端するインピーダンスにも注意する必要があります．

〈図4-30〉設計した300kHz，50Ωの2次チェビシェフ型LPFのシミュレーション結果
（両方のポートを50Ωで終端した場合）

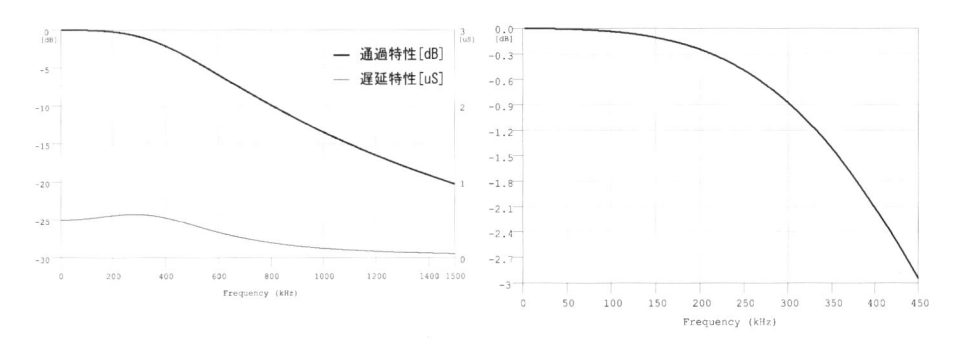

(a) 通過特性と遅延特性

(b) 遮断周波数付近の通過特性

〈図4-31〉設計した2次チェビシェフ型LPF
（リプル0.3dB，等リプル帯域300kHz，インピーダンス50Ω）

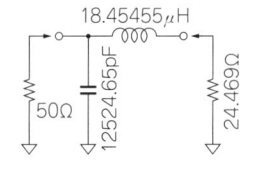

〈図4-32〉遮断周波数20MHz，インピーダンス50ΩのLPF

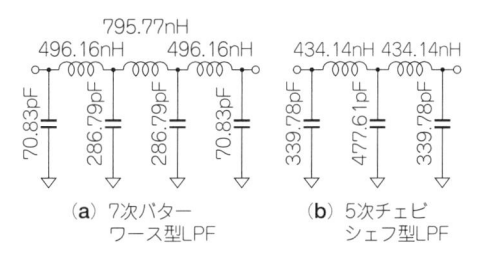

(a) 7次バターワース型LPF

(b) 5次チェビシェフ型LPF

ただし，入出力のインピーダンスが異なると実際に使用する場合に不便なので，後述の回路変換を使って，入出力のインピーダンスが同じになるように回路を変形するとよいでしょう．

もし，図4-27(b)のC-L型の正規化フィルタを使って計算を行うと，図4-31のような回路が得られます．この場合，50Ωでないほうのインピーダンスは，正規化LPFのインピーダンスが0.58938Ωであったことから，29.469Ωと計算されます．

例4-7 遮断周波数20MHzの7次バターワース型LPFと同程度の遮断特性をもつチェビシェフ型LPFに，デューティ比50％，2MHzの方形波を入力し，その応答を調べる

7次π形正規化バターワースLPFの設計データは，前章の図3-16(f)を参照してください．周波数変換，インピーダンス変換を行ったあとの，遮断周波数20MHz，インピーダ

〈図4-33〉遮断周波数20MHzのLPFにデューティ比50％，周波数2MHzの方形波を入力した場合の波形

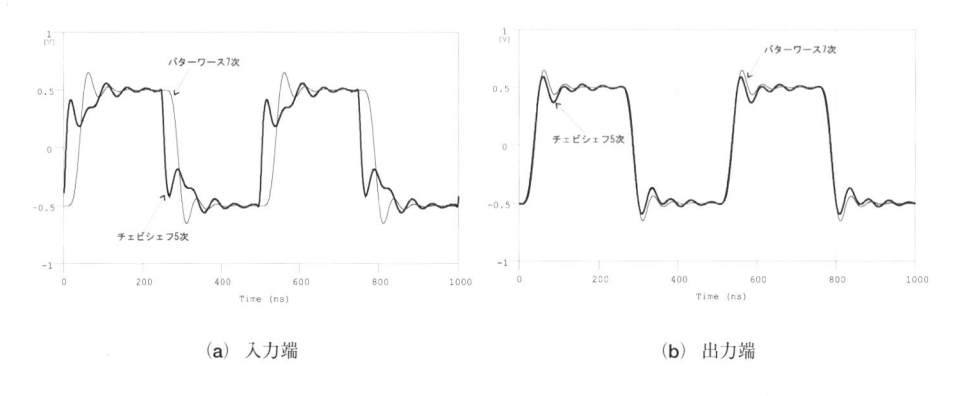

(a) 入力端

(b) 出力端

ンス50Ωの7次π形バターワースLPFは，図4-32(a)のようになります．

　同程度の遮断特性をもつ，リプル1.0dBの5次チェビシェフ型LPFと比較してみることにします．リプル1.0dBの5次チェビシェフ型LPFの正規化LPFデータから，周波数変換とインピーダンス変換を施して設計した等リプル帯域20MHz，リプル1.0dB，インピーダンス50Ωの5次π形チェビシェフ型LPFは，図4-32(b)のようになります．

　図4-33は，両方のフィルタに50Ωの信号源から2MHzの方形波を入力したようすをシミュレーションしたものです(接続方法は例2-13を参照)．

　繰り返し周波数が2MHzの方形波を加えたので，10倍の帯域をもつフィルタは高次の高調波成分も十分に通すことができるはずです．フィルタの時間軸応答を議論する場合，よく出力波形だけを問題にしますが，図を見ると入力波形も歪むことがわかります．もし，入力端で信号を分配し，その信号を他の回路で使うようなことがあれば，入力端での波形歪みは，かなり問題になります．

　どちらのフィルタも，入力方形波の10倍の高調波まで問題なく伝えることができ，一見すると加えた信号と同じ方形波が出てくるように思えますが，周波数によって信号の遅延時間が異なるため，このような歪みが生じます．

　つまり，基本波と高調波の信号がばらばらに出てくるため，出力端できちんと波形合成されません．図を見るとわかりますが，遅延時間の暴れの大きいチェビシェフ型のほうが，波形歪みが大きくなり，リンギングも長く続きます．

　高調波成分を多く含んだ信号を扱う場合には，群遅延特性の良いフィルタを選択したほうが，良い結果が得られます．

第5章
ベッセル型ローパス・フィルタの設計
—帯域内の群遅延特性が平坦な—

　ベッセル・フィルタ(Bessel filter)は，トムソン・フィルタと呼ばれることもあります．このフィルタの特徴は，帯域内の群遅延特性がフラットだということです．群遅延特性がフラットだと，複数のスペクトラムをもった信号，たとえば方形波や三角波などを歪みなく伝えることができます．

　後述のガウシャン・フィルタと非常に似た特性を有していますが，ガウシャン・フィルタは群遅延特性がフラットではありません．

　しかし，良いことばかりではありません．その代償として，遮断特性が良くありません．

5.1　ベッセル型ローパス・フィルタの特性

　最初に，遮断周波数がfであるベッセル型LPFの特性を図5-1～図5-3に紹介します．グラフのスケールは周波数で正規化してあるため，このグラフを用いることで，好きな遮断周波数のフィルタの，遮断特性や遅延特性を簡単に求めることができます．

5.2　正規化LPFから作るベッセル型LPF

　繰り返し説明しますが，本書では正規化LPFという，インピーダンスが1Ωで遮断周波数が$1/(2\pi)$Hzであるローパス・フィルタの設計データを紹介しています．この正規化LPFの設計データをもとにすれば，あらゆる遮断周波数やインピーダンスのフィルタを，図5-4のような手順で簡単に計算することができます．

　ベッセル型LPFを設計したい場合には，ベッセル型の正規化LPFの設計データをもとにして，その遮断周波数とインピーダンスを目的の値に変更します．

第5章 ベッセル型ローパス・フィルタの設計

〈図5-1〉2次～10次ベッセル型LPFの遮断特性

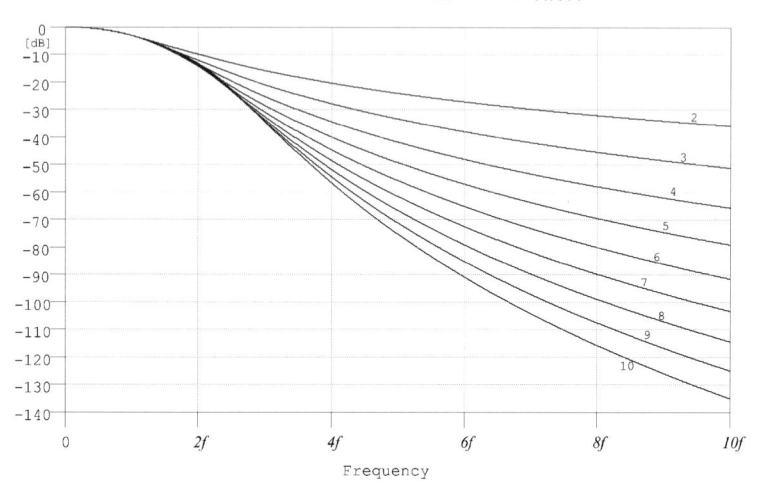

〈図5-2〉2次～10次ベッセル型LPFの遮断周波数付近の特性

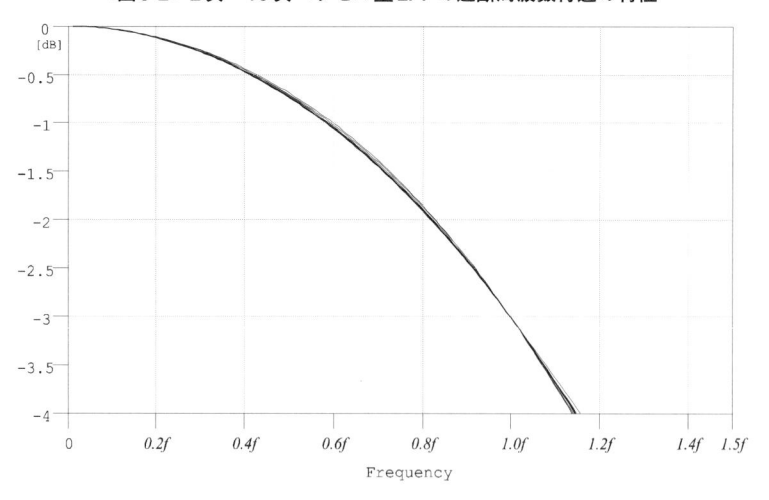

〈図5-3〉2次～10次ベッセル型LPFの遅延特性

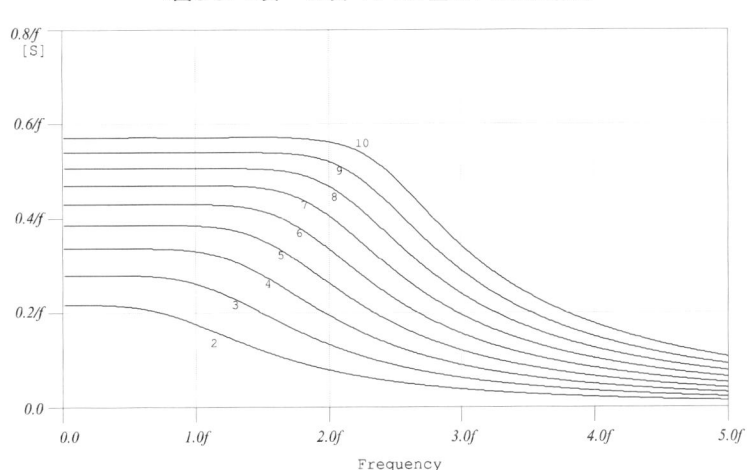

〈図5-4〉
正規化LPFの設計データを使った
フィルタ設計の手順

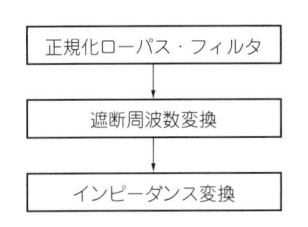

正規化ローパス・フィルタ
↓
遮断周波数変換
↓
インピーダンス変換

フィルタの遮断周波数を変換するには，次の式のように，フィルタ内のすべての素子の値を変数Mで割ります．

$$M = \frac{目的の周波数}{基準になるもとの周波数}$$

$$L_{(NEW)} = \frac{L_{(OLD)}}{M}$$

$$C_{(NEW)} = \frac{C_{(OLD)}}{M}$$

また，フィルタのインピーダンスを変換するには，変数Kを次の式で計算し，フィルタを構成するすべてのコイルの値にKを掛け，すべてのコンデンサの値をKで割ります．

$$K = \frac{目的のインピーダンス}{基準になるもとのインピーダンス}$$

〈図5-5〉2次正規化ベッセル型LPF（遮断周波数1/(2π)Hz，インピーダンス1Ω）

2.147805H
0.575503F

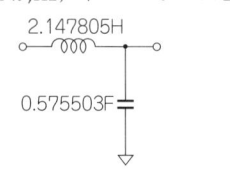

〈図5-6〉設計した遮断周波数100Hz，インピーダンス1Ωの2次ベッセル型LPF

3.41834mH
915.94μF

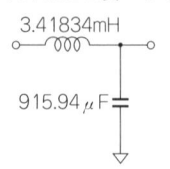

$$L_{(NEW)} = L_{(OLD)} \times K$$

$$C_{(NEW)} = \frac{C_{(OLD)}}{K}$$

図5-5に，2次の正規化ベッセル型LPFの設計データを紹介します．それをもとに，いくつかのフィルタを設計してみることにします．

例5-1 インピーダンス1Ω，遮断周波数100Hzの2次ベッセル型LPFを設計し，同じ次数のバターワース型LPFの特性と比較する

正規化LPFの周波数を100Hzに変換します．正規化LPFの周波数は1/(2π)Hz，つまり約0.159Hzなので，この遮断周波数を100Hzに変換すれば，目的のフィルタが設計できます．

【手順1】最初に，目的の周波数と基準になる周波数の比Mを求めます．

$$M = \frac{目的の周波数}{基準になるもとの周波数} = \frac{100\text{Hz}}{\left(\frac{1}{2\pi}\right)\text{Hz}} = \frac{100\text{Hz}}{0.159154\cdots\text{Hz}} \fallingdotseq 628.31853$$

【手順2】すべての素子の値をMで割ると，目的の周波数のフィルタの設計データが得られます．この場合は次のように計算します．

$$L_{(NEW)} = \frac{L_{(OLD)}}{M} = \frac{2.147805}{628.31853} \fallingdotseq 0.00341834[\text{H}] = 3.41834\text{mH}$$

$$C_{(NEW)} = \frac{C_{(OLD)}}{M} = \frac{0.575503}{628.31853} \fallingdotseq 0.00091594[\text{F}] = 0.91594[\text{mF}] = 915.94\mu\text{F}$$

完成したインピーダンス1Ω，遮断周波数100Hzの2次ベッセル型LPFの回路は図5-6のようになります．このシミュレーション結果は図5-7のとおりです．

ベッセル型は，チェビシェフ型やバターワース型に比べても，より良い遅延特性を示しています．しかし，遮断特性はあまりよくありません．図5-7(b)は，遮断周波数付近の

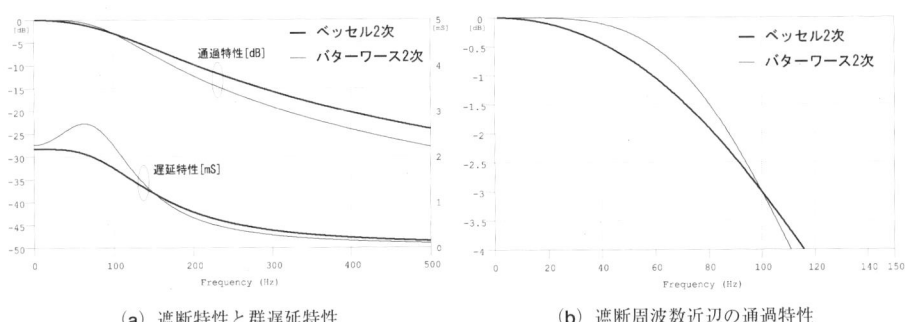

〈図5-7〉100Hz，1Ωの2次ベッセル型LPFとバターワース型LPF

(a) 遮断特性と群遅延特性

(b) 遮断周波数近辺の通過特性

通過特性を拡大したものです．古典的手法で設計される定K型LPFや誘導m型フィルタと違って，ベッセル型も設計遮断周波数である100Hzでのロスがきちんと-3dBとなります．

例5-2 インピーダンス50Ω，遮断周波数300kHzの2次ベッセル型LPFを設計する

次に，インピーダンス50Ω，遮断周波数300kHzの2次ベッセル型LPFを，図5-5に示した正規化LPFの設計データを基に求めます．

【手順1】周波数変換を行うため，目的の周波数との比Mを求めます．

$$M = \frac{目的の周波数}{基準になるもとの周波数} = \frac{300.0\text{kHz}}{\left(\frac{1}{2\pi}\right)\text{Hz}} = \frac{300\times10^3\text{Hz}}{0.159154\cdots\text{Hz}} \fallingdotseq 1.8849556\times10^6$$

【手順2】すべての素子の値をMで割ると，目的の周波数のフィルタの設計データが得られます．

$$L_{(NEW)} = \frac{L_{(OLD)}}{M} = \frac{2.147805}{1.8849556\times10^6} \fallingdotseq 1.139446\times10^{-6}[\text{H}] = 1.139446\mu\text{H}$$

$$C_{(NEW)} = \frac{C_{(OLD)}}{M} = \frac{0.575503}{1.8849556\times10^6} \fallingdotseq 0.305314\times10^{-6}[\text{F}] = 0.305314\mu\text{F}$$

正規化LPFに周波数変換を施したので，インピーダンスは正規化LPFの1Ωのままで，変更されません．この計算を行うと，遮断周波数だけが0.15915Hzから300kHzに変わります．周波数だけが変わった2次ベッセル型LPFは図5-8(a)のようになります．

【手順3】次にインピーダンス変換を行うため，目的のインピーダンスとの比Kを求めます．

〈図5-8〉
遮断周波数300kHz，インピーダンス50Ωの2次ベッセル型LPFを設計する

(a) 遮断周波数だけを変換した結果

1.139446μH
0.305314μF

(b) さらにインピーダンスを変換した最終結果

56.972μH
610.628pF

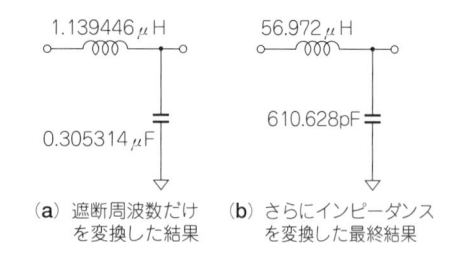

〈図5-9〉設計した300kHz，50Ωの2次ベッセル型LPFのシミュレーション結果

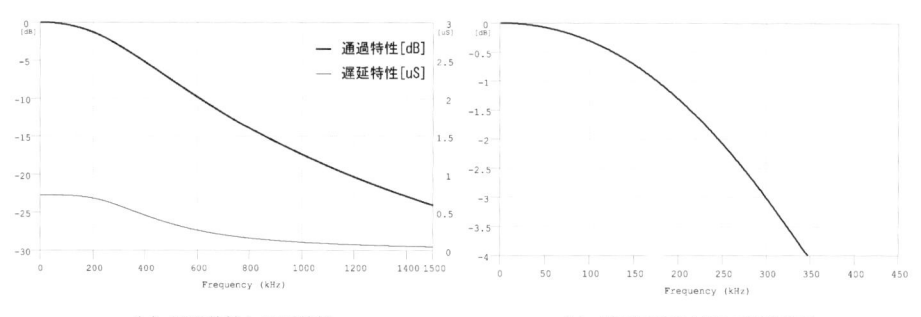

(a) 通過特性と遅延特性

(b) 遮断周波数付近の通過特性

$$K = \frac{\text{目的のインピーダンス}}{\text{基準になるもとのインピーダンス}} = \frac{50\Omega}{1\Omega} = 50.0$$

【手順4】インピーダンス変換は，フィルタ内のすべてのインダクタの値にKを掛け，すべてのキャパシタの値をKで割ると実行できます．

$$L_{(NEW)} = L_{(OLD)} \times K = 1.139446[\mu H] \times 50 ≒ 56.972\mu H$$

$$C_{(NEW)} = \frac{C_{(OLD)}}{K} = \frac{0.305314[\mu F]}{50} = 0.00610628[\mu F] = 6106.28pF$$

完成したインピーダンス50Ω，遮断周波数300kHzの2次ベッセル型LPFは**図5-8(b)**のようになり，このフィルタの特性は**図5-9**のようになります．チェビシェフ型などのフィルタと比べてみると，遅延特性がかなり良い（平坦に近い）ことがわかります．

5.3　正規化ベッセル型LPFの設計データ

　正規化LPFから，必要なフィルタを計算する例をいくつか紹介しました．正規化LPFのデータがあれば，周波数変換とインピーダンス変換を施すことで，希望どおりのフィル

5.3 正規化ベッセル型LPFの設計データ

〈図5-10〉正規化ベッセル型LPF（遮断周波数$1/(2\pi)$Hz，インピーダンス1Ω）

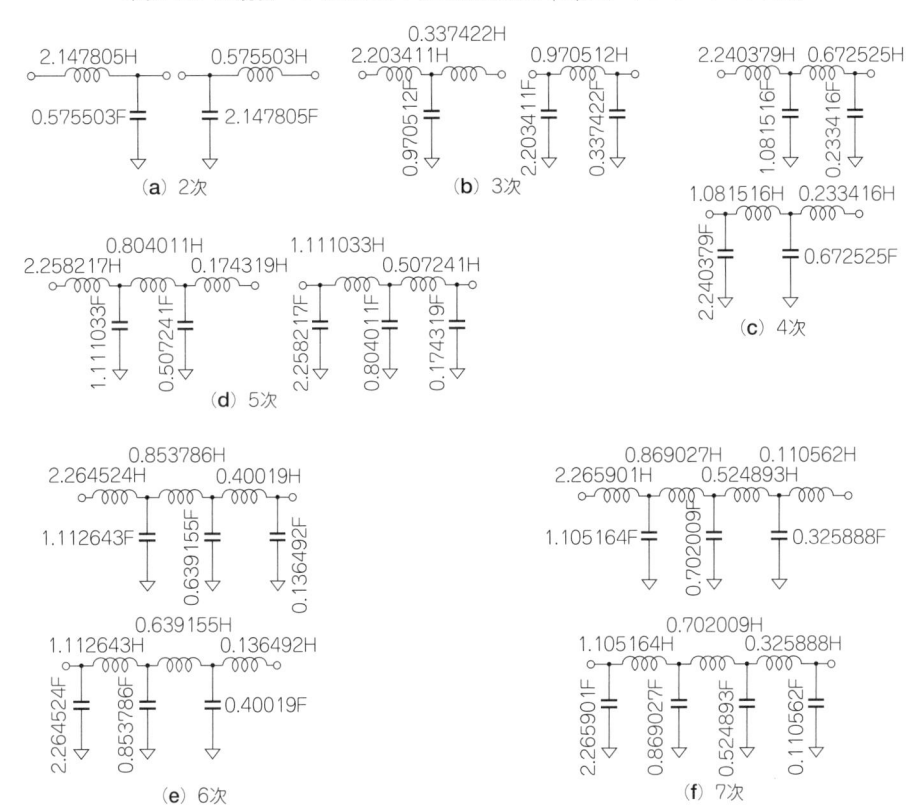

(a) 2次
(b) 3次
(c) 4次
(d) 5次
(e) 6次
(f) 7次

タを自由に設計できます．

図5-10に，2次から11次までの正規化ベッセル型LPFの設計データを示します．

例5-3 インピーダンス75Ω，遮断周波数120MHzの2次ベッセル型LPFを設計する

インピーダンス75Ω，遮断周波数120MHzの2次ベッセル型LPFを，正規化LPFの設計データを基に設計しましょう．使用する正規化LPFは図5-10(a)の右側のものにします．

【手順1】周波数変換のため，目的の周波数との比Mを求めます．

$$M = \frac{\text{目的の周波数}}{\text{基準になるものの周波数}} = \frac{120.0\text{MHz}}{\left(\frac{1}{2\pi}\right)\text{Hz}} = \frac{120 \times 10^6 \text{Hz}}{0.159154\cdots\text{Hz}} \fallingdotseq 753.9822 \times 10^6$$

$$= 0.7539822 \times 10^9$$

⟨図5-10⟩ 正規化ベッセル型LPF（遮断周波数1/(2π)Hz, インピーダンス1Ω）（つづき）

（g）8次

（h）9次

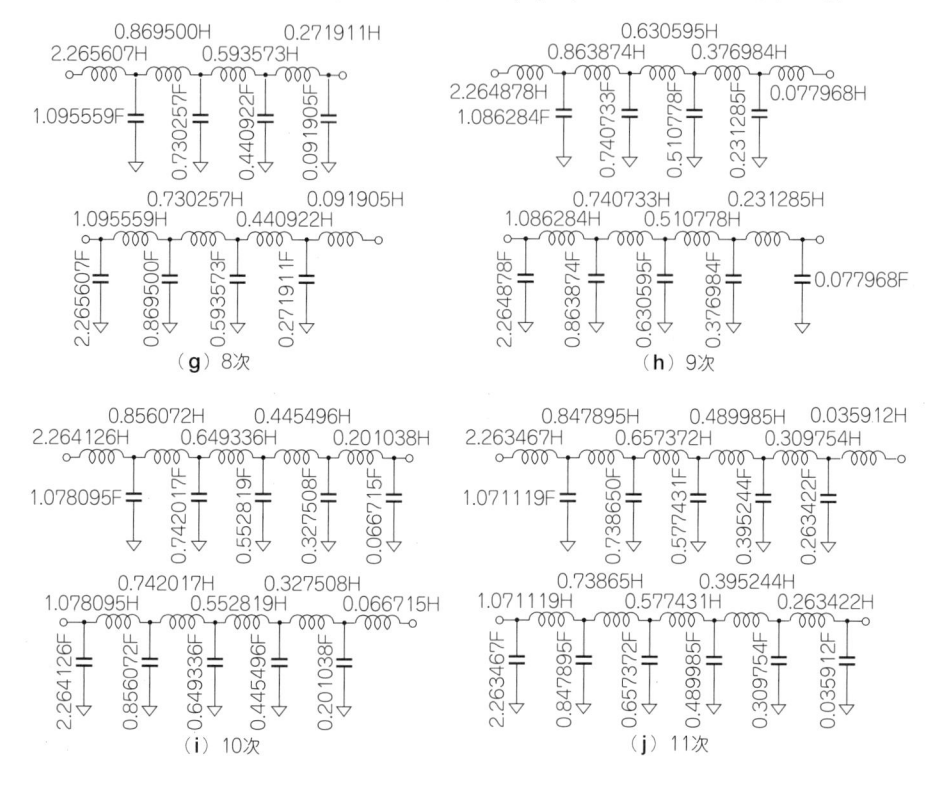

（i）10次

（j）11次

【手順2】 すべての素子の値をMで割り，周波数変換を行います．

$$L_{(NEW)} = \frac{L_{(OLD)}}{M} = \frac{0.575503}{0.7539822 \times 10^9} \fallingdotseq 0.76328 \times 10^{-9} [\mathrm{H}] = 0.76328 \mathrm{nH}$$

$$C_{(NEW)} = \frac{C_{(OLD)}}{M} = \frac{0.575503}{1.036726 \times 10^9} \fallingdotseq 2.84861 \times 10^{-9} [\mathrm{F}] = 2.84861 [\mathrm{nF}] = 2848.61 \mathrm{pF}$$

インピーダンスが正規化LPFと同じ1Ωで，遮断周波数が120MHzに変わった2次ベッセル型LPFは，図5-11（a）のような回路になります．

【手順3】 次に，インピーダンス変換のため，目的のインピーダンスとの比Kを求めます．

$$K = \frac{\text{目的のインピーダンス}}{\text{基準になるもとのインピーダンス}} = \frac{75\Omega}{1\Omega} = 75.0$$

〈図5-11〉
遮断周波数120MHz，インピーダンス75Ωの
2次ベッセル型LPFを設計する

(a) 遮断周波数だけを変換した結果

0.76328nH
2848.61pF

(b) さらにインピーダンスを変換した最終結果

57.246nH
37.981pF

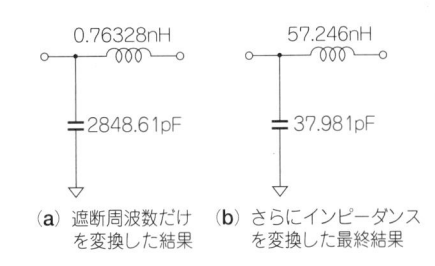

〈図5-12〉設計した120MHz，75Ωの2次ベッセル型LPFのシミュレーション結果

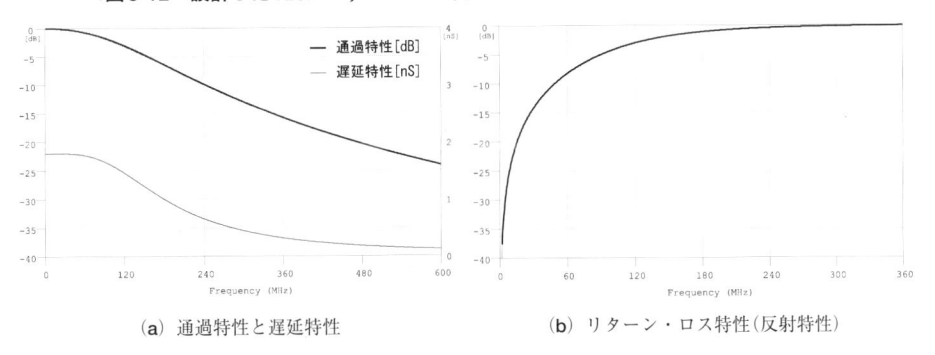

(a) 通過特性と遅延特性

(b) リターン・ロス特性（反射特性）

【手順4】フィルタ内のすべてのインダクタの値にKを掛け，すべてのキャパシタの値をKで割り，インピーダンス変換を行います．

$$L_{(NEW)} = L_{(OLD)} \times K = 0.76328[\text{nH}] \times 75 = 57.246\text{nH}$$

$$C_{(NEW)} = \frac{C_{(OLD)}}{K} = \frac{2848.61[\mu\text{F}]}{75} \fallingdotseq 37.981\text{pF}$$

これで設計は終わりました．完成したインピーダンス75Ω，遮断周波数120MHzの2次ベッセル型LPFは図5-11(b)のようになります．このフィルタの特性をシミュレーションした結果を図5-12に示します．

例5-4 遮断周波数20MHz，インピーダンス50Ωの3次π形ベッセル型LPFを設計し，10MHzの方形波を入力する．また，同じ次数，同じ遮断周波数のバターワース型LPFと比べてみる

前述の正規化LPFの設計データを参照します．3次のπ形正規化ベッセル型LPFの回路は図5-10(b)の右側のようになります．

まず，遮断周波数を20MHzに変換します．目的の周波数と基準になる周波数の比Mは，

〈図5-13〉
遮断周波数20MHz，インピーダンス50Ωの
3次π形ベッセル型LPFを設計する

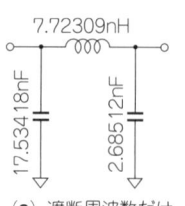

(a) 遮断周波数だけを変換した結果
7.72309nH
17.53418nF
2.68512nF

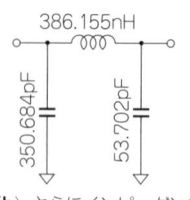

(b) さらにインピーダンスを変換した最終結果
386.155nH
350.684pF
53.702pF

〈図5-14〉
3次π形バターワース型LPF（遮断周波数20MHz，インピーダンス50Ω）

795.775nH
159.155pF
159.155pF

次のように計算されます．

$$M = \frac{\text{目的の周波数}}{\text{基準になるもとの周波数}} = \frac{20\text{MHz}}{\left(\frac{1}{2\pi}\right)\text{Hz}} = \frac{20 \times 10^6 \text{Hz}}{0.159154\cdots\text{Hz}} \doteq 125.6637 \times 10^6$$

変数Mを使って遮断周波数を20MHzに変更すると，図5-13(a)のような回路が得られます．
さらにインピーダンスを1Ωから50Ωに変更します．そのために，目的のインピーダンスと基準になるインピーダンスの比Kを求めます．

$$K = \frac{\text{目的のインピーダンス}}{\text{基準になるもとのインピーダンス}} = \frac{50\Omega}{1\Omega} = 50.0$$

インピーダンス変換を行うと，最終的には図5-13(b)のような回路が得られます．
このフィルタに遮断周波数の半分である10MHzの方形波を入力した場合の波形をシミュレーションしてみます．比較のために使う遮断周波数20MHzの3次π形バターワース型LPFを図5-14に示します．このフィルタも，正規化LPFのデータに周波数変換とインピーダンス変換を施して求めたものです．
シミュレーション結果を図5-15に示します．ベッセル型は遅延特性がフラットなため，方形波が歪みなく伝送されていますが，バターワース型では若干の歪みが見られます．また，バターワース型のほうがより急峻な遮断特性を有するため，波形も鈍っています．もちろん，より遅延特性の悪いチェビシェフ型などのフィルタを使うと，方形波の歪みはもっと増えます．

5.3 正規化ベッセル型LPFの設計データ　　109

〈図5-15〉遮断周波数20MHzのLPFにデューティ比50％，周波数10MHz，
±1Vの方形波を入力した場合の波形

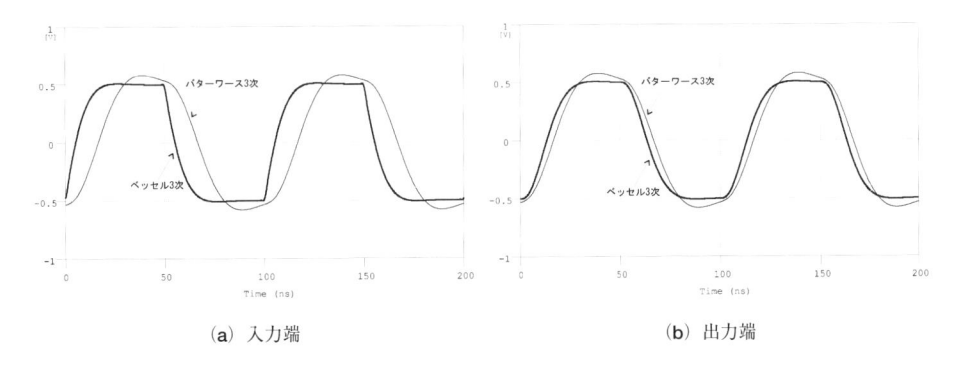

(a) 入力端　　　　　　　　　　　(b) 出力端

〈図5-16〉7次π形LPF（遮断周波数20MHz，インピーダンス50Ω）

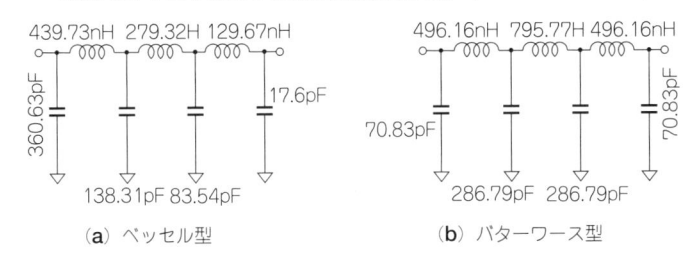

(a) ベッセル型　　　　　　　　　(b) バターワース型

このように，複数のスペクトラムを含んだ信号を伝送する場合には，フィルタの通過特性だけでなく，遅延特性にも注意しなければなりません．

例5-5 次数7次のフィルタに，デューティ比50％，2MHzの方形波を入力し，その応答を調べる．フィルタは，遮断周波数20MHz，インピーダンス50Ωの7次のπ形ベッセル型LPFと，同じ次数，同じ遮断周波数のバターワース型を使用する

　7次のπ形正規化ベッセルLPFの設計データは，先の**図5-10(f)**を参照してください．このフィルタの遮断周波数を20MHzに，インピーダンスを50Ωに変更すると，**図5-16(a)**のようになります．

　同様に，同じ遮断周波数の7次π形バターワース型LPFも設計します．バターワース型LPFの章で紹介した7次π形バターワース正規化LPFから，同様に周波数変換，インピーダンス変換を行うと**図5-16(b)**の回路が得られます．

　7次のベッセル型LPFと7次のバターワース型LPFに，繰り返し周波数2MHz，±1Vの

〈図5-17〉遮断周波数20MHzのLPFにデューティ比50％，周波数2MHz，±1Vの方形波を入力した場合の波形

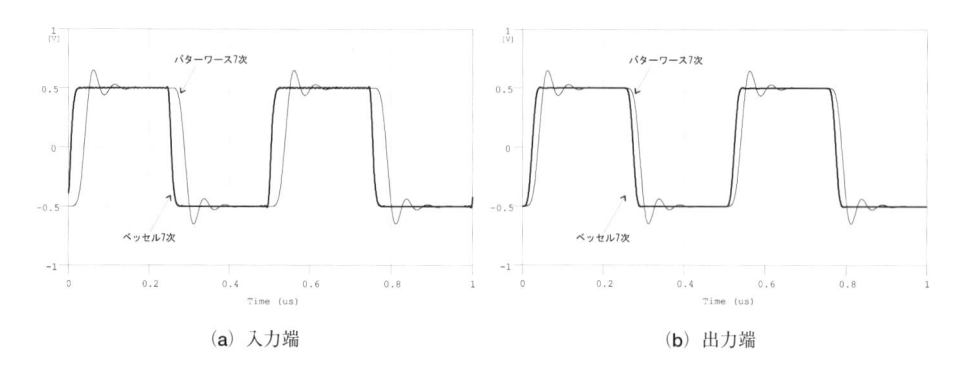

(a) 入力端

(b) 出力端

　方形波を加えてみます．フィルタ入力端の波形と出力端の波形をシミュレーションした結果を図5-17に示します．

　遮断周波数が20MHzで，加えた方形波の繰り返し周波数が2MHzであるので，どちらのフィルタも方形波の含む高調波成分を十分に伝えることができるはずです．しかし，高調波帯域での遅延時間がフラットでないバターワース型にはリンギングが見られます．これは，基本波と高調波がフィルタの出力端に現れるまでの時間が異なるために生じる現象です．

　このように，高調波成分を含んだ信号を扱う場合には，群遅延特性にも気を遣う必要があります．ベッセル型フィルタは平坦な群遅延特性を有しているため，歪みなく波形が伝送されていることもわかります．

第6章
ガウシャン型ローパス・フィルタの設計
―群遅延特性が通過帯域内からゆるやかに変化する―

ガウシャン・フィルタ(Gaussian filter)は，前章で紹介したベッセル型フィルタと非常に特性が似ています．ベッセル型フィルタは，帯域内の群遅延特性がフラットで，帯域から離れた周波数でゼロに近づいていきますが，このフィルタは帯域内からだらだらとゼロに近づいていきます．

しかし，ベッセル型フィルタと同じく，遮断特性が良くありません．

6.1 ガウシャン型ローパス・フィルタの特性

最初に，遮断周波数がfであるガウシャン型LPFの特性を図6-1～図6-3に示します．グラフのスケールは周波数で正規化してあるため，このグラフを用いることで，好きな遮断周波数のフィルタの，遮断特性や遅延特性を簡単に求めることができます．

6.2 正規化LPFから作るガウシャン型ローパス・フィルタ

本書では，正規化LPFという，インピーダンスが$1Ω$で遮断周波数が$1/(2\pi)$Hzであるローパス・フィルタの設計データを紹介しています．

このガウシャン型LPFも，正規化LPFの設計データをもとにすれば，あらゆる遮断周波数やインピーダンスのフィルタを，図6-4のような手順で簡単に求めることができます．

ガウシャン型のローパス・フィルタを設計したい場合には，ガウシャン型の正規化LPFの設計データをもとにして，その遮断周波数とインピーダンスを目的の値に変更します．

〈図6-1〉2次〜10次のガウシャン型LPFの遮断特性

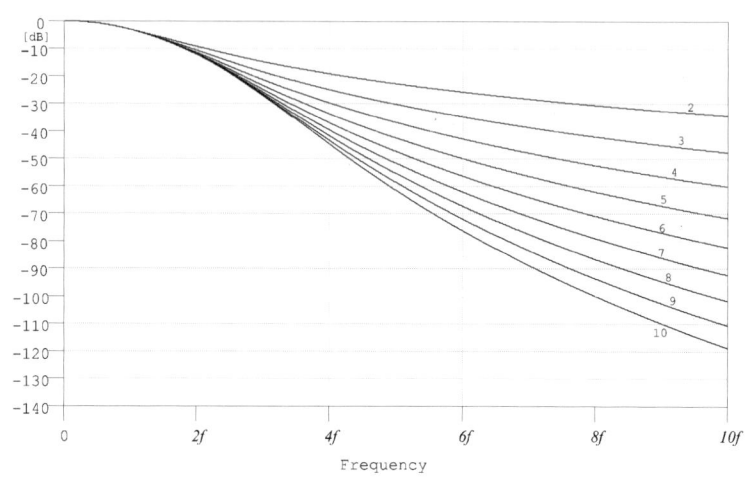

〈図6-2〉2次〜10次のガウシャン型LPFの遮断周波数付近の特性

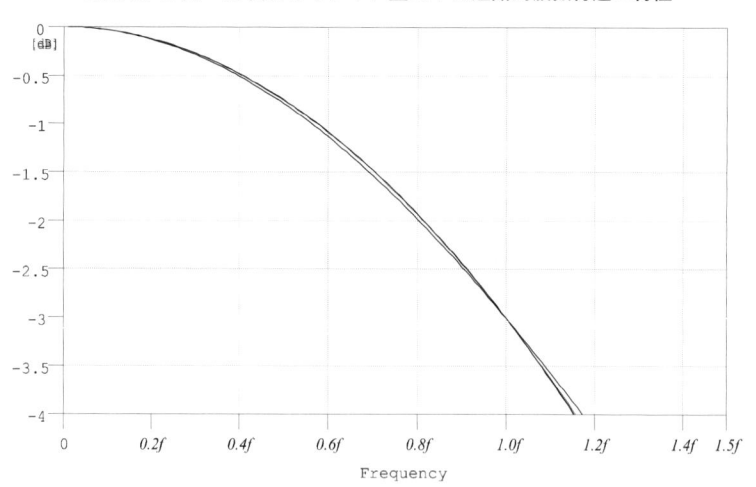

6.2 正規化LPFから作るガウシャン型ローパス・フィルタ　113

〈図6-3〉2次～10次のガウシャン型LPFの遅延特性

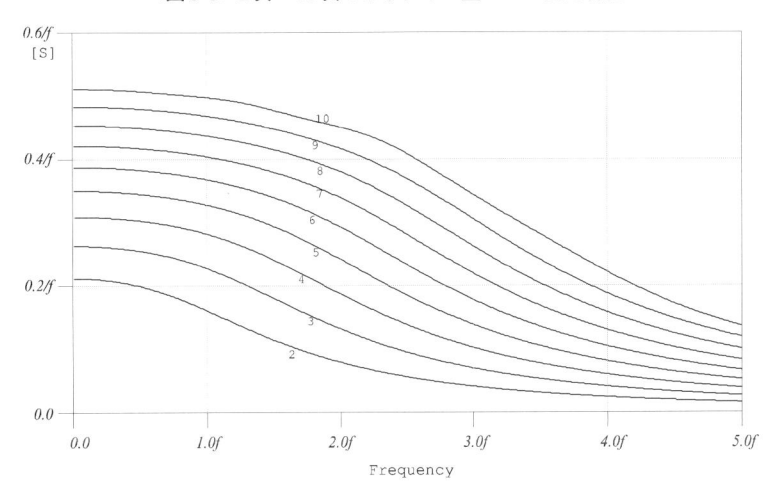

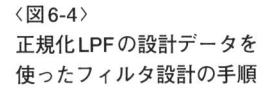

〈図6-4〉
正規化LPFの設計データを使ったフィルタ設計の手順

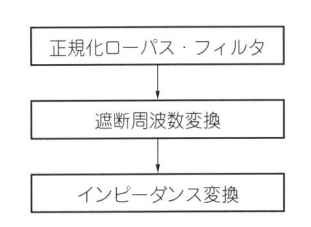

```
正規化ローパス・フィルタ
    ↓
遮断周波数変換
    ↓
インピーダンス変換
```

　フィルタの遮断周波数を変換するには，次のように変数Mを計算し，フィルタ内のすべての素子の値をMで割ります．

$$M = \frac{目的の周波数}{基準になるもとの周波数}$$

$$L_{(NEW)} = \frac{L_{(OLD)}}{M}$$

$$C_{(NEW)} = \frac{C_{(OLD)}}{M}$$

　また，フィルタのインピーダンスを変換するには，変数Kを次の式で計算し，フィルタ内のすべてのコイルの値にKを掛け，すべてのコンデンサの値をKで割ります．

$$K = \frac{目的のインピーダンス}{基準になるもとのインピーダンス}$$

〈図6-5〉
2次の正規化ガウシャン型LPF（遮断周波数1/(2π)Hz，インピーダンス1Ω）

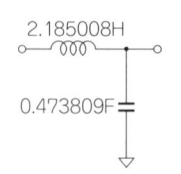

2.185008H
0.473809F

〈図6-6〉
設計した500Hz，1Ωの2次ガウシャン型LPF

0.69551mH
150.818μF

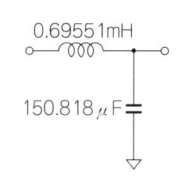

$$L_{(NEW)} = L_{(OLD)} \times K$$

$$C_{(NEW)} = \frac{C_{(OLD)}}{K}$$

図6-5に，2次の正規化ガウシャン型LPFの設計データを紹介します．この正規化フィルタの設計データを基に，実際にフィルタを設計してみることにします．

例6-1 インピーダンス1Ω，遮断周波数500Hzの2次ガウシャン型LPFを設計し，同じ次数，同じ遮断周波数のベッセル型と特性を比較する

正規化LPFの周波数を500Hzに変換します．正規化LPFの周波数は1/(2π)Hz，つまり約0.159Hzです．この例の場合，目的のインピーダンスは1Ωで，正規化フィルタのインピーダンスと変わりないため，遮断周波数だけを500Hzに変換すれば目的のフィルタが得られます．

【手順1】 周波数変換を行うため，目的の周波数と基準になる周波数の比Mを求めます．

$$M = \frac{\text{目的の周波数}}{\text{基準になるもとの周波数}} = \frac{500\text{Hz}}{\left(\frac{1}{2\pi}\right)\text{Hz}} = \frac{500\text{Hz}}{0.159154\cdots\text{Hz}} \fallingdotseq 3141.5926$$

【手順2】 すべての素子の値をMで割ると，目的の周波数のフィルタの設計データが得られます．この場合は下記のように計算できます．

$$L_{(NEW)} = \frac{L_{(OLD)}}{M} = \frac{2.185008[\text{H}]}{3141.5926} \fallingdotseq 0.69551[\text{mH}] = 695.51\mu\text{H}$$

$$C_{(NEW)} = \frac{C_{(OLD)}}{M} = \frac{0.473809[\text{F}]}{3141.5926} \fallingdotseq 0.150818[\text{mF}] = 150.818\mu\text{F}$$

ここまでがフィルタの設計です．完成したインピーダンス1Ω，遮断周波数500Hzの2次ガウシャン型LPFの回路を図6-6に示します．このフィルタのシミュレーション結果は図6-7のようになります．

ガウシャン型とベッセル型の大きな違いは，遅延特性にあります．図6-7(a)を見るとわかるように，ベッセル型が通過帯域内でフラットな遅延特性をもつのに対して，ガウシ

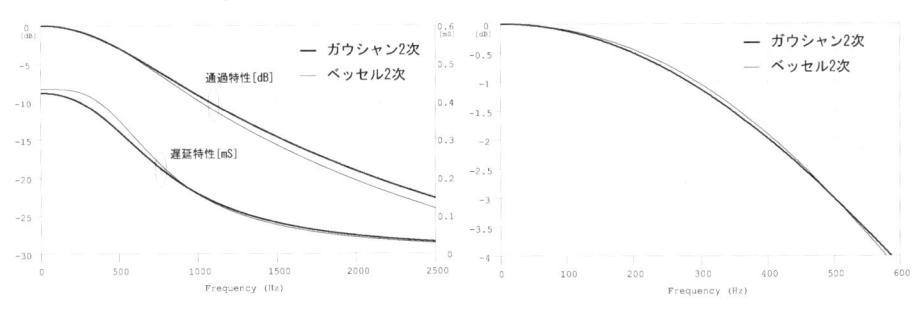

〈図6-7〉500Hz，1Ωの2次ガウシャン型とベッセル型LPFのシミュレーション結果

(a) 遮断特性と群遅延特性

(b) 遮断周波数付近の通過特性

ャン型はなだらかな遅延特性をもっています．

図6-7(b)は，遮断周波数付近の通過特性を拡大したものです．どちらも，遮断周波数付近の特性には大差ありません．

例6-2 インピーダンス8Ω，遮断周波数6kHzの2次ガウシャン型LPFを設計する

次に，インピーダンス8Ω，遮断周波数6kHzの2次ガウシャン型LPFを，図6-5に示した正規化LPFの設計データを基にして求めます．

【手順1】周波数変換を行うため，目的の周波数との比Mを求めます．

$$M = \frac{\text{目的の周波数}}{\text{基準になるもとの周波数}} = \frac{6.0\text{kHz}}{\left(\frac{1}{2\pi}\right)\text{Hz}} = \frac{6.0\times 10^3 \text{Hz}}{0.159154\cdots\text{Hz}} \fallingdotseq 37.6991\times 10^3$$

【手順2】周波数変換を行うため，すべての素子の値をMで割ります．計算を行うと，インピーダンスがそのままで，周波数だけが変わったフィルタ設計データが得られます．

$$L_{(NEW)} = \frac{L_{(OLD)}}{M} = \frac{2.185008}{37.6991\times 10^3} \fallingdotseq 0.0579591\times 10^{-3} = 57.9591\mu\text{H}$$

$$C_{(NEW)} = \frac{C_{(OLD)}}{M} = \frac{0.473809}{37.6991\times 10^3} \fallingdotseq 0.0125682\times 10^{-3} = 12.5682\mu\text{F}$$

インピーダンスが1Ωで，遮断周波数を0.15915Hzから6kHzに変換した2次ガウシャン型LPFは図6-8(a)のようになります．

【手順3】次に，インピーダンス変換のため，目的のインピーダンスとの比Kを求めます．

$$K = \frac{\text{目的のインピーダンス}}{\text{基準になるもとのインピーダンス}} = \frac{8\Omega}{1\Omega} = 8.0$$

〈図6-8〉 遮断周波数6kHz, インピーダンス8Ωの2次ガウシャン型LPFを設計する

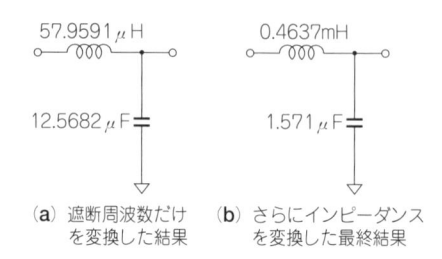

(a) 遮断周波数だけを変換した結果
(b) さらにインピーダンスを変換した最終結果

〈図6-9〉 設計した6kHz, 8Ωの2次ガウシャン型LPFのシミュレーション結果

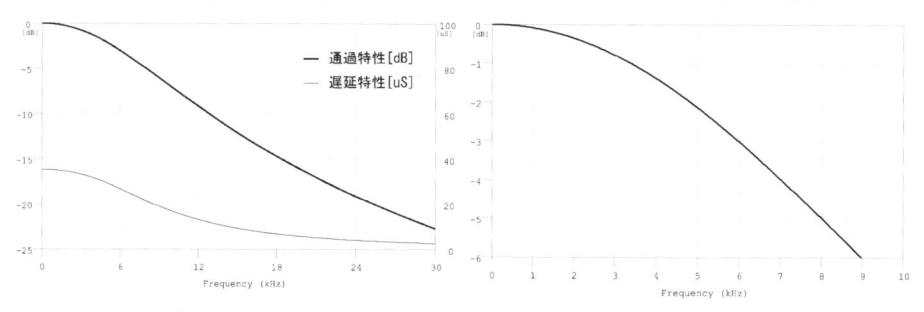

(a) 通過特性と遅延特性
(b) 遮断周波数付近の通過特性

【手順4】 インピーダンス変換を行うため, フィルタ内のすべてのインダクタの値にKを掛け, すべてのキャパシタの値をKで割ります.

$$L_{(NEW)} = L_{(OLD)} \times K = 57.9591[\mu H] \times 8 = 463.6728 \mu H$$

$$C_{(NEW)} = \frac{C_{(OLD)}}{K} = \frac{12.5682[\mu F]}{8} = 1.571025 \mu F$$

計算を行うと, **図6-8(b)** のような回路が得られます. このフィルタの特性をシミュレーションした結果は**図6-9**のようになります. 遮断特性はかなり緩やかで, 遅延特性が良いことがわかります.

例6-3 インピーダンス50Ω, 遮断周波数15MHzの2次ガウシャン型LPFを設計する

このフィルタの設計データも, **図6-5**に示した正規化LPFのデータを基に計算を行って求めます. インピーダンスが50Ω, 遮断周波数15MHzであるので, 遮断周波数変換とインピーダンス変換を行う必要があります.

6.2 正規化LPFから作るガウシャン型ローパス・フィルタ

〈図6-10〉
遮断周波数15MHz, インピーダンス50Ωの2次ガウシャン型LPFを設計する

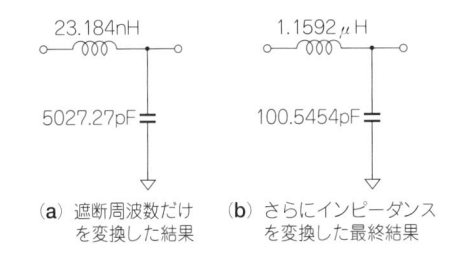

(a) 遮断周波数だけを変換した結果: 23.184nH, 5027.27pF

(b) さらにインピーダンスを変換した最終結果: 1.1592μH, 100.5454pF

【手順1】周波数変換のため, 目的の周波数との比Mを求めます.

$$M = \frac{\text{目的の周波数}}{\text{基準になるもとの周波数}} = \frac{15.0\text{MHz}}{\left(\frac{1}{2\pi}\right)\text{Hz}} = \frac{15 \times 10^6 \text{Hz}}{0.159154 \cdots \text{Hz}} \fallingdotseq 94.2478 \times 10^6$$

【手順2】周波数変換を行うには, すべての素子の値をMで割ります.

$$L_{(NEW)} = \frac{L_{(OLD)}}{M} = \frac{2.185008}{94.2478 \times 10^6} \fallingdotseq 0.023184 \times 10^{-6} [\text{H}] = 0.023184 [\mu\text{H}] = 23.184\text{nH}$$

$$C_{(NEW)} = \frac{C_{(OLD)}}{M} = \frac{0.473809}{94.2478 \times 10^6} \fallingdotseq 0.00502727 \times 10^{-6} [\text{F}] = 0.00502727 [\mu\text{F}] = 5.02727 [\text{nF}]$$
$$= 5027.27\text{pF}$$

計算を行うと, インピーダンス1Ωで, 遮断周波数が15MHzである2次ガウシャン型LPFの設計データが得られます. この回路は**図6-10**(a)のようになります.

【手順3】インピーダンスを正規化LPFの1Ωから50Ωに変換するため, 目的のインピーダンスとの比Kを求めます.

$$K = \frac{\text{目的のインピーダンス}}{\text{基準になるもとのインピーダンス}} = \frac{50\Omega}{1\Omega} = 50.0$$

【手順4】インピーダンス変換を行うには, フィルタ内のすべてのインダクタの値にKを掛け, すべてのキャパシタの値をKで割ります.

$$L_{(NEW)} = L_{(OLD)} \times K = 23.184[\text{nH}] \times 50 = 1159.2[\text{nH}] = 1.1592\mu\text{H}$$

$$C_{(NEW)} = \frac{C_{(OLD)}}{K} = \frac{5027.27[\text{pF}]}{50} = 100.5454\text{pF}$$

計算を行うと, 目的のフィルタの設計値が得られます. 完成したインピーダンス50Ω, 遮断周波数15MHzの2次ガウシャン型LPFは**図6-10**(b)のようになります. また, この回路の特性をシミュレーションした結果は**図6-11**のようになります.

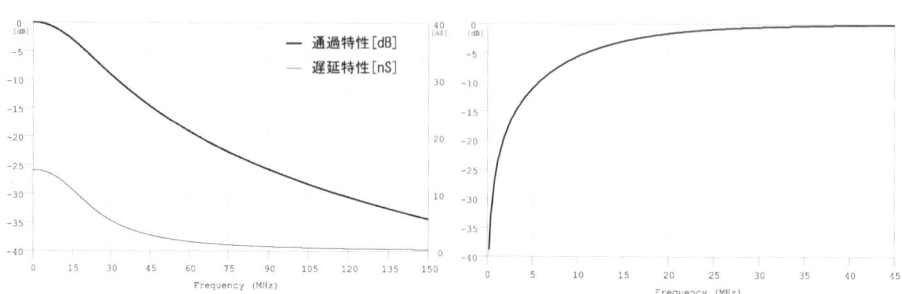

〈図6-11〉設計した15MHz，50Ωの2次ガウシャン型LPFのシミュレーション結果

(a) 通過特性と遅延特性　　　(b) リターン・ロス特性（反射特性）

6.3 正規化ガウシャン型LPFの設計データ

例6-1から例6-3まで，正規化LPFから，必要なフィルタを計算する方法を紹介しました．正規化LPFのデータがあれば，周波数変換とインピーダンス変換を施すことで，希望どおりのフィルタを自由に設計できます．

図6-12に紹介するのは，2次から10次までの正規化ガウシャン型LPFの設計データです[*1]．このデータは，LPF（低域通過フィルタ）だけでなく，HPF（高域通過フィルタ）やBPF（帯域通過フィルタ），BRF（帯域阻止フィルタ）など，すべてのガウシャン型フィルタで使います．

例6-4 遮断周波数20MHz，インピーダンス50Ωの7次π形ガウシャン型LPFを設計する

基になる7次π形ガウシャン型正規化LPFの設計データは，先の図6-12(f)を参照してください．

遮断周波数の変換を行うために，目的の周波数との比Mを求めます．

$$M = \frac{目的の周波数}{基準になるもとの周波数} = \frac{20.0\text{MHz}}{\left(\frac{1}{2\pi}\right)\text{Hz}} = \frac{20 \times 10^6 \text{Hz}}{0.159154\cdots\text{Hz}} \fallingdotseq 125.6637 \times 10^6$$

$$= 0.1256637 \times 10^9$$

[*1]：これらのパラメータは筆者が求めたものですが，恐らく計算精度に起因すると思われますが，公表されているフィルタのパラメータと値が違う箇所がいくつかあります．これら値の違う部分については，正規化LPFのデータの上に括弧で公表されているパラメータを記載しておきました．

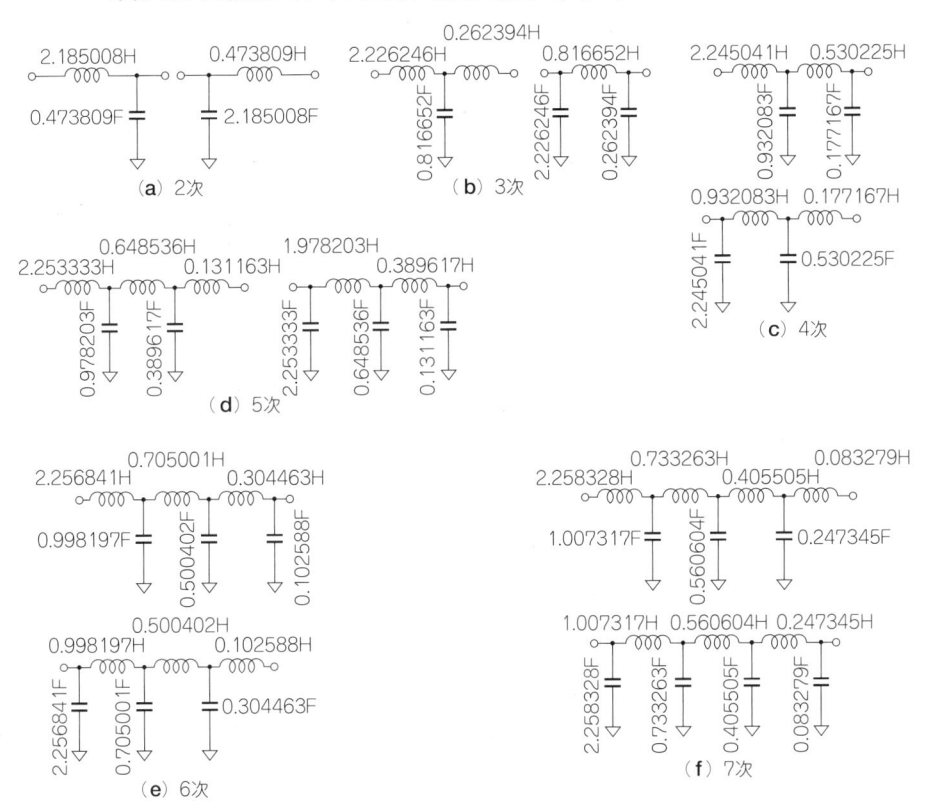

6.3 正規化ガウシャン型LPFの設計データ　119

〈図6-12〉正規化ガウシャン型LPF（遮断周波数 $1/(2\pi)$ Hz，インピーダンス1Ω）

(a) 2次
- 2.185008H, 0.473809H
- 0.473809F, 2.185008F

(b) 3次
- 2.226246H, 0.262394H, 0.816652H
- 0.816652F, 2.226246F, 0.262394F

(c) 4次
- 2.245041H, 0.530225H, 0.932083H, 0.177167H
- 0.932083F, 0.177167F, 2.245041F, 0.530225F

(d) 5次
- 2.253333H, 0.648536H, 0.131163H, 1.978203H, 0.389617H
- 0.978203F, 0.389617F, 2.253333F, 0.648536F, 0.131163F

(e) 6次
- 2.256841H, 0.705001H, 0.304463H
- 0.998197F, 0.500402F, 0.102588F
- 0.998197H, 0.500402H, 0.102588H
- 2.256841F, 0.705001F, 0.304463F

(f) 7次
- 2.258328H, 0.733263H, 0.405505H, 0.083279H
- 1.007317F, 0.560604F, 0.247345F
- 1.007317H, 0.560604H, 0.247345H
- 2.258328F, 0.733263F, 0.405505F, 0.083279F

すべての素子の値を M で割れば，周波数変換を行うことができます．

次に，目的のインピーダンスとの比 K を求め，フィルタ内のすべてのインダクタ値に K を掛け，すべてのキャパシタ値を K で割ります．変数 K は次の式で計算することができます．

$$K = \frac{\text{目的のインピーダンス}}{\text{基準になるもとのインピーダンス}} = \frac{50\Omega}{1\Omega} = 50.0$$

周波数変換，インピーダンス変換を行ったあとの，遮断周波数20MHz，インピーダンス50Ωの7次π形ガウシャン型LPFは，**図6-13**のようになり，通過特性と遅延特性は**図6-14**のようになります．

〈図6-12〉正規化ガウシャン型LPF(遮断周波数$1/(2\pi)$Hz, インピーダンス1Ω)(つづき)

（g）8次

2.258972H, 0.747858H, 0.206533H, 0.465836H
1.011623F, 0.594243F, 0.338762F, 0.069461F

1.011623H, 0.594243H, 0.069461H, 0.338762H
2.258972F, 0.747858F, 0.465836F, 0.206533F

（h）9次

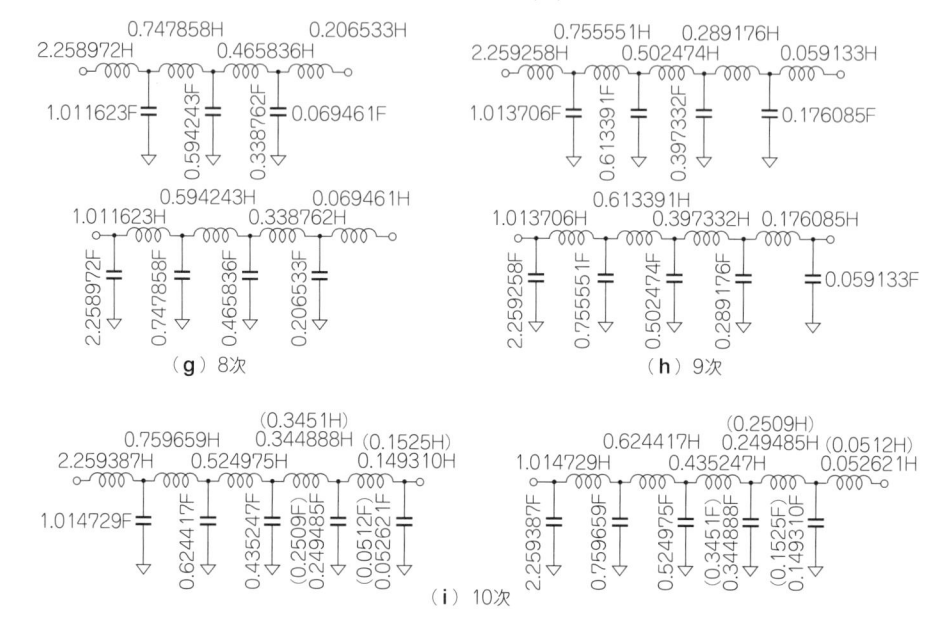

2.259258H, 0.755551H, 0.289176H, 0.502474H, 0.059133H
1.013706F, 0.613391F, 0.397332F, 0.176085F

1.013706H, 0.613391H, 0.397332H, 0.176085H
2.259258F, 0.755551F, 0.502474F, 0.289176F, 0.059133F

（i）10次

2.259387H, 0.759659H, 0.344888H, (0.3451H), (0.1525H), 0.524975H, 0.149310H
1.014729F, 0.624417F, 0.435247F, (0.2509F), (0.0512F), 0.249485F, 0.052621F

1.014729H, 0.624417H, 0.435247H, 0.249485H, (0.2509H), (0.0512H), 0.052621H
2.259387F, 0.759659F, 0.524975F, 0.344888F, (0.3451F), (0.1525F), 0.149310F

〈図6-13〉設計した7次π形ガウシャン型LPF
(遮断周波数20MHz, インピーダンス50Ω)

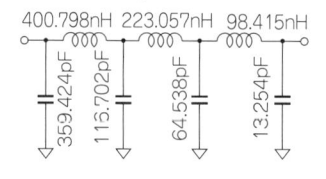

400.798nH, 223.057nH, 98.415nH
359.424pF, 115.702pF, 64.538pF, 13.254pF

〈図6-14〉設計した7次π形ガウシャン型LPFの通過特性と遅延特性

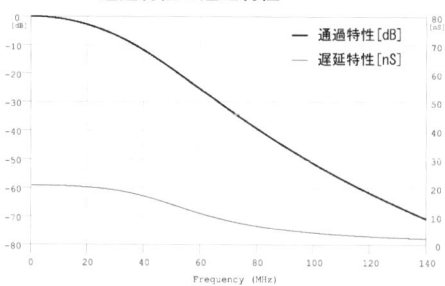

— 通過特性[dB]
— 遅延特性[nS]

第7章

ハイパス・フィルタの設計法
―LPFのデータを変換して素子値を計算する―

　高域通過フィルタは，英語では，ハイパス・フィルタ(High Pass Filter)と呼ばれます．英単語の三つの頭文字をくっつけて，HPFと表記する場合がよくあります．

　このハイパス・フィルタの設計は実に簡単です．**図7-1**に示す手順に従って設計すれば，HPFを設計することができます．作業は大きく二つに分かれています．正規化LPFから正規化HPFを求める作業と，求めた正規化HPFの周波数とインピーダンスを変換する作業の二つです．

　このような簡単な手順でHPFを設計できるのは，遮断周波数$1/(2\pi)$Hz，インピーダンス1Ωの正規化LPFを基に設計しているからです．しかし，たとえば遮断周波数が1Hzな

〈図7-1〉
正規化LPFの設計データを使ったハイパス・フィルタ設計の手順

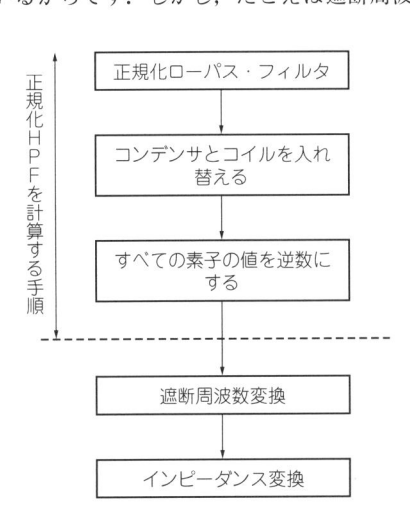

```
正規化HPFを計算する手順:
  正規化ローパス・フィルタ
        ↓
  コンデンサとコイルを入れ替える
        ↓
  すべての素子の値を逆数にする
- - - - - - - - - - - - - - - - -
  遮断周波数変換
        ↓
  インピーダンス変換
```

第7章 ハイパス・フィルタの設計法

〈図7-2〉正規化LPFから正規化HPFを求める

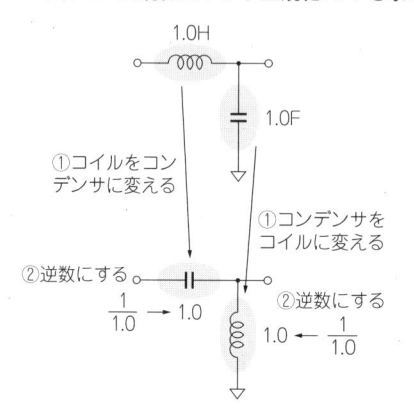

〈図7-3〉2次定K型正規化HPF（遮断周波数 $1/(2\pi)$Hz, インピーダンス1Ω）

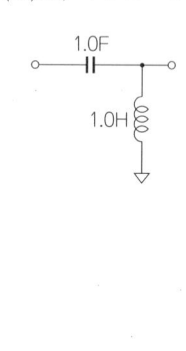

どで表してある設計データを基にした場合には，このように簡単に求めることはできません．一度，遮断周波数を $1/(2\pi)$Hz に直して変換する必要があります．

本書では，このような手間を省くため，あえて遮断周波数が $1/(2\pi)$Hz という中途半端な周波数で正規化したデータを紹介しています．そのため，HPFの設計が非常に楽です．

わかりやすいように，実際に例を挙げて計算手順を示したいと思います．

7.1 定K型LPFのデータから設計するHPF

最初に，定K型正規化LPFのデータから設計するHPFの特性と設計例を紹介します．

例7-1 定K型2次正規化LPFのデータを基にして，定K型2次正規化HPFのデータを作成する

第2章で紹介したとおり，2次の正規化LPFの設計値は**図2-17(a)**のようになります．HPFを設計する作業は次のようになります(**図7-2**)．

①素子の値をそのままにして，正規化LPF内のすべてのコンデンサをコイルに交換し，すべてのコイルをコンデンサに交換する．

②すべての素子の値を逆数にする．

以上が，正規化HPFの設計手順です．求めた正規化HPFは，**図7-3**のようになります．

例7-2 定K型3次正規化LPFのデータを基にして，定K型3次正規化HPFのデータを作成する

3次の定K型正規化LPFは，第2章で紹介したとおり**図7-4**の左端に示すものです．

最初の作業は，素子の値をそのままにしておいて，すべてのコイルをコンデンサに，す

〈図7-4〉3次定K型正規化HPF（遮断周波数1/(2π)Hz，インピーダンス1Ω）を作成する

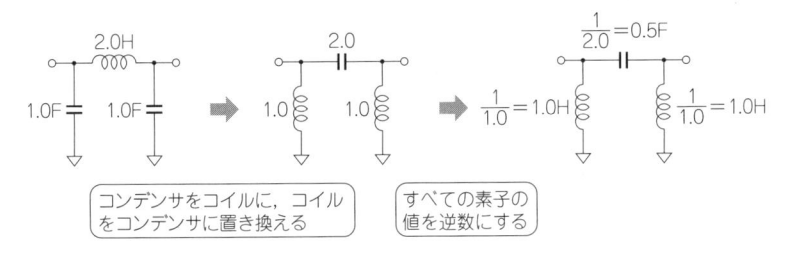

コンデンサをコイルに，コイルをコンデンサに置き換える

すべての素子の値を逆数にする

べてのコンデンサをコイルに変更します．

次に，すべての素子の値を逆数にします．

これで，正規化HPFの設計は完了しました．設計した3次定K型HPFは図7-4の右端のようになります．

例7-3 定K型3次正規化LPFのデータを基にして，遮断周波数1kHz，インピーダンス600Ωの定K型3次HPFを設計する

【手順1】最初に正規化HPFを設計します．正規化HPFは，コンデンサとコイルを入れ替え，素子の値を逆数にすると求めることができました．計算を行うと，先の図7-4の3次定K型正規化HPFが得られます．

次に，正規化HPFの遮断周波数を1kHzに，インピーダンスを600Ωに変更します．

【手順2】遮断周波数を変更するため，目的の周波数と基準になる周波数の比Mを求めます．

フィルタ内のすべての素子の値を変数Mの値で割ると，周波数変換を行うことができましたね．

$$M = \frac{\text{目的の周波数}}{\text{基準になるもとの周波数}} = \frac{1\text{kHz}}{\left(\frac{1}{2\pi}\right)\text{Hz}} = \frac{1.0 \times 10^3 \text{Hz}}{0.159154\cdots \text{Hz}} \doteqdot 6283.1853$$

周波数を1kHzに変更したフィルタの値は次のように計算されます．この段階でのフィルタのインピーダンスは，正規化HPFと同じ1Ωになっています．

$$L_{(NEW)} = \frac{L_{(OLD)}}{M} = \frac{1.0}{6283.1853\cdots} \doteqdot 0.000159155[\text{H}] = 0.159155\text{mH}$$

$$C_{(NEW)} = \frac{C_{(OLD)}}{M} = \frac{0.5}{6283.1853\cdots} \doteqdot 0.000079577[\text{F}] = 0.079577[\text{mF}] = 79.577\mu\text{F}$$

〈図7-5〉
3次定K型HPF(遮断周波数1kHz, インピーダンス600Ω)を設計する

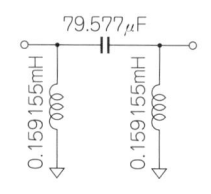

（a）遮断周波数だけを変更した結果　79.577μF、0.159155mH、0.159155mH

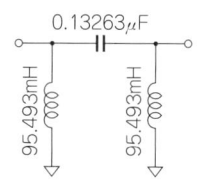

（b）さらにインピーダンスを変更した最終結果　0.13263μF、95.493mH、95.493mH

〈図7-6〉設計した3次定K型HPFのシミュレーション結果

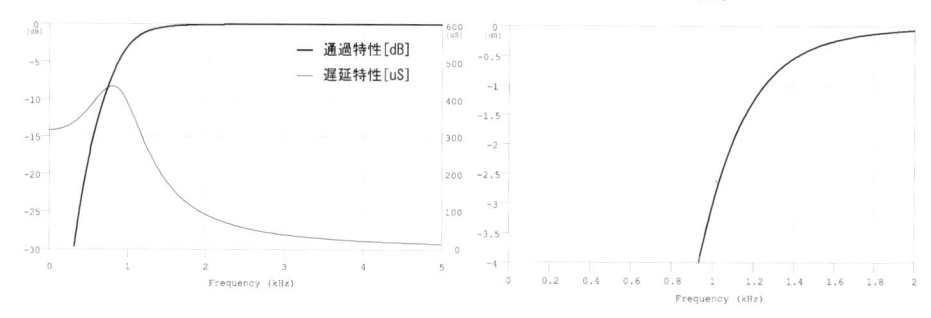

(a) 遮断特性と遅延特性

(b) 遮断周波数付近の特性

遮断周波数だけを変更したHPFは**図7-5(a)**のような回路になります．

【手順3】 次に，インピーダンスを1Ωから600Ωに変更するため，目的のインピーダンスと基準になるインピーダンスの比Kを求めます．

$$K = \frac{目的のインピーダンス}{基準になるもとのインピーダンス} = \frac{600\Omega}{1\Omega} = 600.0$$

【手順4】 インピーダンス変換は，フィルタ内のすべてのインダクタにKを掛け，すべてのキャパシタをKで割ると行うことができました．

今の例の場合には，次のように計算することができます．

$$L_{(NEW)} = L_{(OLD)} \times K = 0.159155[\text{mH}] \times 600 = 95.493\text{mH}$$

$$C_{(NEW)} = \frac{C_{(OLD)}}{K} = \frac{79.577[\mu\text{F}]}{600} \fallingdotseq 0.13263\mu\text{F}$$

図7-5(b)は，設計した遮断周波数1kHz，インピーダンス600Ωの定K型HPFです．このHPFの特性をシミュレーションした結果を**図7-6**に示します．

7.2　定K型HPFの特性

図7-7～図7-9は，遮断周波数がfである定K型HPFの特性です．グラフのスケールは周波数fで正規化してあるため，このグラフを用いることで，好きな遮断周波数の定K型HPFの遮断特性や遅延特性を簡単に求めることができます．

グラフをよく見るとわかりますが，HPFはLPFの通過特性を映しています．たとえば，$2f$であるLPFのロスと，$0.5f$（$2f$の逆数）であるHPFのロスは同じになります．このことを利用すると，HPFの遮断特性は，図7-10に示すように，LPFの遮断特性を表したグラフの周波数軸を逆数にすることで容易に求めることができます．図7-10は，第2章の図2-1の横軸を逆数に変更したものです．

しかし，通過特性は予想できても，残念ながら群遅延特性だけはLPFのデータから簡単に予想することはできません．

7.3　誘導m型LPFのデータから設計するHPF

誘導m型LPFを使ったHPFも，同様の手順で設計することができます．

ただし，誘導m型HPFではノッチ周波数に注意する必要があります．たとえば，遮断周波数の2倍の周波数にノッチが現れる正規化LPFを使ってHPFを設計した場合には，

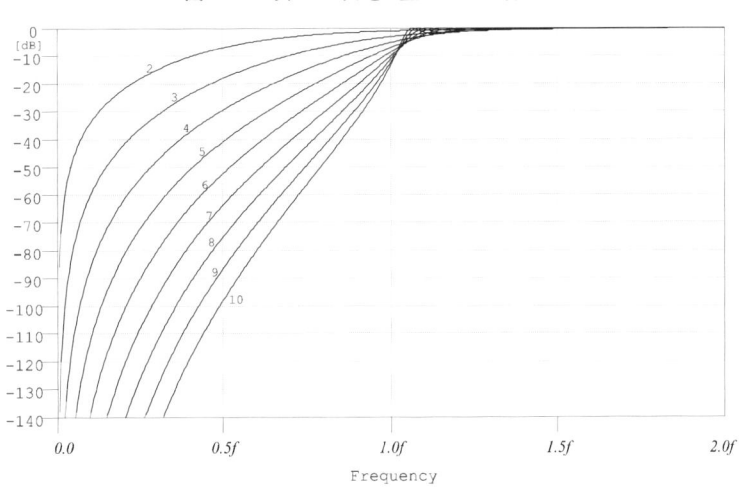

〈図7-7〉2次～10次定K型HPFの遮断特性

第7章 ハイパス・フィルタの設計法

〈図7-8〉2次〜10次定K型HPFの遮断周波数付近の特性

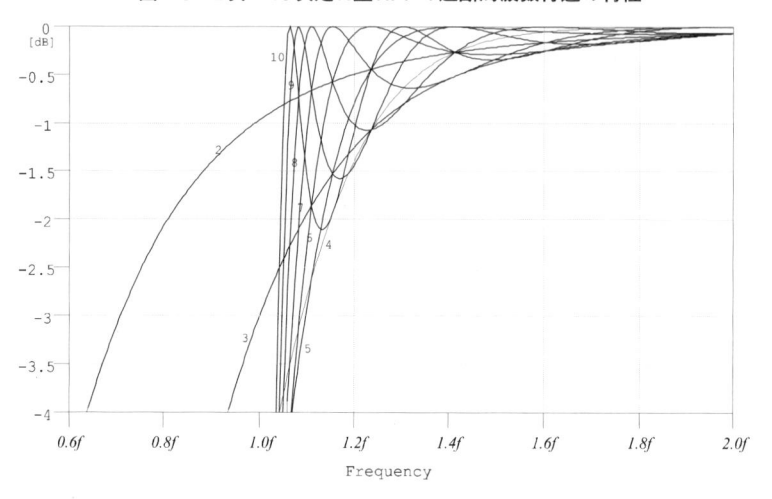

〈図7-9〉2次〜10次定K型HPFの遅延特性

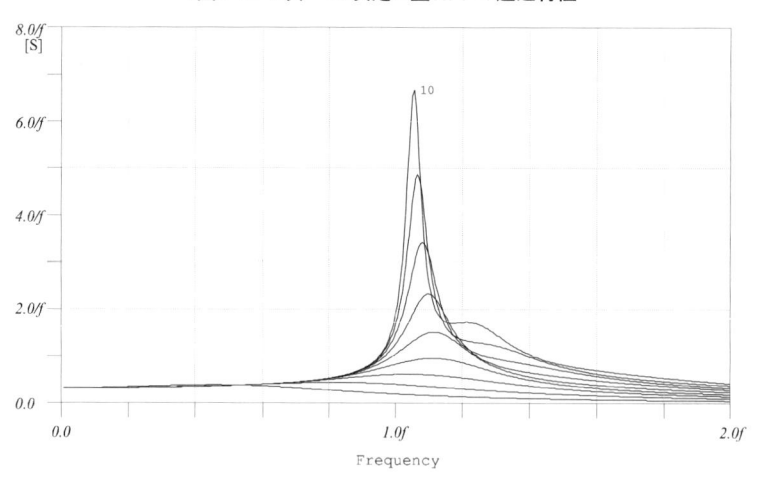

〈図7-10〉
2次〜10次定K型LPFの特性データを利用して遮断特性を求める

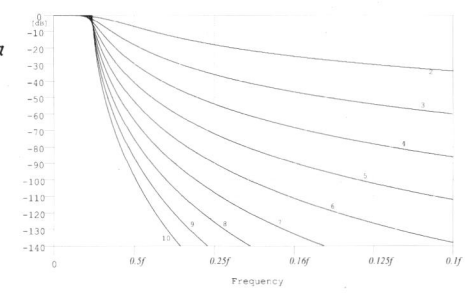

〈図7-11〉正規化誘導m型LPFから正規化HPFを作成する

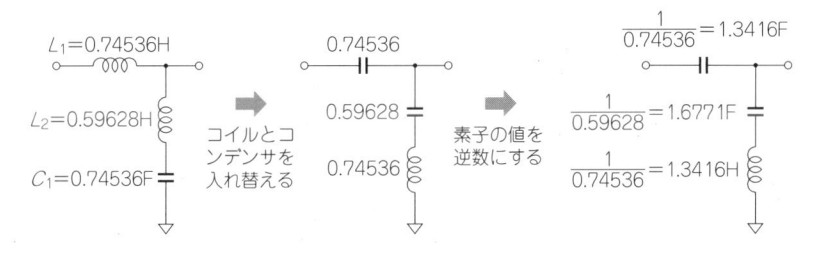

遮断周波数の1/2＝0.5倍の周波数にノッチが現れます．また，遮断周波数の1.25倍の周波数にノッチが現れる正規化LPFを使って設計したHPFには，1/1.25＝0.8倍の周波数にノッチが現れます．

例7-4 遮断周波数120MHz，ノッチ周波数80MHz，インピーダンス50Ωの誘導m型HPFの設計

HPFの遮断周波数が120MHzに対して，ノッチ周波数は80MHzは遮断周波数の0.6667倍の位置にあるので，基となる正規化LPFのノッチ周波数は，遮断周波数の1.5倍（120MHz÷80MHz＝1.5）である必要があります．これより，

$$\frac{f_{rejection}}{f_C} = \frac{120 \times 10^6}{80 \times 10^6} = 1.5$$

が求まります．誘導m型の章で紹介した**表2-2**を利用すると，基になる正規化誘導m型正規化LPFの回路は**図7-11**の左端のようになります．

これを先の手順に従って，HPFに変換します．まず，素子の値はそのままで，すべてのコイルをコンデンサに，コンデンサをコイルに置き換えます．次に，すべての素子の値を逆数にします．

以上で，誘導m型正規化HPFができあがりました．あとは，周波数とインピーダンス

〈図7-12〉
誘導 m 型LPFから遮断周波数120MHz,ノッチ周波数80MHz,インピーダンス50ΩのHPFを設計する

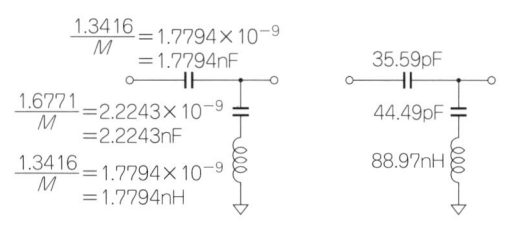

$\dfrac{1.3416}{M} = 1.7794 \times 10^{-9}$
$\quad = 1.7794\text{nF}$

$\dfrac{1.6771}{M} = 2.2243 \times 10^{-9}$
$\quad = 2.2243\text{nF}$

$\dfrac{1.3416}{M} = 1.7794 \times 10^{-9}$
$\quad = 1.7794\text{nH}$

(a) 遮断周波数だけを変更した結果

35.59pF
44.49pF
88.97nH

(b) さらにインピーダンスを変更した最終結果

〈図7-13〉
誘導 m 型LPFから設計した遮断周波数120MHz,ノッチ周波数80MHz,インピーダンス50ΩのHPFの特性

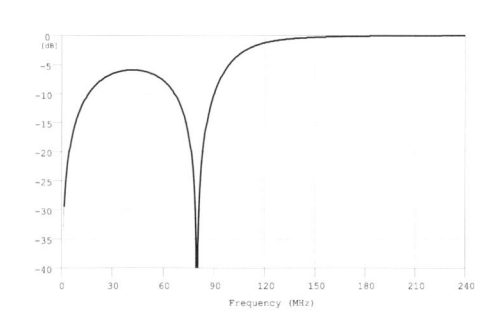

を目的の値に変換するだけです.

正規化フィルタの遮断周波数である $1/(2\pi)$ Hzから目的の120MHzに変更します.フィルタの遮断周波数を変更するために用いる周波数比 M は,次の式のようになります.

$$M = \frac{\text{目的の周波数}}{\text{基準になるもとの周波数}} = \frac{120\text{MHz}}{\left(\dfrac{1}{2\pi}\right)\text{Hz}} = \frac{120 \times 10^6 \text{Hz}}{0.159154 \cdots \text{Hz}} \fallingdotseq 753.9822 \times 10^6$$

周波数変換は,何度も話すように,すべての素子の値を M で割ります.遮断周波数だけを変更したHPFは図7-12(a)のようになります.もちろん,まだインピーダンスは正規化HPFのインピーダンスである1Ωのままです.

さらに,インピーダンスを1Ωから50Ωに変更します.インピーダンスを変更するためには,次のようにインピーダンス比 K を求めます.

$$K = \frac{\text{目的のインピーダンス}}{\text{基準になるもとのインピーダンス}} = \frac{50\Omega}{1\Omega} = 50.0$$

求めた K をインダクタンスに掛け,キャパシタンスを K で割ります.最終的には図7-12(b)のような回路になります.このフィルタの特性をシミュレーションした結果は図7-

〈写真7-1〉製作した遮断周波数120MHz，ノッチ周波数80MHzの誘導 m 型HPF

〈写真7-2〉製作した遮断周波数120MHz，ノッチ周波数80MHzの誘導 m 型HPFの測定結果（10〜240MHz，5dB/div.）

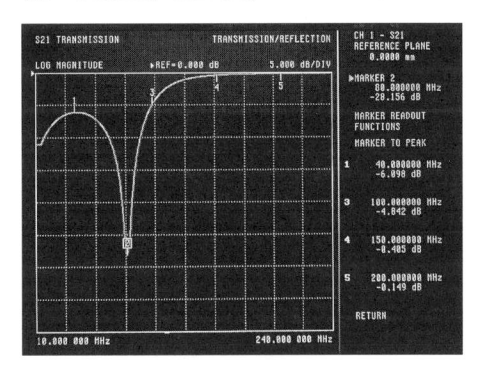

13のようになりました．

後述の空芯コイルとチップ・コンデンサを使って製作してみます．空芯コイルの設計データは次のとおりです．

　　インダクタンス：88.968nH

　　コイル直径：ϕ5mm

　　コイル巻き数：5回

　　コイル長さ：4.67mm

製作した誘導 m 型HPFの外観を**写真7-1**に示します．**写真7-2**は，このフィルタの測定結果です．**図7-13**のシミュレーション結果と比較すると，ほぼ同じ特性が得られていることがわかります．

例7-5 遮断周波数が80kHzで，16kHzと40kHzに二つのノッチをもつインピーダンス600Ωの誘導 m 型HPFの設計

このフィルタは，**図7-14**のように，誘導 m 型HPFを二つ組み合わせると実現できます．このように，古典的手法で設計されるフィルタだけは，フィルタを組み合わせることができます．

一つのHPFは，ノッチ周波数が16kHzで遮断周波数が80kHzですから，基になる正規化誘導 m 型LPFのノッチ周波数は，遮断周波数の $80 \times 10^3 / 16 \times 10^3 = 5$ 倍である必要があります．

もう一つのHPFは，ノッチ周波数が40kHz，遮断周波数が80kHzであるので，基にな

〈図7-14〉誘導m型HPFを二つ使う

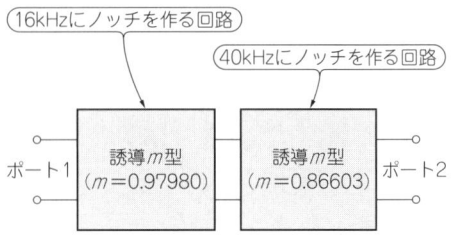

16kHzにノッチを作る回路 → 誘導m型 ($m=0.97980$)
40kHzにノッチを作る回路 → 誘導m型 ($m=0.86603$)

ポート1 — 誘導m型 ($m=0.97980$) — 誘導m型 ($m=0.86603$) — ポート2

〈図7-15〉二つの誘導m型正規化LPFのデータ

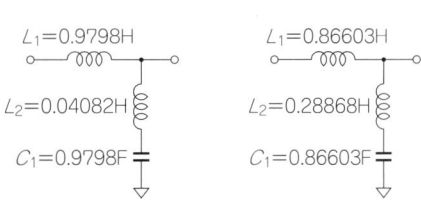

(a) 遮断周波数の5倍にノッチをもつ正規化LPF
$L_1 = 0.9798$H
$L_2 = 0.04082$H
$C_1 = 0.9798$F

(b) 遮断周波数の2倍にノッチをもつ正規化LPF
$L_1 = 0.86603$H
$L_2 = 0.28868$H
$C_1 = 0.86603$F

〈図7-16〉二つの誘導m型正規化HPFのデータ

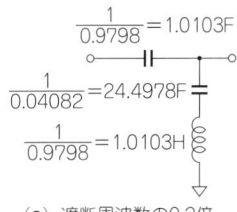

(a) 遮断周波数の0.2倍の周波数にノッチをもつ正規化HPF
$\frac{1}{0.9798} = 1.0103$F
$\frac{1}{0.04082} = 24.4978$F
$\frac{1}{0.9798} = 1.0103$H

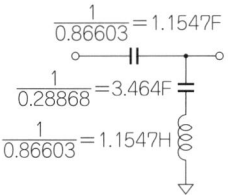

(b) 遮断周波数の0.5倍の周波数にノッチをもつ正規化HPF
$\frac{1}{0.86603} = 1.1547$F
$\frac{1}{0.28868} = 3.464$F
$\frac{1}{0.86603} = 1.1547$H

〈図7-17〉設計した16kHzと40kHzにノッチをもつHPF

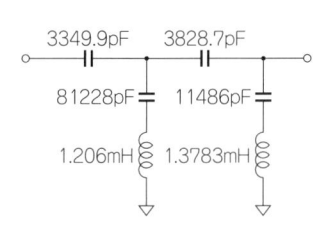

3349.9pF 3828.7pF
81228pF   11486pF
1.206mH   1.3783mH

る誘導m型LPFは遮断周波数の2倍にノッチ周波数をもつ必要があります．これら正規化LPFは，誘導m型LPFの設計表（**表2-2**）から，**図7-15**のようになります．

　この二つのフィルタを正規化HPFに変えると，**図7-16**のようになります．

　これらのフィルタの遮断周波数を，正規化フィルタの遮断周波数である$1/(2\pi)$Hzから目的の80kHzに変更し，インピーダンスを1Ωから600Ωに変更すると，**図7-17**のようになります．

　図7-18は，このフィルタの特性のシミュレーション結果です．設計どおり，16kHzと40kHzの二つの周波数にノッチをもつことがわかります．

〈図7-18〉
16kHzと40kHzにノッチをもつHPFの通過特性

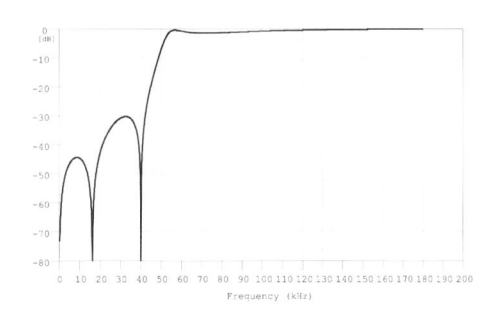

〈図7-19〉正規化HPF(T形，遮断周波数$1/(2\pi)$Hz，インピーダンス1Ω)

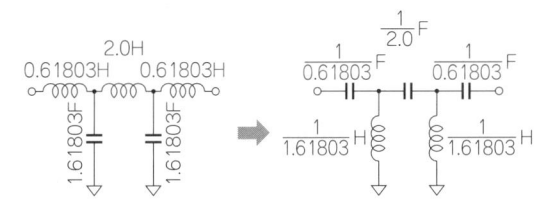

〈図7-20〉設計したHPF(T形，遮断周波数190MHz，インピーダンス50Ω)

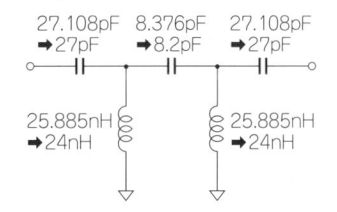

7.4 バターワース型LPFのデータから設計するHPF

　第3章で解説したバターワース型LPFからHPFを設計する方法を，実例を示しながら解説します．また，設計したHPFを実際に製作して，その特性を測定してみます．

例7-6 バターワース型5次正規化LPFのデータを基に，遮断周波数190MHz，インピーダンス50ΩのT形5次バターワースHPFを設計し，試作する

　設計に必要な，バターワース型5次正規化LPFの設計値は，第3章の図3-16(d)のようになります．この正規化LPFのデータをもとに，正規化HPFを設計します．

　最初に，素子の値をそのままにして，すべてのコンデンサをコイルに，コイルをコンデンサに置き換えます．次に，すべての素子の値を逆数にします．この二つの作業を行うと，正規化HPFの設計データが図7-19のように得られます．

　次に，このフィルタの遮断周波数を$1/(2\pi)$Hzから190MHzに，インピーダンスを1Ωから50Ωに変更します．遮断周波数とインピーダンスを変更すると，図7-20のような定数になるはずです．

　実際に製作する場合には，図中に矢印で示したような部品の定数を使うとよいでしょう．

〈図7-21〉設計した190MHzバターワースHPFのシミュレーション結果

(a) 通過特性と遅延特性

(b) 遮断周波数付近の通過特性

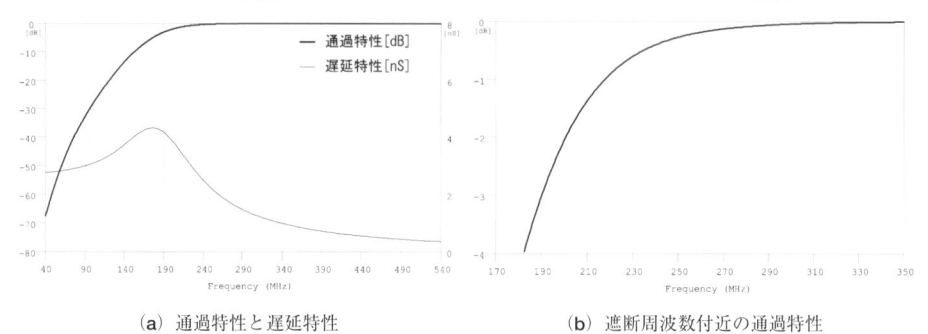

〈写真7-3〉試作した190MHzバターワースHPF（基板：紙フェノール基板，$t = 1.6$mm）

(a) 全体

(b) 拡大

実際に使用するコイルの値が計算値より小さいのですが，スルー・ホールや銅線のインダクタンスで補えばよいので，実際の部品の定数は計算値よりも小さくします．

設計したHPFの特性をシミュレーションした結果を**図7-21**に示します．定数は設計値を使用しています．図(a)は通過特性と群遅延特性を，図(b)は遮断周波数付近の通過特性を示しています．

市販のチップ・コンデンサとチップ・コイルを使って作成した5次バターワース型HPFの外観を**写真7-3**に紹介します．

試作したHPFを測定した結果が**図7-22**です．反射特性がいくぶん悪いのですが，ほぼシミュレーションどおりの結果が得られました．0.04GHz〜5.0GHzまでの測定結果を見ると，周波数が高くなるにつれ通過帯域のロスが増えるものの，実験などでは十分に使え

〈図7-22〉測定した190MHzバターワースHPFの特性

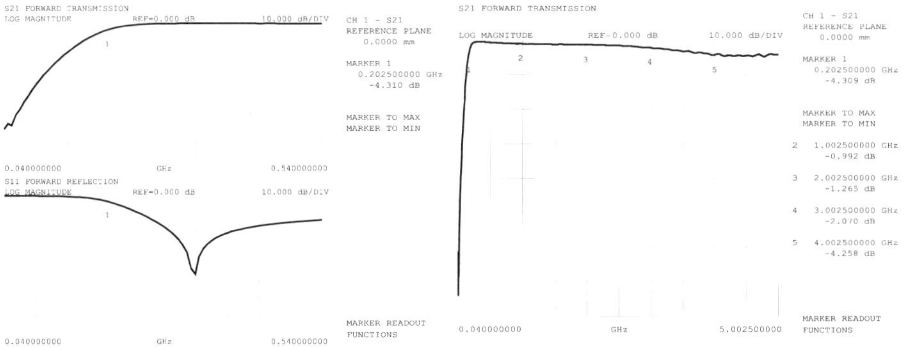

(a) 通過/反射特性（40MHz～540MHz, 10dB/div., 上：通過特性，下：反射特性）

(b) 広帯域特性（40MHz～5GHz, 10dB/div.）

る特性です．

試作に使用した部品は，マイクロ波帯用として特別に作られた部品ではなく市販のチップ部品なのですが，それでも十分な特性が得られることがわかっていただけると思います．しかし，もっと通過帯域のロスを少なくしたい場合には，マイクロ波帯用に作られたQの高い部品を使い，損失の少ない基板を使うとよいでしょう．

7.5 バターワース型正規化HPFのデータ

バターワース型正規化HPFのデータを図7-23に示します．このデータは，第3章で紹介したバターワース型正規化LPFのコンデンサをコイルに，コイルをコンデンサに変え，各素子の値を逆数にしたものです．もちろん，ここに紹介するデータは第3章の正規化LPFのデータから簡単に計算できますが，バターワース型は使う機会が多いので，あえて紹介しておきます．

次に，遮断周波数がfであるバターワース型HPFの特性を図7-24～図7-26に示します．このグラフのスケールも周波数fで正規化されています．fに適当な数字を入れることで，目的のフィルタの特性を知ることができます．

たとえば，1kHzでの特性を知りたい場合には，$f=1000$を入力します．また，50MHzの場合には，$f=50\times10^6$を入力します．

第7章 ハイパス・フィルタの設計法

〈図7-23〉正規化バターワースHPF（遮断周波数 $1/(2\pi)$ Hz，インピーダンス 1Ω）

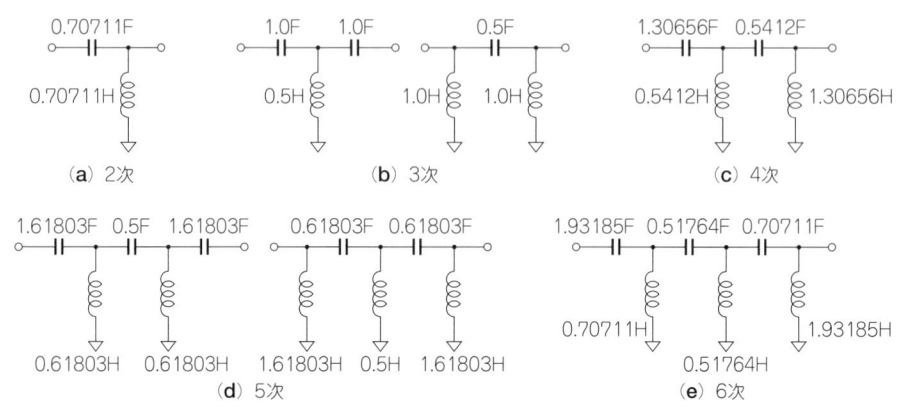

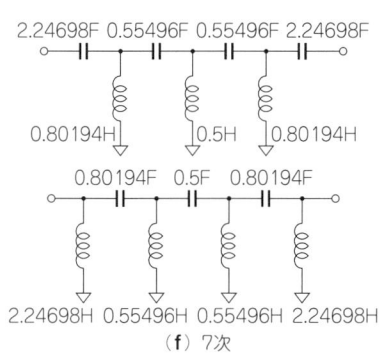

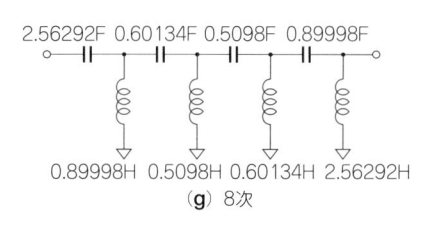

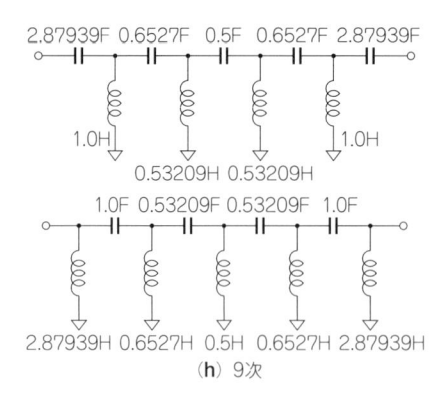

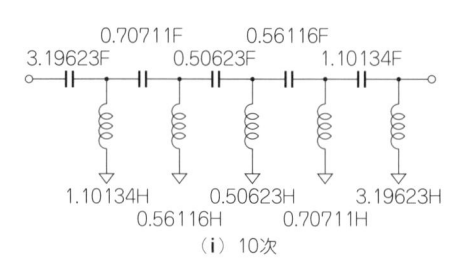

(a) 2次
- 0.70711F
- 0.70711H

(b) 3次
- 1.0F, 1.0F
- 0.5H

(c) 4次
- 1.30656F, 0.5412F
- 0.5412H, 1.30656H

(d) 5次
- 1.61803F, 0.5F, 1.61803F
- 0.61803H, 0.61803H

(e) 6次
- 0.61803F, 0.61803F
- 1.61803H, 0.5H, 1.61803H

(f) 7次
- 1.93185F, 0.51764F, 0.70711F
- 0.70711H, 0.51764H, 1.93185H

(g) 8次
- 2.24698F, 0.55496F, 0.55496F, 2.24698F
- 0.80194H, 0.5H, 0.80194H

- 0.80194F, 0.5F, 0.80194F
- 2.24698H, 0.55496H, 0.55496H, 2.24698H

- 2.56292F, 0.60134F, 0.5098F, 0.89998F
- 0.89998H, 0.5098H, 0.60134H, 2.56292H

(h) 9次
- 2.87939F, 0.6527F, 0.5F, 0.6527F, 2.87939F
- 1.0H, 0.53209H, 0.53209H, 1.0H

- 1.0F, 0.53209F, 0.53209F, 1.0F
- 2.87939H, 0.6527H, 0.5H, 0.6527H, 2.87939H

(i) 10次
- 3.19623F, 0.70711F, 0.50623F, 0.56116F, 1.10134F
- 1.10134H, 0.56116H, 0.50623H, 0.70711H, 3.19623H

〈図7-24〉2次～10次バターワース型HPFの遮断特性

〈図7-26〉2次～10次バターワース型HPFの遅延特性

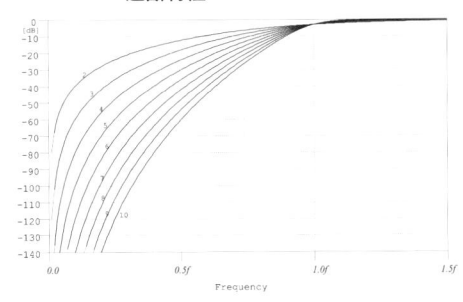

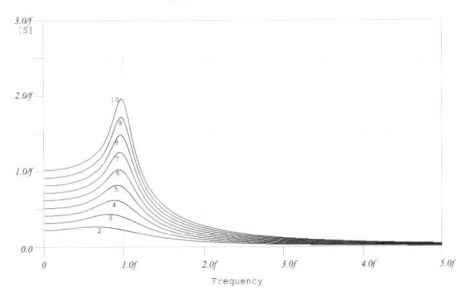

〈図7-25〉2次～10次バターワース型HPFの遮断周波数付近の通過特性

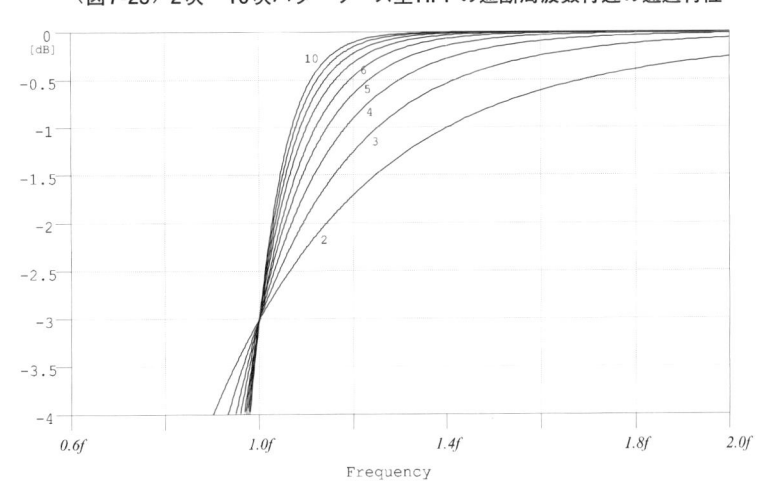

7.6 ベッセル型LPFのデータから設計するHPF

　次にベッセル型のLPFから，HPFを設計してみます．ベッセル型LPFは，帯域内の群遅延時間が一定でした．HPFにするとどうでしょうか．

　ベッセル型LPFから設計した遮断周波数がfであるHPFの特性を図7-27，図7-28に示します．このグラフのスケールも周波数fで正規化されているので，スケール中のfの値を適当な値に置き換えると，希望の遮断周波数をもったHPFの遮断特性や遅延特性を簡単に求めることができます．

　群遅延特性のグラフを見ると明らかなのですが，群遅延時間が帯域内で一定だったベッ

第7章 ハイパス・フィルタの設計法

〈図7-27〉2次～10次ベッセル型HPFの遮断特性

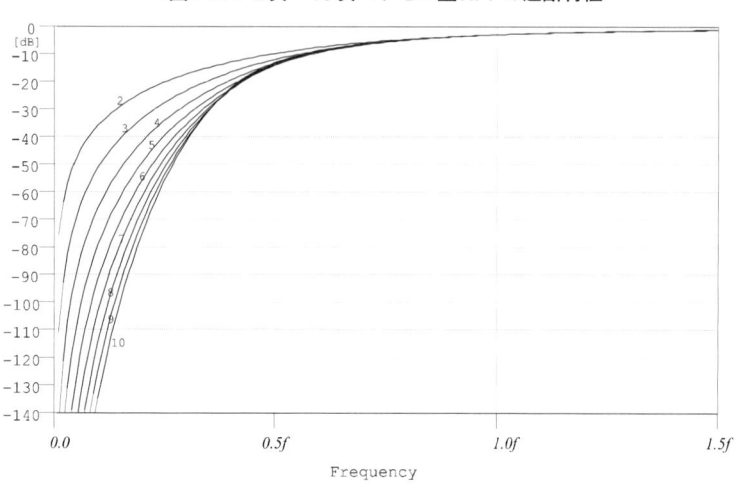

〈図7-28〉2次～10次ベッセル型HPFの遅延特性

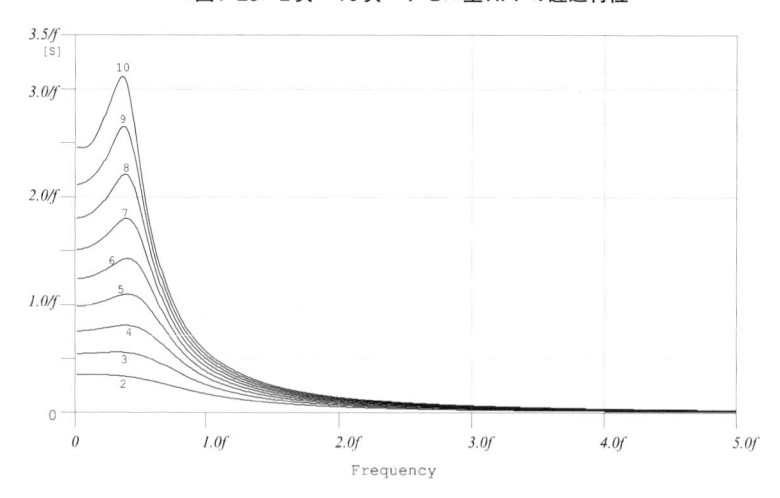

セル型LPFの特徴は，ハイパス・フィルタでは失われています．ベッセル型LPFから設計したHPFは，残念ながら帯域内での群遅延時間は一定にはなりません．

さらに，バターワース型のHPFの遅延特性と比較すると，ベッセル型HPFのほうがバターワース型HPFよりも遅延特性が悪いことがわかります．LPFではバターワース型の

7.6 ベッセル型LPFのデータから設計するHPF

〈図7-29〉正規化ベッセル型LPFから正規化HPFを作成する

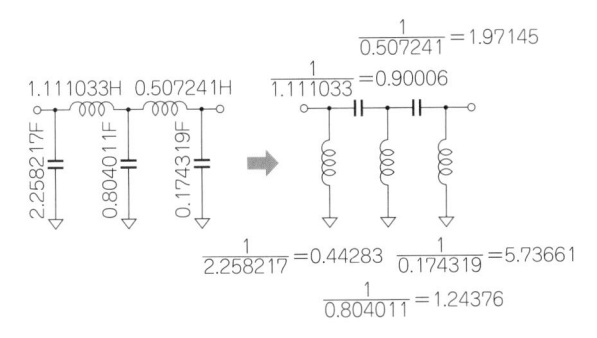

〈図7-30〉設計した遮断周波数2MHz，インピーダンス50ΩのHPF

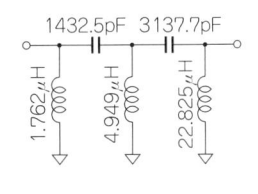

$\dfrac{1}{0.507241} = 1.97145$

$\dfrac{1}{1.111033} = 0.90006$

$\dfrac{1}{2.258217} = 0.44283$

$\dfrac{1}{0.174319} = 5.73661$

$\dfrac{1}{0.804011} = 1.24376$

〈図7-31〉設計した遮断周波数2MHz，インピーダンス50ΩのHPFのシミュレーション結果

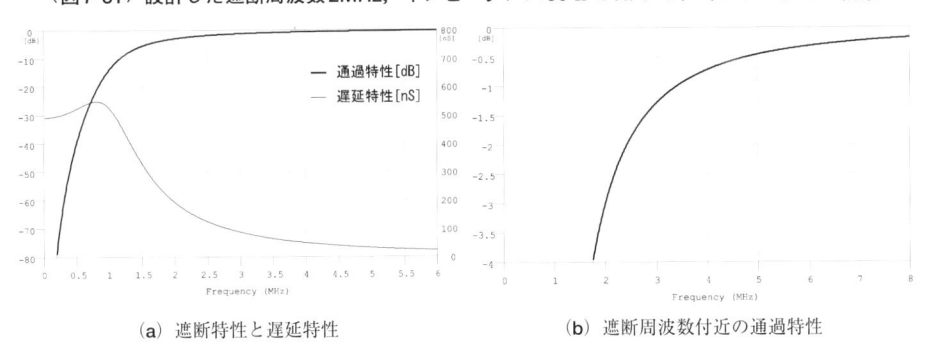

(a) 遮断特性と遅延特性

(b) 遮断周波数付近の通過特性

ほうが悪かったのですが，HPFでは逆にベッセル型のほうが悪い遅延特性を示します．

例7-7 ベッセル型5次正規化LPFのデータを基にして遮断周波数2MHz，インピーダンス50Ωのπ形5次ベッセルHPFを設計する

5次のπ形ベッセル正規化LPFは，第5章の図5-10(d)に示しました．この正規化LPFのデータをもとに，正規化HPFを計算で求めます．

最初に，図7-29で示すとおり，素子の値をそのままにして，LPFのすべてのコンデンサをコイルに，コイルをコンデンサに変更します．次にすべての素子の値を逆数にし，正規化HPFを作成します．できあがった正規化HPFは図7-29の右側のようになります．

正規化HPFの遮断周波数は$1/(2\pi)$Hzで，インピーダンスは1Ωであるので，遮断周波数を設計値である2MHzに，インピーダンスを50Ωに変換します．計算を行うと，図7-30のような回路が得られます．この回路の特性をシミュレーションした結果は図7-31のようになりました．

〈図7-32〉2次～10次ガウシャン型HPFの遮断特性

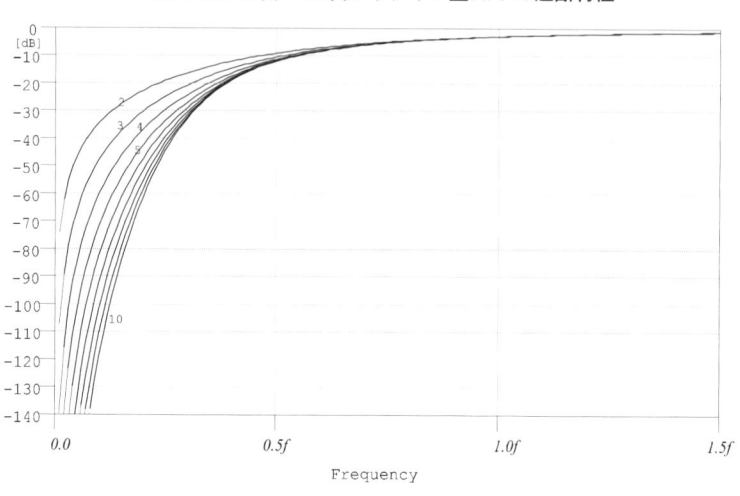

〈図7-33〉2次～10次ガウシャン型HPFの遅延特性

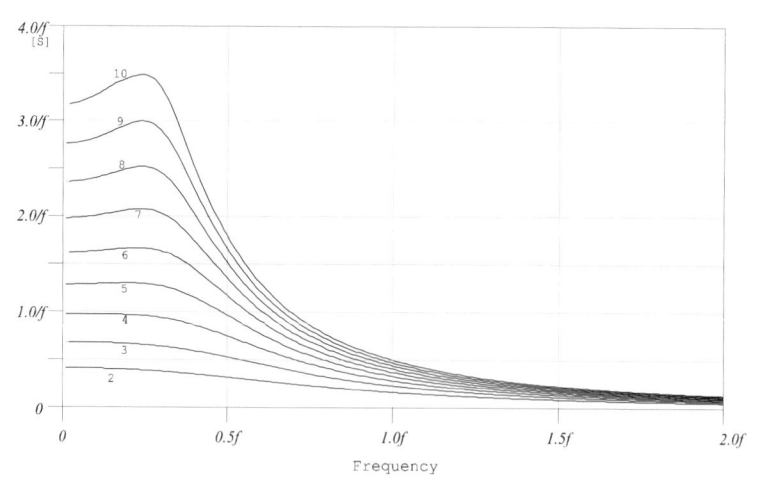

7.7　ガウシャン型LPFのデータから設計するHPF

　次にガウシャン型のLPFから，HPFを設計してみます．遮断周波数がfであるこのHPFの特性を図7-32，図7-33に示します．このグラフのスケールも周波数fで正規化さ

7.7 ガウシャン型LPFのデータから設計するHPF

〈図7-34〉
求めた3次正規化HPF(遮断周波数$1/(2\pi)$Hz, インピーダンス1Ω)

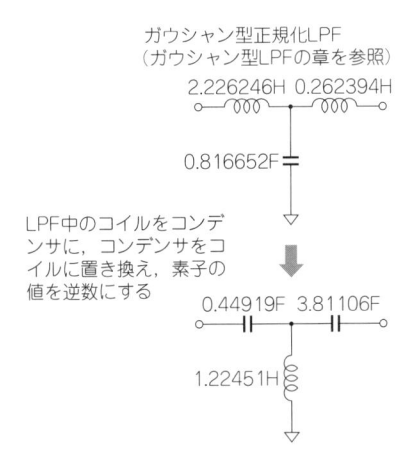

ガウシャン型正規化LPF
(ガウシャン型LPFの章を参照)
2.226246H 0.262394H
0.816652F

LPF中のコイルをコンデンサに、コンデンサをコイルに置き換え、素子の値を逆数にする

0.44919F 3.81106F
1.22451H

れています。fに適当な数字を入れることで、目的のフィルタの特性を知ることができます。

たとえば、15kHzでの特性を知りたい場合には$f = 15000$を入力します。また、50MHzの場合には$f = 50 \times 10^6$を入力します。

例7-8 ガウシャン型3次正規化LPFのデータを基にして遮断周波数50MHz, インピーダンス50ΩのT形HPFを設計する

設計には、第6章の図6-12(b)に示した3次T形ガウシャン正規化LPFのデータが必要です。この正規化LPFをHPF化のルールに従って、すべてのコイルをコンデンサに、コンデンサをコイルに置き換えたあと、素子の値を逆数にすると、図7-34の下側に示す正規化HPFのデータが得られます。

次に、正規化HPFの遮断周波数とインピーダンスを目的の値に変更します。遮断周波数を変更するために必要な係数Mの値は、次のように計算されます。遮断周波数を変更するには、これまでと同様にフィルタ内のすべての素子の値を係数Mで割ります。

$$M = \frac{\text{目的の周波数}}{\text{基準になるもとの周波数}} = \frac{50\text{MHz}}{\left(\frac{1}{2\pi}\right)\text{Hz}} = \frac{50 \times 10^6 \text{Hz}}{0.159154\cdots\text{Hz}} \fallingdotseq 314.1593 \times 10^6$$

また、インピーダンスを変更するために、必要な係数Kの値は次のように計算されます。

$$K = \frac{\text{目的のインピーダンス}}{\text{基準になるもとのインピーダンス}} = \frac{50\Omega}{1\Omega} = 50.0$$

〈図7-35〉
設計した3次HPF
（遮断周波数50MHz，
インピーダンス50Ω）

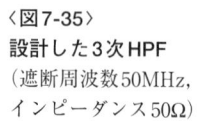

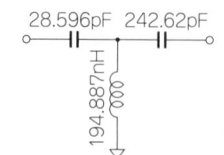

28.596pF　242.62pF
194.887nH

〈図7-36〉
誘導 m 型HPF（遮断周波数440MHz）

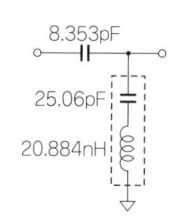

8.353pF
25.06pF
20.884nH

インピーダンスを変更するには，フィルタ内のすべてのインダクタの値に係数 K を掛け，すべてのキャパシタの値を係数 K で割ります．最終的には，図7-35のような回路が得られます．

7.8　部品のインダクタンスを積極的に利用したHPF

誘導 m 型や逆チェビシェフ型，エリプティック型などのHPFを製作する場合，部品のインダクタンスを積極的に利用すると良い特性が得られる場合があります．実際に，誘導 m 型を例に説明します．試作するHPFの仕様は次のようにしました．

　　インピーダンス：50Ω

　　フィルタのタイプ：誘導 m 型

　　遮断周波数：440MHz

　　ノッチ周波数：220MHz

誘導 m 型LPFの正規化データから正規化HPFのデータを求め，周波数変換，インピーダンス変換を行い，目的の回路を設計します．設計した回路は，図7-36のようになります．

通常，高周波回路を作る際には，コンデンサの寄生インダクタンスが邪魔になる場合が多いのですが，今回はこの寄生インダクタンスを積極的に利用してフィルタを試作してみます．うまくすれば，図7-36の点線で囲まれた部分を一つの部品で作ることができます．そのためには部品を選ぶ必要があります．通常，チップ・コンデンサの寄生インダクタンスは，目的のインダクタンス値である20.884nHに比べてかなり小さいのと，インダクタンスの調整が簡単にできないので，今回はディスク型のセラミック・コンデンサを使うことにします．

コイルの値を調整するには，ディスク型セラミック・コンデンサのリード線の長さを変えて目的の値に合わせます．リード線が長くなるとコンデンサに寄生するインダクタンスが増え，逆に短くなるとインダクタンスは減ります．

7.8 部品のインダクタンスを積極的に利用したHPF

〈写真7-4〉ディスク型セラミック・コンデンサを伝送ラインとグラウンド間に実装

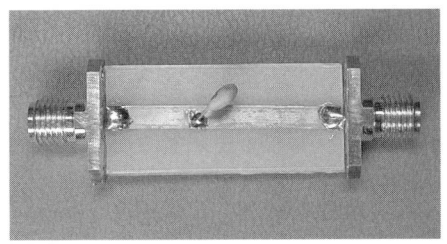

〈写真7-5〉ディスク型セラミック・コンデンサの共振周波数の測定結果

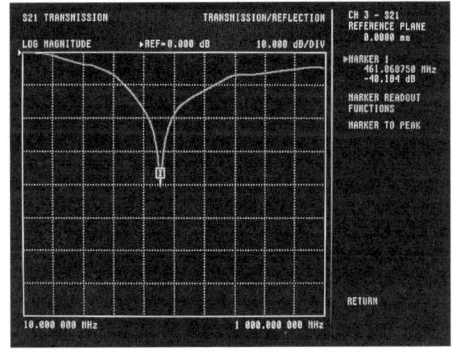

〈写真7-6〉
足の長さを変えたディスク型セラミック・コンデンサ

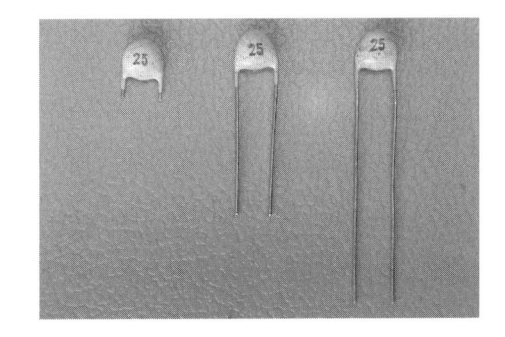

コンデンサの寄生インダクタンスは，直列共振回路の共振周波数とコンデンサの値から計算で求めます．共振周波数とコンデンサ，コイルの値の間には，次の式のような関係があります．

$$f = \frac{1}{2\pi\sqrt{LC}}$$

コンデンサの容量をあらかじめ低い周波数で測定しておくと，自己インダクタンスの値を簡単に求めることができます．直列共振回路の共振周波数を測定する場合には，**写真7-4**のように，基板の表側の伝送線路と裏側のグラウンド間に共振回路を挿入します．

共振周波数を測定した結果を**写真7-5**に示します．約461MHzで共振していることがわかります．測定にはベクトル・ネットワーク・アナライザを使ったのですが，参考文献(29)や，第15章のAppendix Bで紹介したような共振回路測定治具を使ってもかまいませ

〈写真7-7〉試作した440MHz誘導m型HPF　　〈写真7-8〉440MHz誘導m型HPFの測定結果
（10MHz～3GHz，10dB/div.）

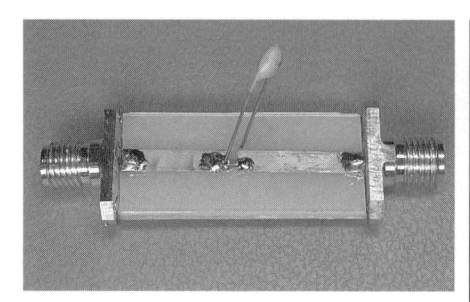

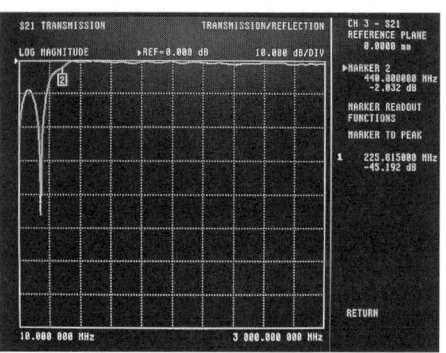

〈図7-37〉
440MHz誘導m型HPFのシミュレーション結果

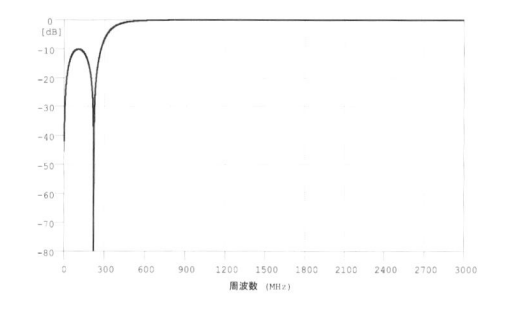

ん．

　この測定結果から，仮にセラミック・コンデンサの容量値が表示どおりの25pFだとすると，自己インダクタンスは$L = 4.7661$nHと計算されます．次に，**写真7-6**に示すように，セラミック・コンデンサのリード線の長さを変えて，共振周波数を測定してみました．

　セラミック・コンデンサの共振周波数は，左から460MHz，220MHz，178MHzとなり，それぞれのコンデンサに寄生しているインダクタンスの大きさは4.79nH，20.93nH，31.98nHと計算できます．したがって，**写真7-6**の中央のセラミック・コンデンサは，今回のHPFのLC直列回路と同じ回路になります．

　写真7-7ができあがった誘導m型HPFです．この写真を見ると，400MHz以上で動作する回路だとはとても信じられない形をしていますが，**写真7-8**の測定結果と**図7-37**のシミュレーション結果を比べてみると，設計値どおりの特性が得られていることがわかりま

〈図7-38〉
共振周波数が同じになるようにコイルと
コンデンサの値を±10％変化させた場合
の通過特性の変化

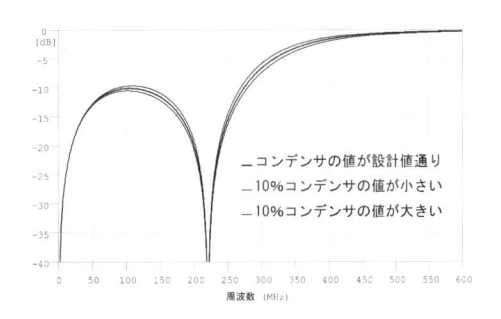

　す．こんな組み立て方をしても，要点をおさえておけば，高い周波数のフィルタも簡単に製作できます．

　今回，コンデンサの値を表示値どおりとして，コンデンサに寄生するインダクタンスの値を求めました．しかし，コンデンサの値が，使用する周波数で表示値どおりであるとは限りません．厳密にコンデンサの値やコイルの値がわかれば問題ないのですが，現実にはそうはいきません．特に，高い周波数でコンデンサの容量を正確に測定することは非常に困難です．

　しかし，今回のようなフィルタを製作する場合，コンデンサやコイルの値を正確に求める必要はありません．実は，共振周波数が設計値どおり，つまりコンデンサとコイルの積が設計値と同じであれば，コンデンサや寄生インダクタンスの値が若干設計値から外れても，最終的なフィルタの特性はそれほど変化しません．

　図7-38は，共振周波数が同じになるようにコイルとコンデンサの値を±10％変化させて，フィルタの通過特性がどのくらい変わるのかをシミュレーションしたものです．コイルやコンデンサの値が10％ほど外れていても，共振周波数さえ合わせていれば，ほぼ期待どおりの性能が得られることがわかります．

　共振回路測定治具を製作しておき，それを使って，あらかじめリード線の長さを調整し，コンデンサとリード線での共振周波数が設計値どおりになるように調整しておくと，フィルタを組んでから調整する必要がありません．

第8章

バンドパス・フィルタの設計法
―LPFのデータを変換して素子値を計算する―

　帯域通過フィルタは，英語ではバンドパス・フィルタ(Band Pass Filter)と呼ばれます．BPFという名称は，英単語の三つの頭文字をくっつけた略称です．

　BPFの話をすると，よく「Qの高い素子を使うと広いBPFの帯域を作るのが難しい」とか，「広い帯域のBPFは実現できない」，「帯域を広くするには共振周波数の違う共振器を並べればよい」などという間違った「うわさ」を聞きます．

　本章を読んでいただければ，BPFに関するこれらの噂が間違いだと気づくはずです．本書では，すべての設計手順を省くことなく紹介していますので，これらの噂に惑わされてフィルタの設計を諦めていたかたも，ぜひトライしてみてください．

　BPFの設計は実に簡単で，図8-1の手順どおりに作業を行えば，設計することができます．作業は大きく二つに分かれています．正規化LPFから，目的とするBPFの帯域と等しい帯域のLPFを設計する作業と，そのLPFをBPF化する作業の二つです．

　HPFを設計するときよりも手順が複雑になりますが，正規化LPFからLPFを設計する手順に，回路変換を加えただけの簡単な手順です．わかりやすいように実際に例を挙げて計算手順を示したいと思います．

8.1　定K型LPFのデータから設計するBPF

　最初に定K型正規化LPFのデータから設計するBPFの設計例を紹介します．

例8-1　π形3次定K型正規化LPFのデータを基にして，中心周波数10MHz，帯域1MHz，インピーダンス50Ωの定K型BPFを設計する

【手順1】　最初に，BPFの帯域と等しい帯域をもち，BPFのインピーダンスと同じインピ

〈図8-1〉正規化LPFの設計データを使ったBPF設計の手順

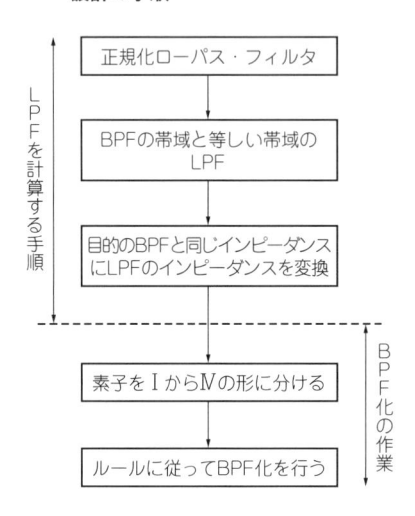

```
         ┌─────────────────────┐
         │ 正規化ローパス・フィルタ │
         └──────────┬──────────┘
                    ↓
         ┌─────────────────────┐
L        │ BPFの帯域と等しい帯域の │
P        │      LPF            │
F        └──────────┬──────────┘
を                  ↓
計       ┌─────────────────────┐
算       │ 目的のBPFと同じインピーダンス │
す       │ にLPFのインピーダンスを変換 │
る       └──────────┬──────────┘
手  - - - - - - - - - - - - - - -
順                  ↓
         ┌─────────────────────┐      B
         │ 素子をⅠからⅣの形に分ける │      P
         └──────────┬──────────┘      F
                    ↓                   化
         ┌─────────────────────┐      の
         │ ルールに従ってBPF化を行う │    作
         └─────────────────────┘      業
```

〈図8-2〉3次定K型LPF（遮断周波数1MHz，インピーダンス50Ω）

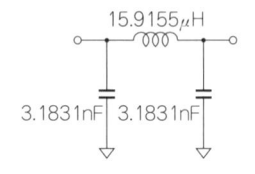

ーダンスをもったLPFを設計します．

BPFの帯域が1MHz，インピーダンスが50Ωであることから，遮断周波数1MHz，インピーダンス50ΩのLPFを設計する必要があります．定K型3次正規化LPFのデータは，第2章の図2-17(b)を参照してください．これを基に遮断周波数1MHz，インピーダンス50ΩのLPFを設計すると図8-2の回路が得られるはずです（設計方法の詳細は第2章を参照）．

【手順2】LPFを構成する回路素子を，Ⅰ型～Ⅳ型の回路に区別します．それぞれの型は図8-3に示すとおりです．3次定K型LPFの場合，Ⅰ型のコンデンサとⅡ型のコイルが使われています．

【手順3】LPF中のすべての回路をⅠ型～Ⅳ型に分けることができたので，それぞれを図8-3に示したルールに従って変換します．この四つの図は，各型ごとの変換方法と素子値の計算式を示しています．図中のω_0はフィルタの中心での角周波数を意味しており，

$$\omega_0 = 2\pi f$$

と計算されます．中心周波数が10MHzの場合には，

$$\omega_0 = 2\pi \times 10 \times 10^6 \fallingdotseq 6.2831853 \times 10^7$$

と計算されます．

8.1 定 K 型 LPF のデータから設計する BPF　147

〈図8-3〉LPF の構成要素を Ⅰ型〜Ⅳ型の素子に変換する方法と素子値を求めるための式

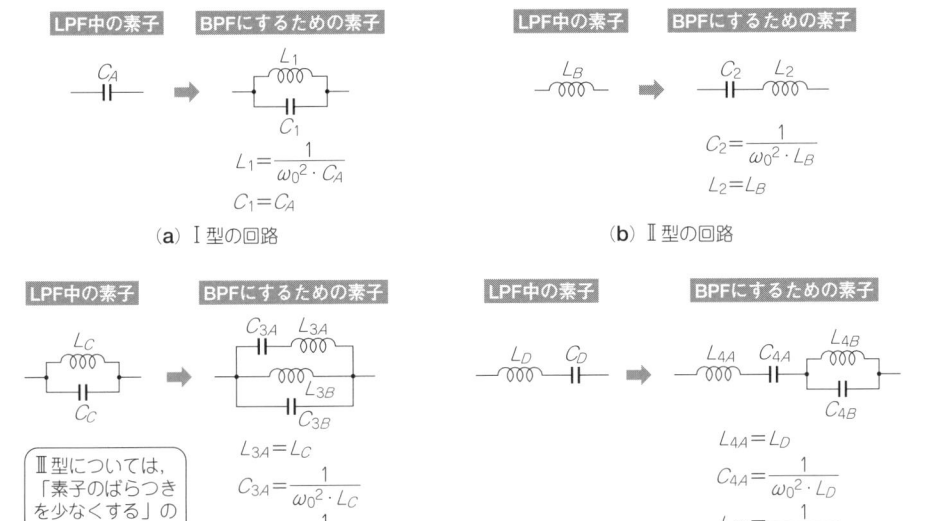

(a) Ⅰ型の回路

LPF中の素子: C_A → BPFにするための素子: L_1 と C_1 の並列

$$L_1 = \frac{1}{\omega_0^2 \cdot C_A}$$
$$C_1 = C_A$$

(b) Ⅱ型の回路

LPF中の素子: L_B → BPFにするための素子: C_2 と L_2 の直列

$$C_2 = \frac{1}{\omega_0^2 \cdot L_B}$$
$$L_2 = L_B$$

(c) Ⅲ型の回路

LPF中の素子: L_C と C_C の並列 → BPFにするための素子: C_{3A}, L_{3A}, L_{3B}, C_{3B}

$$L_{3A} = L_C$$
$$C_{3A} = \frac{1}{\omega_0^2 \cdot L_C}$$
$$L_{3B} = \frac{1}{\omega_0^2 \cdot C_C}$$
$$C_{3B} = C_C$$

Ⅲ型については,「素子のばらつきを少なくする」の章で, 便利な変換式を紹介している

(d) Ⅳ型の回路

LPF中の素子: L_D と C_D の直列 → BPFにするための素子: L_{4A}, C_{4A}, L_{4B}, C_{4B}

$$L_{4A} = L_D$$
$$C_{4A} = \frac{1}{\omega_0^2 \cdot L_D}$$
$$L_{4B} = \frac{1}{\omega_0^2 \cdot C_D}$$
$$C_{4B} = C_D$$

〈図8-4〉3次定 K 型 LPF を BPF 化のルールに従って変換する

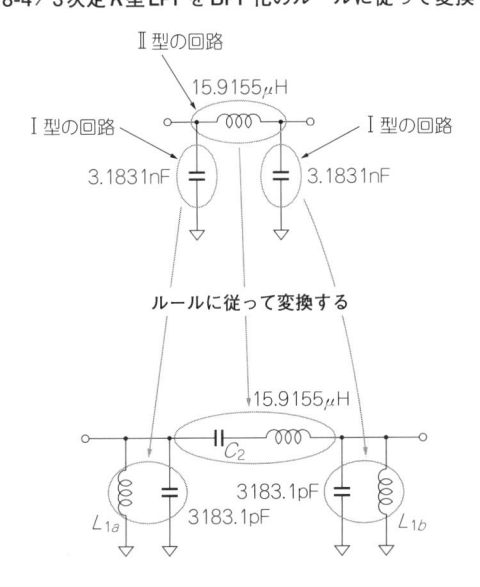

Ⅱ型の回路: 15.9155μH

Ⅰ型の回路: 3.1831nF　　Ⅰ型の回路: 3.1831nF

ルールに従って変換する

15.9155μH, C_2

L_{1a}　3183.1pF　3183.1pF　L_{1b}

〈図8-5〉
設計した3次定K型BPF
（帯域1MHz，中心周波数10MHz，
インピーダンス50Ω）

BPFの変換方法がわかったので，さっそく計算してみます．先の定K型LPFを規則にしたがって変換すると図8-4のようになります．さらに，図8-4のなかのL_{1a}，L_{1b}，C_2を図8-3中の式に従って求めます．これらは次のように計算されます．

$$L_{1a} = L_{1b} = \frac{1}{\omega_0^2 C_A} = \frac{1}{(2\pi \times 10 \times 10^6)^2 \times 3.1831 \times 10^{-9}}$$

$$= \frac{1}{4\pi^2 \times 10^2 \times 10^{12} \times 3.1831 \times 10^{-9}} \fallingdotseq \frac{1}{125.6638 \times 10^5} \fallingdotseq 79.577 \text{ nH}$$

$$C_2 = \frac{1}{\omega_0^2 L_B} = \frac{1}{(2\pi \times 10 \times 10^6)^2 \times 15.9155 \times 10^{-6}}$$

$$= \frac{1}{4\pi^2 \times 10^2 \times 10^{12} \times 15.9155 \times 10^{-6}} \fallingdotseq \frac{1}{628.3188 \times 10^8} \fallingdotseq 15.9155 \text{ pF}$$

以上でバンドパス・フィルタの設計は終わりました．設計した回路は図8-5のようになります．

ここまでがBPF設計の手順です．設計は簡単にできましたが，実際にフィルタを作る場合にはかなり苦労しそうです．というのも，使用するコイルの値が15.9155μH（= 15915.5nH）と79.577nHと，大きく値が違っています．これだと，一方のコイルはとても大きく，もう一方のコイルは小さいということになりかねません．一般に，大きな定数のコイルは浮遊容量や等価直列抵抗が大きく，自己共振周波数やQが低い（性能が悪い）ため，あまり使いたくありません．このまま製作すると，15.9155μHのコイルの性能でBPF全体の性能が決まってしまいます．

実は，このような場合はさらに回路変換を行うことで，うまく回路の定数を変えることができます．この計算回路変換については後述の章でまとめて紹介しました．BPFの設計に慣れたら参考にしてください．

設計したBPFの特性をシミュレーションした結果は図8-6のようになります．

〈図8-6〉設計した3次定K型BPF(帯域1MHz, 中心周波数10MHz, インピーダンス50Ω) のシミュレーション結果

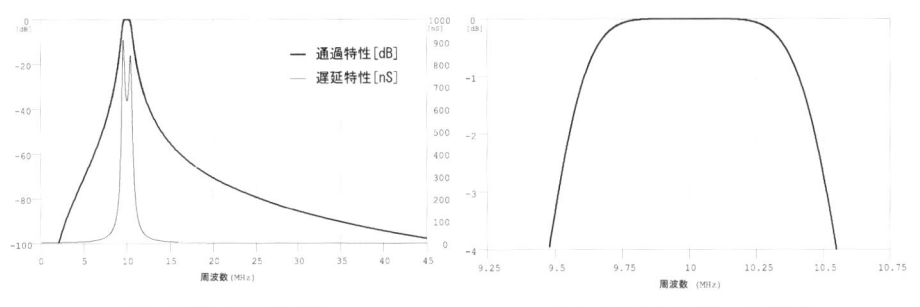

(a) 通過特性と遅延特性

(b) 中心周波数付近の通過特性

〈図8-7〉5〜80MHzの範囲の二つの中心周波数

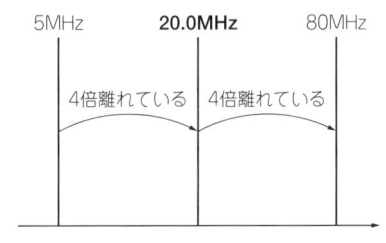

(a) 等しい倍率(4倍)だけ離れた周波数と中心周波数(幾何中心周波数)

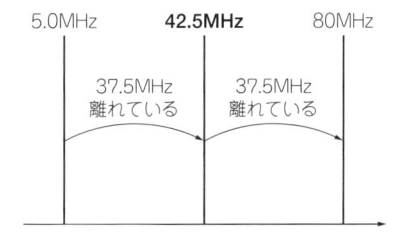

(b) 等しい周波数(37.5MHz)だけ離れた周波数と中心周波数(リニア軸上の中心周波数)

8.2 二つの中心周波数(幾何中心周波数)

ここで疑問があります．図8-6(b)の−3dBの周波数が，それぞれ9.5MHzと10.5MHzからほんの少し高いほうにずれています．中心周波数10MHzで設計したにも関らず，BPFの中心周波数が少しだけ上に移動しているのです．実は，これは中心周波数の考え方の違いに起因しています．

図8-7の(a)と(b)を見比べてください．どちらも5MHzと80MHzの中心周波数を表しています．区別するために，前者を幾何中心周波数，後者を中心周波数(またはリニア軸の中心周波数)と呼ぶことにしましょう．

フィルタの設計の際に使うのは幾何中心周波数で，グラフに特性を表示する際に使うのはリニア軸の中心周波数です．この二つの中心周波数を同じだと思って設計したため，先

〈図8-8〉
対数軸上に描いた図8-6(a)の通過特性

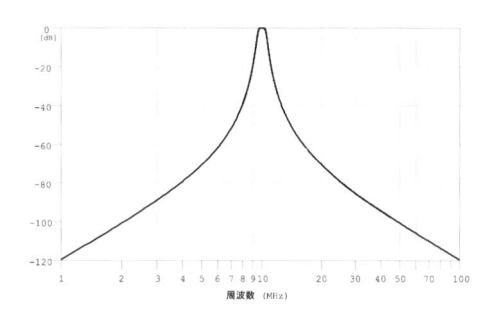

　ほどのようにBPFの形が高い周波数に移動したように見えました．
　BPFの変換の際に用いるω_0は，幾何中心周波数をもとに計算しなければなりません．
　フィルタ特性の形も，リニア軸上では左右対称になりません．しかし，対数軸上に先のBPFの通過特性を描かせると，見事に左右対称になります．このため，ほとんどの測定器には対数軸（ログ・スケール）が用意されています．実際に作ったフィルタの対称性を確認する場合には，**図8-8**のように対数表示の周波数軸を利用すると非常に効果的なことがわかります．
　もし，BPFの端にある二つの遮断周波数が，リニア軸の中心周波数に対して等しくなるように設計したい場合には，次のように幾何中心周波数f_0を計算します．

$$f_0 = \sqrt{f_L \times f_H}$$

　　　f_L：低いほうの遮断周波数
　　　f_H：高いほうの遮断周波数
　先の例では，次のように計算されます．

$$f_0 = \sqrt{10.5 \times 9.5} \fallingdotseq 9.987492 \ [\text{MHz}]$$

この中心周波数を入力して，バンドパス・フィルタの設計をやり直してみます．フィルタの設計に必要なω_0は次のように計算されます．

$$\omega_0 = 2\pi \times 9.987492 \times 10^6 \fallingdotseq 62.75326 \times 10^6$$

この新しいω_0を使って，再度，BPFの素子値であるL_{1a}, L_{1b}, C_2を計算すると，次のようになります．

$$L_{1a} = L_{1b} = \frac{1}{\omega_0^2 C_A} = \frac{1}{(2\pi \times 9.987492 \times 10^6)^2 \times 3.1831 \times 10^{-9}}$$

$$= \frac{1}{4\pi^2 \times (9.987492)^2 \times 10^{12} \times 3.1831 \times 10^{-9}} \fallingdotseq \frac{1}{12.53496 \times 10^6} \fallingdotseq 79.7769\,\text{nH}$$

⟨図8-9⟩ 設計をやり直した3次定K型BPF(帯域1MHz，中心周波数10MHz，インピーダンス50Ω)の中心周波数付近の通過特性

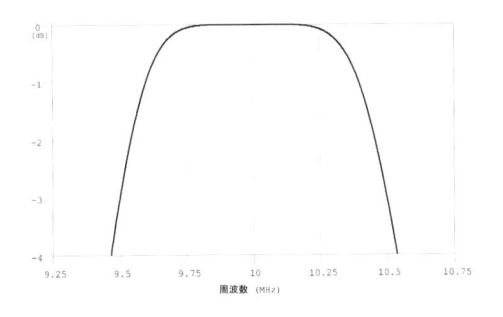

⟨図8-10⟩ 2次定K型LPF(遮断周波数100kHz，インピーダンス600Ω)

$$C_2 = \frac{1}{\omega_0^2 L_B} = \frac{1}{(2\pi \times 9.987492 \times 10^6)^2 \times 15.9155 \times 10^{-6}}$$

$$= \frac{1}{4\pi^2 \times (9.987492)^2 \times 10^{12} \times 15.9155 \times 10^{-6}} \fallingdotseq \frac{1}{62.674794 \times 10^9} \fallingdotseq 15.9553 \, \text{pF}$$

設計したBPFの通過特性のシミュレーション結果を図8-9に示します．シミュレーション結果からもわかるように，設計どおり遮断周波数である9.5MHz，10.5MHzできちんと-3dBとなっています．

例8-2 定K型2次正規化LPFのデータを基にして，通過帯域100kHz，幾何中心周波数500kHz，インピーダンス600Ωの定K型BPFを設計する

【手順1】最初に，目的のBPFと等しい帯域で同じインピーダンスをもったLPFを設計します．ここでは，BPFの帯域が100kHz，インピーダンスが600Ωであることから，帯域100kHz，インピーダンス600ΩのLPFを設計する必要があります．

第2章の図2-17(a)で紹介した定K型2次正規化LPFのデータから，遮断周波数100kHz，インピーダンス600ΩのLPFを設計すると図8-10の回路が得られます(設計方法の詳細は第2章を参照)．

できあがったLPFをⅠ型～Ⅳ型の回路に区別します．2次定K型LPFの場合は，図8-10のようにⅠ型のコンデンサとⅡ型のコイルが使われています．さらに，Ⅰ型とⅡ型の回路を図8-3に示したルールにしたがって変換すると，図8-11のようになります．

変換後に追加されるLやCの値を計算するために必要なω_0は，幾何中心周波数が500kHzの場合には，

第8章 バンドパス・フィルタの設計法

〈図8-11〉2次定K型LPFをバンドパス化のルールに従って変換する

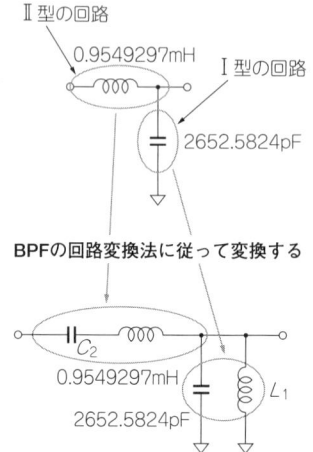

〈図8-12〉設計した2次定K型BPF（幾何中心周波数500kHz，バンド幅100kHz，インピーダンス600Ω）

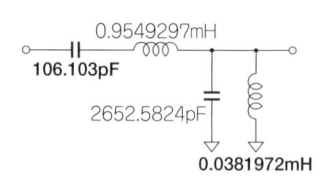

〈図8-13〉設計した2次定K型BPFのシミュレーション結果

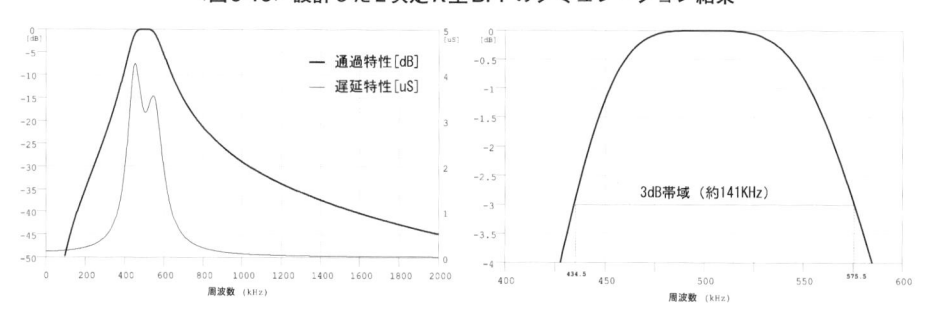

(a) 通過特性と遅延特性

(b) 中心周波数付近の通過特性

$$\omega_0 = 2\pi \times 500 \times 10^3 \fallingdotseq 3.141593 \times 10^6$$

と計算されます．

図8-11中のパラメータL_1，C_2は，先に紹介した式より次のように計算されます．

$$L_1 = \frac{1}{\omega_0^2 C_A} = \frac{1}{(2\pi \times 500 \times 10^3)^2 \times 2652.5824 \times 10^{-12}} \fallingdotseq 38.1972 \mu H$$

$$C_2 = \frac{1}{\omega_0^2 L_B} = \frac{1}{(2\pi \times 500 \times 10^3)^2 \times 0.9549297 \times 10^{-3}} \fallingdotseq 106.103 pF$$

計算を行うと，**図8-12**の回路が得られます．この回路の特性をシミュレーションした結果は**図8-13**のようになります．

〈図8-14〉LPF→BPFの変換は周波数ゼロで対象となる

(a) 元のLPFの通過特性（遮断周波数＝f_c）

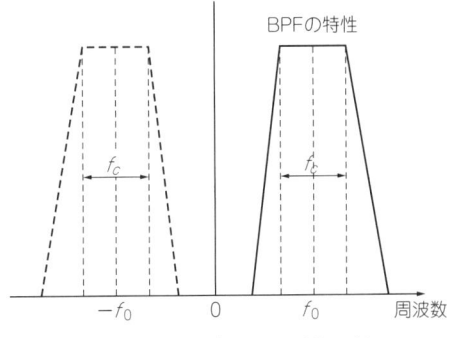

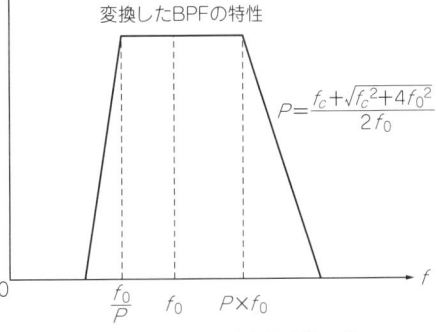

(b) BPF化を行うと（中心周波数＝f_0）

〈図8-15〉実際のLPF→BPFの変換

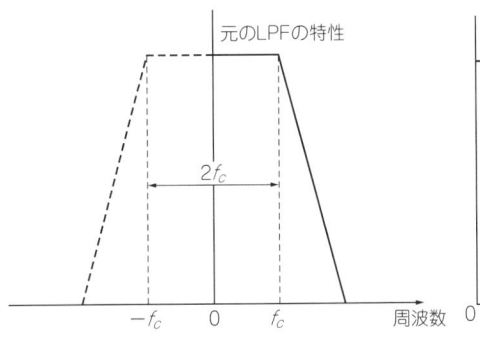

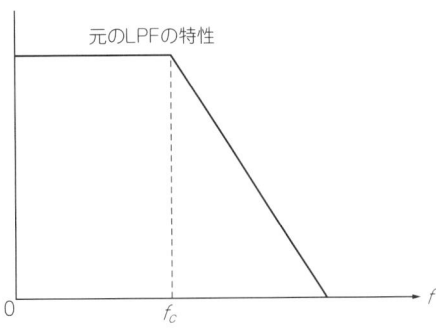

(a) 元のLPFの通過特性（遮断周波数＝f_c）

(b) BPFの通過特性（中心周波数＝f_0）

$$P=\frac{f_c+\sqrt{f_c^2+4f_0^2}}{2f_0}$$

図8-13(b)の特性を見てください．帯域100kHzで設計したはずなのに，約141kHzの帯域になってしまいました．どうしてなのでしょうか．

8.3 LPFの特性との関連

BPFの帯域は，実はBPFへの変換の際に用いたLPFの帯域と密接に関係しています．LPFを，周波数ゼロを中心としたBPFと考え，どのように周波数変換されるかを考えると比較的わかりやすいと思います．BPF化を行うと，**図8-14(a)**の特性が**図8-14(b)**のように，周波数ゼロで対称となるように変換されます．

しかし，実際にはマイナスの周波数は存在しないので，**図8-15**のように変換されます．

〈図8-16〉条件に合うLPFを設計する　　〈図8-17〉誘導m型LPF(遮断周波数1MHz，インピーダンス50Ω)の特性

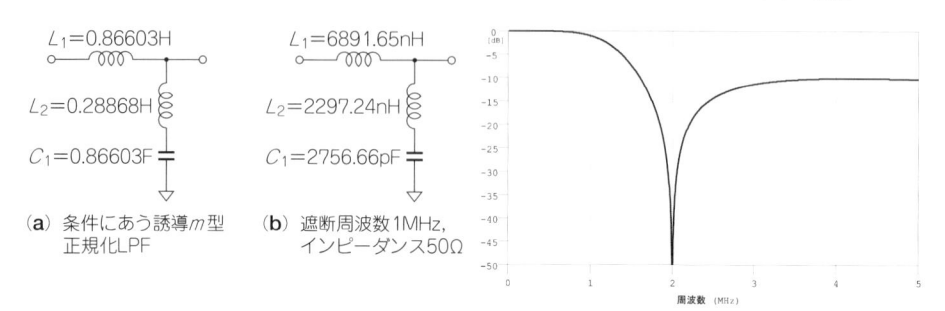

(a) 条件にあう誘導m型正規化LPF
- $L_1 = 0.86603\text{H}$
- $L_2 = 0.28868\text{H}$
- $C_1 = 0.86603\text{F}$

(b) 遮断周波数1MHz，インピーダンス50Ω
- $L_1 = 6891.65\text{nH}$
- $L_2 = 2297.24\text{nH}$
- $C_1 = 2756.66\text{pF}$

遮断周波数f_Cの代わりに，好きな周波数fを入力すると，LPFの周波数fでの通過特性からBPFの通過特性を計算することができます．思い出してください．定K型LPFは，古典的手法で設計されるフィルタでした．そのため，遮断周波数が設計値と大きくずれてしまいます．先の定K型BPFの−3dB帯域が設計値である100kHzとならず，約141kHzとなったのは，BPFの特性が元のLPFの特性をそのまま映しているためです．

ピンとこないかもしれませんので，ノッチをもつ誘導m型フィルタをBPF化してみます．

例8-3 遮断周波数の2倍にノッチをもつ誘導m型LPFを使って，幾何中心周波数10MHz，帯域1MHz，インピーダンス50Ωの誘導m型BPFを設計する

条件に合う誘導m型正規化LPFは，第2章の設計方法より**図8-16(a)**のようになります．

このフィルタに周波数変換，インピーダンス変換を施して，BPFの帯域と同じ周波数の遮断周波数をもつ，1MHz，インピーダンス50ΩのLPFを設計すると，**図8-16(b)**の回路が得られます．また，この回路の特性は**図8-17**のようになります．

図8-16(b)の回路をBPF化のルールに従って変換します．最初に，どの型が使われているか調べます．誘導m型LPFには，Ⅱ型とⅣ型の回路が使われています．BPF化のルールに従って，Ⅱ型とⅣ型の回路を変換すると，**図8-18**のようになります．

図8-18中のパラメータは，**図8-3**に紹介したように，次のように計算します．

$$C_2 = \frac{1}{\omega_0^2 L_B} = \frac{1}{(2\pi \times 10 \times 10^6)^2 \times 6.89165 \times 10^{-6}} \fallingdotseq 36.755\text{pF}$$

$$C_{4A} = \frac{1}{\omega_0^2 L_D} = \frac{1}{(2\pi \times 10 \times 10^6)^2 \times 2.29724 \times 10^{-6}} \fallingdotseq 110.264\text{pF}$$

〈図8-18〉誘導m型LPFをBPF化のルールに従って変換する

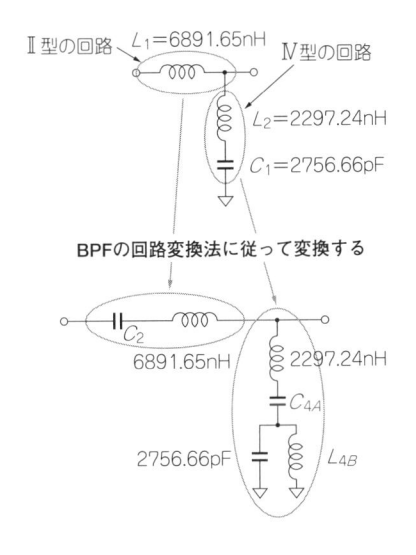

〈図8-19〉設計した誘導m型BPF（幾何中心周波数10MHz，バンド幅1MHz，インピーダンス50Ω）

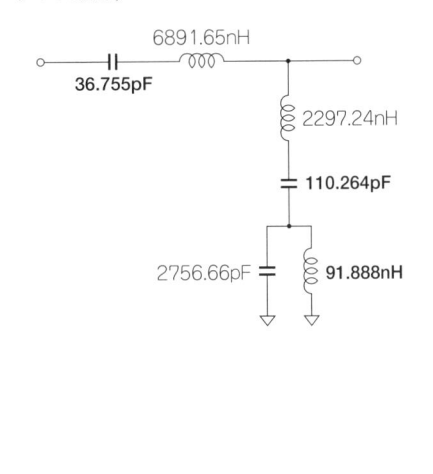

$$L_{4B} = \frac{1}{\omega_0^2 C_D} = \frac{1}{(2\pi \times 10 \times 10^6)^2 \times 2756.66 \times 10^{-12}} \fallingdotseq 91.888 \text{nH}$$

これらの計算から，図8-19で示されるBPFの回路が得られます．

この回路の特性は，図8-20のようになります．元のLPFがもっていたノッチが，BPF化を行っても失われないことがわかると思います．

8.4　BPFの遮断周波数とノッチ周波数を計算する

先に紹介した誘導m型BPF（図8-19）の二つの遮断周波数とノッチ周波数を計算してみます．LPFとの関連の項で説明したように，二つの遮断周波数は次のように計算されます．

$$f_L = \frac{f_0}{P}$$

$$f_H = P f_0$$

ただし，
　f_0：幾何中心周波数
　f_C：遮断周波数

〈図8-20〉
設計した誘導m型BPFのシミュレーション結果

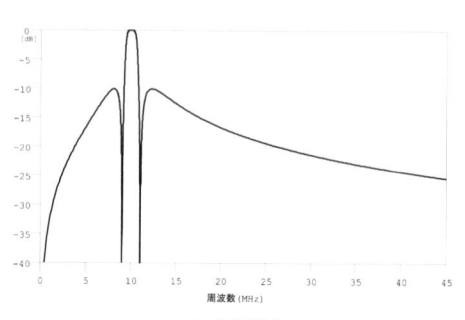

(a) 通過特性

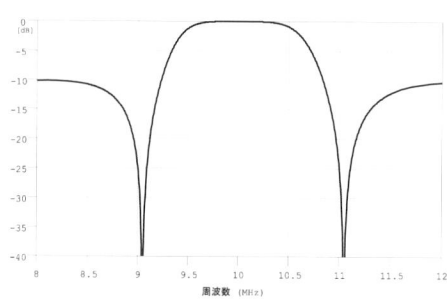

(b) 中心周波数付近の通過特性

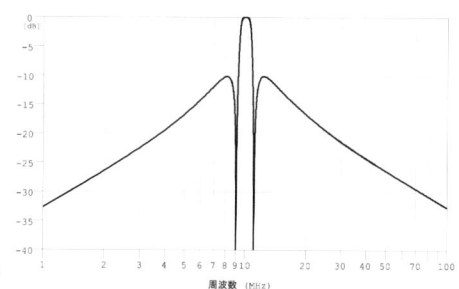

(c) 周波数軸を対数表記にした通過特性

$$P = \frac{f_C + \sqrt{f_C^2 + 4f_0^2}}{2f_0}$$

最初にパラメータPを計算します．$f_C = 1\text{MHz}$，$f_0 = 10\text{MHz}$より，

$$P = \frac{1 \times 10^6 + \sqrt{(1 \times 10^6)^2 + 4(10 \times 10^6)^2}}{2 \times 10 \times 10^6} = \frac{1 + \sqrt{401}}{20} = 1.051249\cdots$$

これより，BPFの遮断周波数は，

$$f_L = \frac{f_0}{P} = \frac{10\text{MHz}}{1.051249} \fallingdotseq 9.51249\text{MHz}$$

$$f_H = P \times f_0 = 1.051249 \times 10\text{MHz} \fallingdotseq 10.51249\text{MHz}$$

と計算されます．

　今，ノッチ周波数は遮断周波数の2倍なので，先の式に遮断周波数$f_C = 1\text{MHz}$の代わりに2MHzを入れて新たなPを計算すると，ノッチ周波数を求めることができます．

$$P = \frac{2 \times 10^6 + \sqrt{(2 \times 10^6)^2 + 4(10 \times 10^6)^2}}{2 \times 10 \times 10^6} = \frac{2 + \sqrt{402}}{20} = 1.1024968\cdots$$

〈図8-21〉
手順どおりにLPFの素子を変更したあとの回路

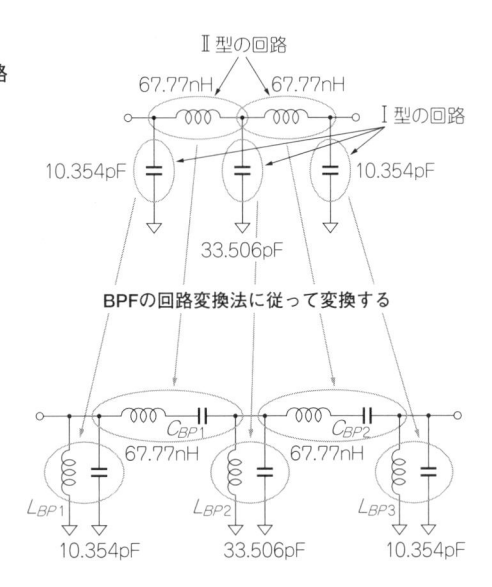

Ⅱ型の回路　Ⅰ型の回路
BPFの回路変換法に従って変換する

これより二つのノッチ周波数f_{NL}(低いノッチ周波数)とf_{NH}(高いノッチ周波数)は，

$$f_{NL} = \frac{f_0}{P} = \frac{10\mathrm{MHz}}{1.1024968} = 9.07032\mathrm{MHz}$$

$$f_{NH} = P \times f_0 = 1.1024968 \times 10\mathrm{MHz} = 11.02497\mathrm{MHz}$$

と計算できます．図8-20(b)のシミュレーション結果と比べると，正しいことがわかります．

例8-4 帯域190MHz，リニア軸の中心周波数500MHz，インピーダンス50Ωの5次バターワース型BPFを設計し，市販のチップ・コイルとコンデンサを使って試作する

　最初に，目的のBPFと等しい帯域幅およびインピーダンスをもったLPFを設計します．ここでは，遮断周波数190MHz，インピーダンス50Ωの5次バターワースLPFが必要になります．
　さらにLPFの構成要素を，Ⅰ型～Ⅳ型に分類します．今回，元になるLPFにはⅠ型とⅡ型の素子が使われています．Ⅰ型，Ⅱ型それぞれの変換方法に従って素子を変換します．
　規則に従って変換すると，図8-21のように変換されるはずです．
　リニア軸上の中心周波数が500MHzであるので，これから幾何中心周波数を計算します．周波数軸をリニアとしたときの中心周波数を500MHz，帯域を190MHzとしましたので，BPFの帯域は次のようになります．バターワース型のフィルタを基にしているので，こ

〈図8-22〉
設計した5次バターワースBPF（幾何中心周波数490.892MHz，リニア中心周波数500MHz，帯域190MHz，インピーダンス50Ω）

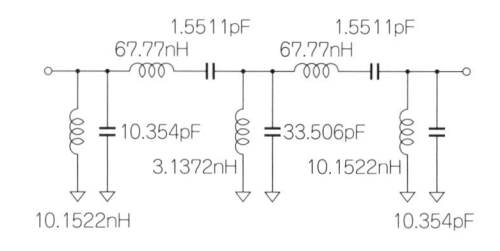

の帯域の端での減衰量は−3dBとなります．

$f_L = 500 - 190 \div 2 = 405\text{MHz}$

$f_H = 500 + 190 \div 2 = 595\text{MHz}$

これから，幾何中心周波数f_0は，

$f_0 = \sqrt{f_L \times f_H} \fallingdotseq 490.892\text{MHz} = 4.90892 \times 10^8 \text{Hz}$

と求められます．

幾何中心周波数を素子の値を求める式に代入すると，**図8-21**の各素子の値は次のように計算されます．

$$C_{BP1},\ C_{BP2} = \frac{1}{(2\pi \times 4.90892 \times 10^8)^2 \times 67.770 \times 10^{-9}} \fallingdotseq 1.5511\text{pF}$$

$$L_{BP1},\ L_{BP3} = \frac{1}{(2\pi \times 4.90892 \times 10^8)^2 \times 10.354 \times 10^{-12}} \fallingdotseq 10.1522\text{nH}$$

$$L_{BP2} = \frac{1}{(2\pi \times 4.90892 \times 10^8)^2 \times 33.506 \times 10^{-12}} \fallingdotseq 3.1372\text{nH}$$

これより，目的のBPFは**図8-22**のようになります．**図8-23**が，このBPFの特性をシミュレーションしたものです．目的どおりの特性が得られているので，さっそく作ってみます．

試作には，**写真8-1**のように，市販のチップ・コンデンサとチップ・コイルを使いました．ベクトル・ネットワーク・アナライザ（マイクロ波帯の伝送特性測定装置）で測定した試作フィルタの特性を**図8-24**に示します．コイルの直列抵抗や並列容量，それにコンデンサの直列インダクタの影響などで理想どおりとはいきませんが，BPFの特性が得られています．通過帯域の両脇のノッチは，主にグラウンドの寄生インダクタンスによるものです．これについては，共振器容量結合型BPFの章（第11章）で詳しく紹介していますので，そちらを参照してください．

8.4 BPFの遮断周波数とノッチ周波数を計算する　159

〈図8-23〉設計したBPFのシミュレーション結果

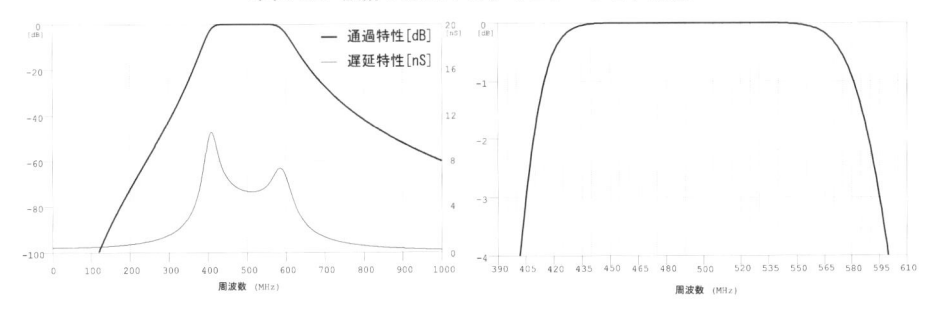

(a) 通過特性と遅延特性

(b) 中心周波数付近の通過特性

〈写真8-1〉
試作したBPFの外観(グラウンドと接続するコンデンサはチップ・コイルの下)

〈図8-24〉試作したBPFの実測特性

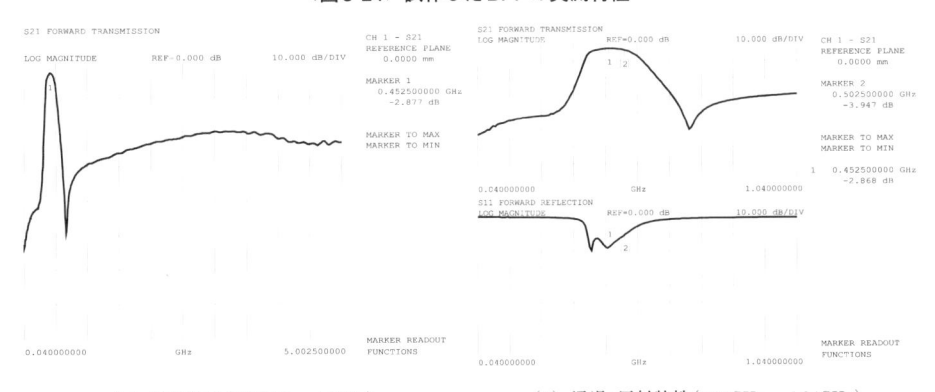

(a) 通過特性(0.04GHz～5GHz)

(b) 通過/反射特性(0.04GHz～1.04GHz)

8.5　型の違うBPFの特性を比較する

BPFの特性がフィルタの型でどの程度違うのかを比較してみます．

幾何中心周波数10MHz，帯域1MHz，次数3次，インピーダンス50ΩのBPFで比較してみました．各フィルタの回路は図8-25(a)～(e)のようになります．シミュレーション結果を図8-26～図8-28に示します．

遅延特性を表した図8-27を見るとわかりますが，ガウシャン型BPFやベッセル型BPFが良好な遅延特性を示しています．しかし，LPFの特性と同様に，あまり遮断特性が良くありません．

群遅延特性に急激な変化のないガウシャン型フィルタは，過渡特性に優れています．そ

〈図8-25〉比較するBPFの回路

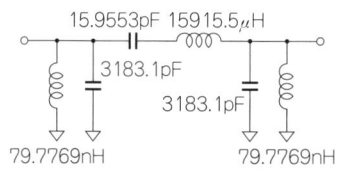

(a) 3次バターワースBPF(帯域1MHz，中心周波数10MHz，インピーダンス50Ω)

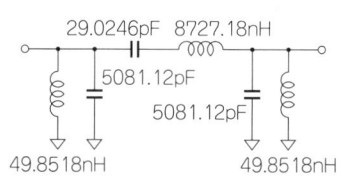

(b) 3次チェビシェフBPF(等リプル帯域1MHz，中心周波数10MHz，インピーダンス50Ω，帯域内リプル0.5dB)

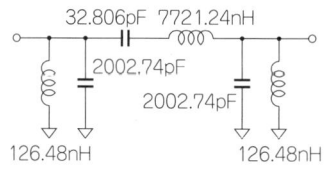

(c) 3次チェビシェフBPF(等リプル帯域1MHz，中心周波数10MHz，インピーダンス50Ω，帯域内リプル0.01dB)

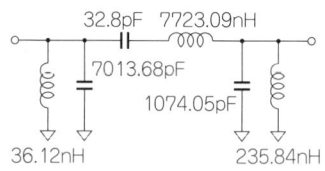

(d) 3次ベッセルBPF(帯域1MHz，中心周波数10MHz，インピーダンス50Ω)

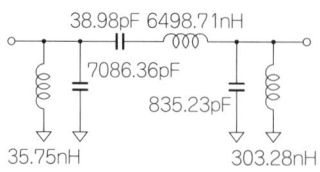

(e) 3次ガウシャンBPF(帯域1MHz，中心周波数10MHz，インピーダンス50Ω)

のため，有名なところではスペクトラム・アナライザの測定帯域（RBW；Resolution Band Width）を決めるバンドパス・フィルタに使われています．過渡応答が良いため，スペクトラム・アナライザの測定速度を，他の型のフィルタを使った場合に比べ速くすることができます．ここに，別のタイプのフィルタを使うと，掃引速度を速くした場合の歪みが増えるため，高速掃引の際の測定誤差が大きくなります．

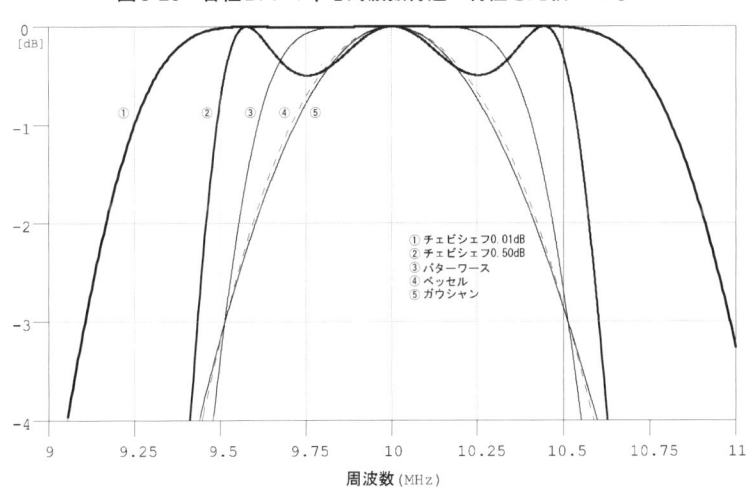

〈図8-26〉各種BPFの中心周波数付近の特性を比較したもの

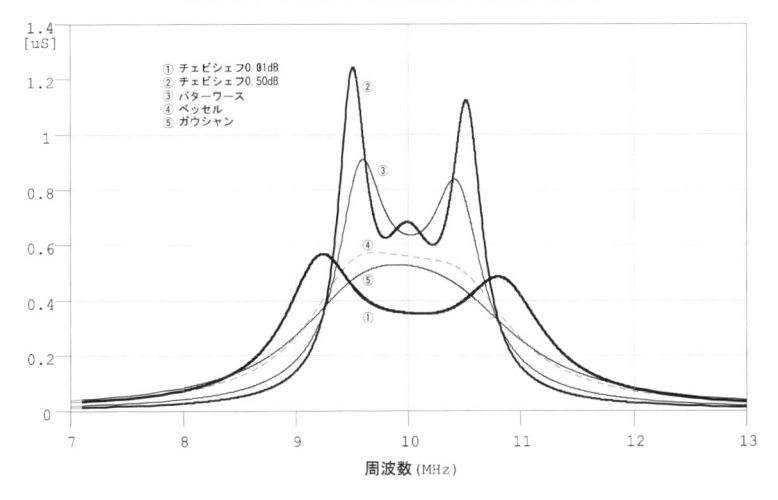

〈図8-27〉各種BPFの遅延特性を比較したもの

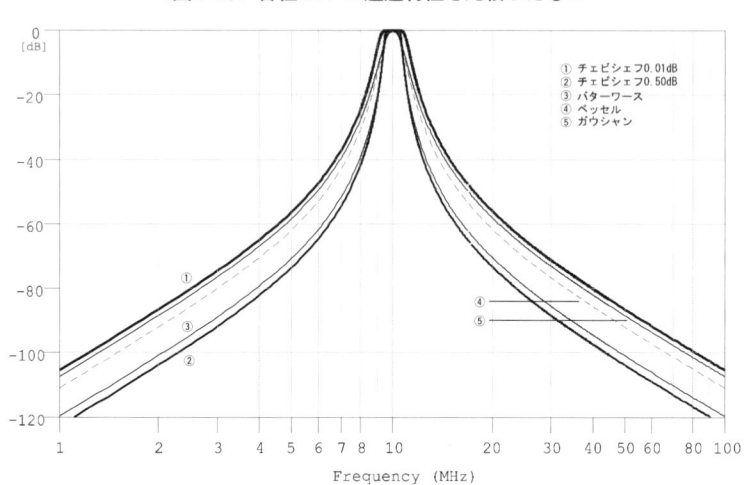

〈図8-28〉各種BPFの通過特性を比較したもの

① チェビシェフ0.01dB
② チェビシェフ0.50dB
③ バターワース
④ ベッセル
⑤ ガウシャン

〈図8-29〉
スペクトラム・アナライザのフィルタ
（10.7MHz用IFフィルタの例）

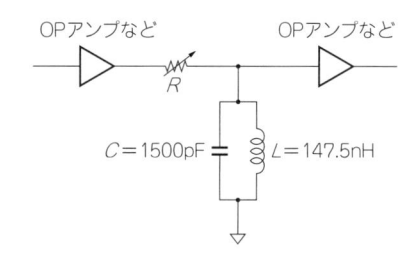

$C=1500$pF　$L=147.5$nH

アナログ・フィルタを使用したスペクトラム・アナライザでは，帯域を決めるためにLCフィルタとクリスタル・フィルタが併せて使われています．クリスタル・フィルタは比較的狭い帯域を受け持ち，LCフィルタは広い帯域を受け持ちます．LCフィルタは図8-29のような回路であり，フィルタの帯域は抵抗Rを変えることで変更します．広い帯域が欲しい場合にはRを小さくし，狭い帯域が欲しい場合にはRを大きくします．ただし，Rが小さすぎると前段のアンプでLC共振回路を駆動できなくなりますし，Rが大きいと抵抗Rから発生する熱雑音が無視できなくなります．

　スペクトラム・アナライザのRBWは，このフィルタを数段(4～5段)重ねることで作られています．抵抗Rは，先の理由より数十Ωから数kΩの範囲の値を選びます．**図8-30**は，中心周波数10.7MHzのBPFのRを変えてシミュレーションした結果です．帯域を広げすぎると，リニア・スケールでのフィルタの形が左右非対称になります．

〈図8-30〉
10.7MHz用IFフィルタの特性

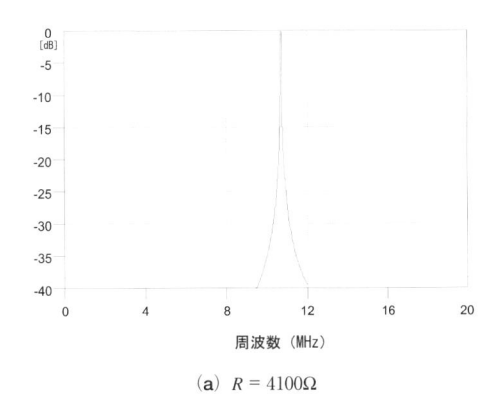

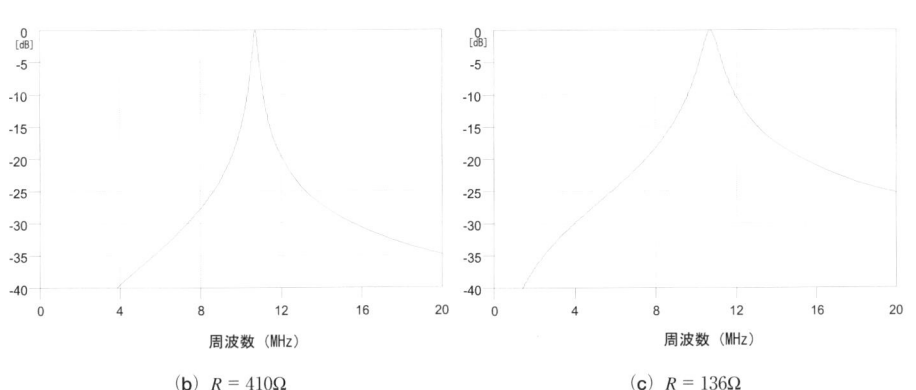

(a) $R = 4100\Omega$

(b) $R = 410\Omega$

(c) $R = 136\Omega$

仮に，このフィルタを5個使って，RBWを決めるフィルタを作るとします．その場合，抵抗Rとフィルタ5段の帯域は，**表8-1**のようになります．

実際のフィルタでは，LC並列回路のQが無限大ではないので，Rを変えるとフィルタのロスが変わり好ましくありません．つまり，帯域を狭くするにつれ(Rを大きくするにつれ)，フィルタのロスが増えます．この影響を減らすには，**図8-31**のように，正帰還を使うとよいでしょう．正帰還量を決めるR_1を適当に選ぶことで，帯域を決めるRを変えた場合のロスの変化を少なくすることができます．

市販のスペクトラム・アナライザでは，コンピュータが内蔵されており，帯域を変化させた場合のロスの変化は自動的に補正されますが，スペクトラム・アナライザを自作する場合，このロスの変化を補うことは意外に大変なので，切り替え誤差を少なくすることは大切です．

〈表8-1〉抵抗と帯域の関係

抵抗R	帯域(3dB)
4.1kΩ	10kHz
1.3kΩ	30kHz
410Ω	100kHz
340Ω	120kHz
136Ω	300kHz
41Ω	1MHz

〈図8-31〉正帰還を使ってフィルタのQを高める方法

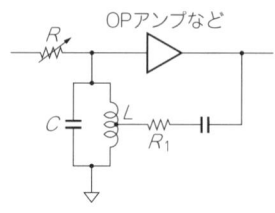

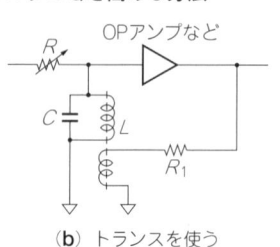

(a) タップ付きのコイルを使う

(b) トランスを使う

〈図8-32〉LPFをBPF化のルールに従って変換する

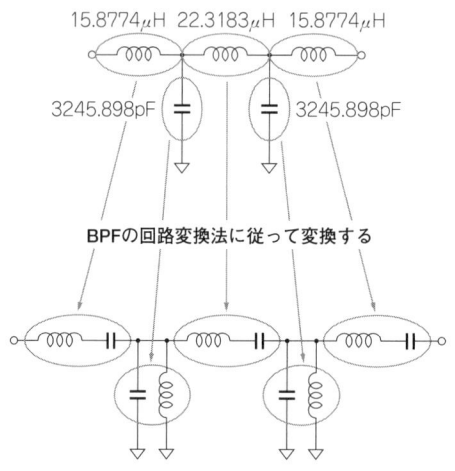

〈図8-33〉設計したAM放送バンド用BPF（インピーダンス50Ω）

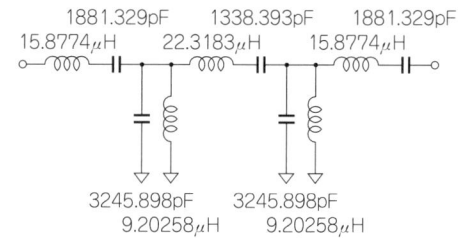

BPFの回路変換法に従って変換する

例8-5 AM放送バンド（530〜1600kHz）用のBPFを設計する．帯域内の許容リプルは1dBとし，インピーダンス50Ωで設計する

5次チェビシェフ型を使って設計してみます．1dBの等リプルをもつ，5次チェビシェフ型正規化フィルタは第4章を参照してください．

必要なBPFの帯域は，

$1600 - 530 = 1070\text{kHz}$

と計算されるので，等リプル帯域1070kHz，インピーダンス50ΩのLPFを最初に設計する必要があります．このLPFをBPF化のルールに従ってBPFに変換すると，図8-32のような回路になります．

次にパラメータを求めるため，幾何中心周波数を計算します．$f_L = 530\text{kHz}$, f_H

8.5 型の違うBPFの特性を比較する

〈図8-34〉設計したAM放送バンド用BPFのシミュレーション結果

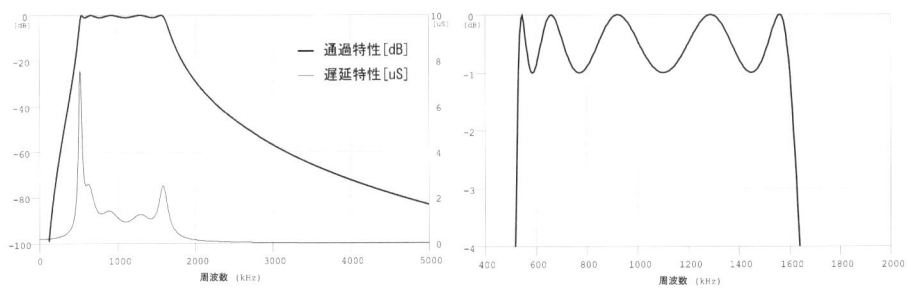

(a) 通過特性と遅延特性

(b) 中心周波数付近の通過特性

〈図8-35〉
3次チェビシェフ型LPF（π形，等リプル帯域20MHz，インピーダンス50Ω，リプル0.5dB）

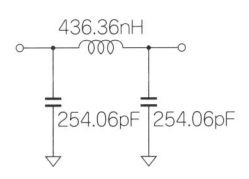

436.36nH
254.06pF 254.06pF

=1600kHzから，幾何中心周波数f_0は，次の式のように計算されます．

$$f_0 = \sqrt{f_L \times f_H} \fallingdotseq 920.869\text{kHz}$$

先に紹介した式を使って，各素子の値を計算すると，最終的に図8-33のような回路が得られます．このフィルタの特性をシミュレーションした結果は図8-34のようになります．

このフィルタも一見すると非対称に見えますが，周波数軸を対数に直すと対称になります．

このフィルタは，近くに強力な短波の送信所があるなどして，AMラジオの入力段が飽和するような場合に使用できます．もっとも，ほとんどのAMラジオの入力段は同調型となっているので，普通の用途でこのようなフィルタが必要なことはまれかもしれません．

例8-6 130～150MHzのBPFを設計する．帯域内の許容リプルは0.5dBとし，インピーダンス50Ωで設計する．基本回路を設計後，本書後半で紹介するイマジナリ・ジャイレータ変換を用いてコイルの値を揃える

3次チェビシェフ型を使うことにします．必要なLPFは，BPFの等リプル帯域が20MHzなので，等リプル帯域20MHz，インピーダンス50Ωとなります．このLPFは図8-35のようになります．

次に，幾何中心周波数を計算します．バンドの端の周波数は130MHzと150MHzなので，幾何中心周波数f_0は次のように計算されます．

〈図8-36〉設計したBPF（帯域130～150MHz，インピーダンス50Ω，帯域内リプル0.5dB）

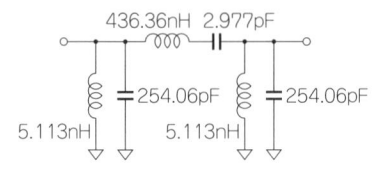

〈図8-37〉本書後半で紹介するイマジナリ・ジャイレータを使って変形したBPF

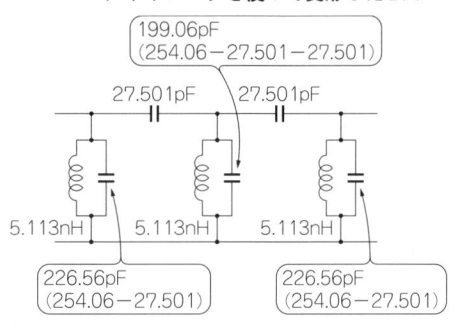

〈図8-38〉設計したBPFのシミュレーション結果

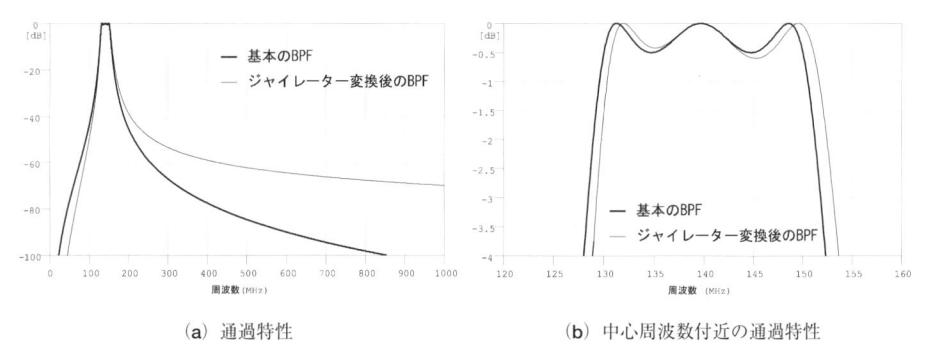

（a）通過特性

（b）中心周波数付近の通過特性

$$f_0 = \sqrt{130 \times 10^6 \times 150 \times 10^6} \fallingdotseq 139.6424 \text{MHz}$$

　LPFの設計値と幾何中心周波数が計算できたので，BPF化を行います．BPF化を行うと，**図8-36**のような回路になります．

　このバンドパス・フィルタを，第10章の10.7節で紹介しているイマジナリ・ジャイレータを使って，LC直列共振回路をLC並列共振回路に置き換え，使用するコイルの値をすべて同じ値（5.113nH）になるように変形すると，最終的に**図8-37**のような回路が得られます．

　元のBPF（**図8-36**）とイマジナリ・ジャイレータ変換後の回路（**図8-37**）の特性は，**図8-38**のようになります．

　空芯コイル（5.1nH）とチップ・コンデンサ（200pF，220pF，22pF）を使って**写真8-2**のように製作してみました．空芯コイルは，1.5mmのドリルの刃に2回巻き線を巻き付けて

〈写真8-2〉
空芯コイルを使って製作したBPF

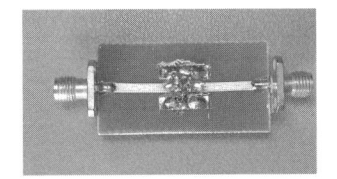

(a) 全体の外観

(b) 拡大

〈写真8-3〉
製作した130〜150MHz BPFの通過特性(10〜310MHz, 10dB/div.)

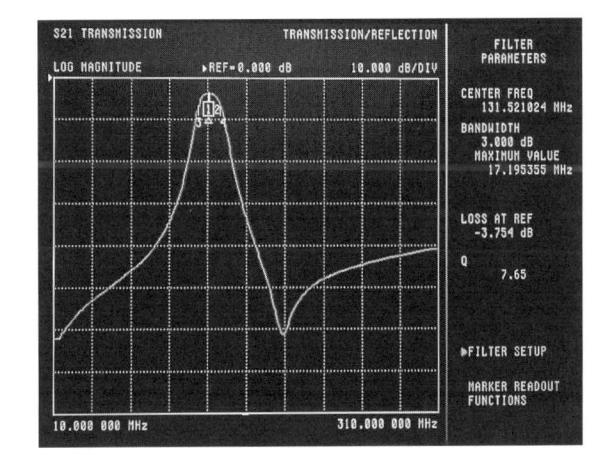

自作したものです(空芯コイルの設計方法については第15章で述べる).

ベクトル・ネットワーク・アナライザを使った測定結果を**写真8-3**に示します．共振器容量結合型BPFの章で詳しく説明していますが，コンデンサの寄生インダクタンス，基板の表と裏を接続する導体のインダクタンスのため，阻止域にノッチが生じ中心周波数が下がるなど，シミュレーションどおりの特性が得られていません．

高い周波数では，部品の性能だけではなく，実装時に付加される寄生インダクタンスや浮遊容量にも考慮し設計する必要があります．

例8-7 幾何中心周波数50MHz，等リプル帯域30MHzである2次チェビシェフ型BPFを設計する．帯域内の許容リプルは1dBとし，インピーダンス50Ωで設計する

第4章より，リプルが1dBである2次の正規化チェビシェフLPFを求めます．このデータをもとに，BPFに必要な等リプル帯域30MHz，インピーダンス50ΩのLPFを設計しま

〈図8-39〉2次チェビシェフ型LPFをBPF化のルールに従って変換する

〈図8-40〉結合コンデンサを追加する

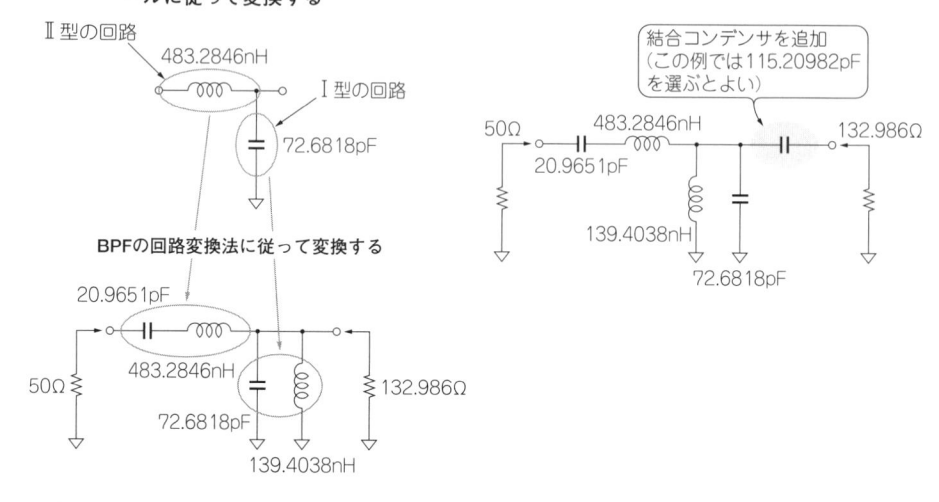

〈図8-41〉元のフィルタと結合コンデンサを追加したフィルタの特性比較

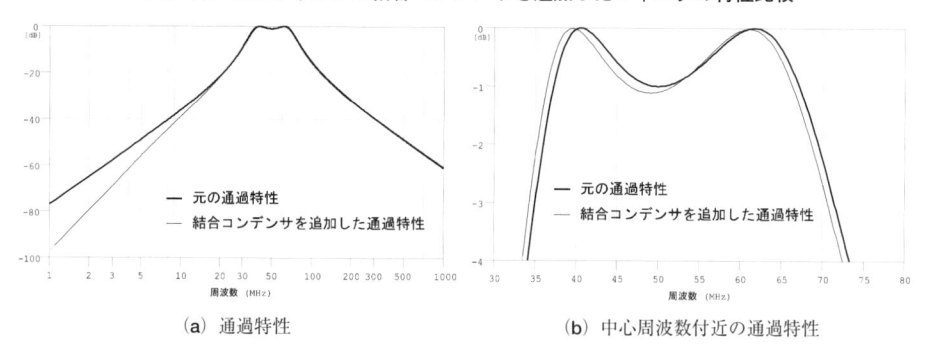

(a) 通過特性

(b) 中心周波数付近の通過特性

す．正規化LPFに周波数変換とインピーダンス変換を施すと，**図8-39**の上のような回路が得られます．次に，BPF化のルールに従いBPFに変換します．このフィルタもⅠ型とⅡ型の回路だけなので，**図8-39**の下のように変換されます．

ここまでが，BPFの設計手順です．次に，右側のポートのインピーダンスが132.986Ωとなっているので，第10章の10.8節で紹介している「結合コンデンサを追加するテクニック」を使い，右側のポートのインピーダンスを50Ωに変換します．

設計したBPFに**図8-40**のように結合コンデンサを追加します．コンデンサの容量が十

〈図8-42〉
ノートン変換を使ってコンデンサ＋トランスをコンデンサ3個の回路に変する

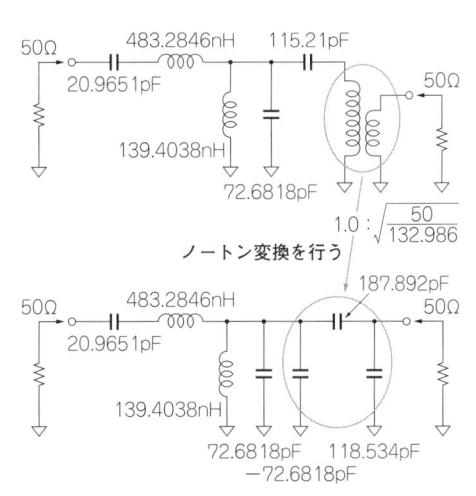

〈図8-43〉
適当な値の結合コンデンサを追加してインピーダンス変換を行った2次チェビシェフ型BPF

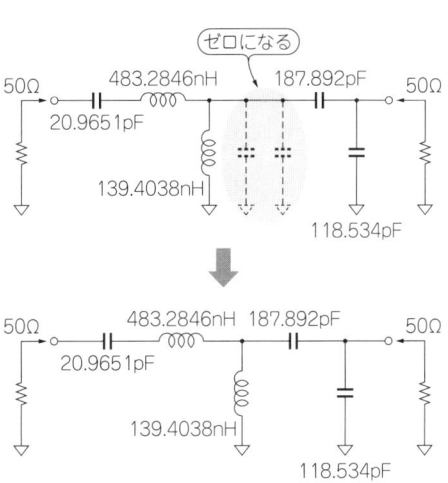

分に大きな値であれば，コンデンサがない場合との特性差がほとんどありません．どんな値でもよいのですが，ここでは115.20982pFとします．この値を選ぶ理由はあとでわかります．

　コンデンサを追加したため，**図8-41**のように，元の特性と比べると，特性が若干変わってしまいます．

　さらに，計算のために便宜上のトランスを入れ，**図8-42**のようにフィルタの右側のインピーダンスを50Ωに変換します．トランスを入れると，コンデンサ＋トランスの回路

〈図8-44〉設計した5次バターワースBPF
（幾何中心周波数400MHz，インピーダンス50Ω）

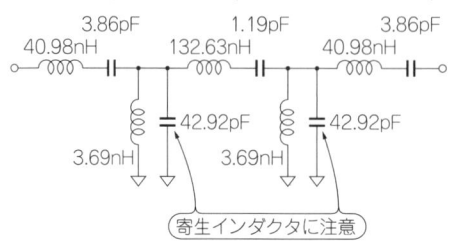

〈図8-45〉設計した5次バターワースBPFの通過特性（寄生インダクタがある場合も併記）

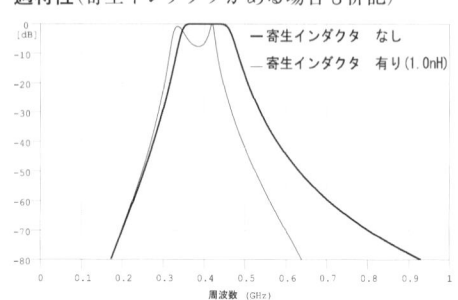

が現れますので，これをノートン変換を使ってコンデンサ3個の回路に変換します（ノートン変換については計算例も含め第10章で詳しく紹介する）．

図8-42の回路をまとめると，図8-43のようになります．図8-43の回路の特性は，先に紹介した図8-41の結合コンデンサを追加した特性とまったく同じ特性を示します．

例8-8 幾何中心周波数400MHz，インピーダンス50Ω，帯域30％の5次バターワース型BPFを製作する

設計のおもな手順は，先に説明したように，正規化バターワース5次LPFの遮断周波数とインピーダンスを変更し，BPFを行うことです．第3章の図3-16（d）で紹介した5次正規化バターワースLPFの回路から，インピーダンス変換，周波数変換を行って設計した幾何中心周波数400MHzのバターワース5次BPFは図8-44のようになります．この回路のシミュレーション特性を図8-45に示します．

図8-44の回路を，空芯コイルとチップ・コンデンサを使って製作してみます．使用した空芯コイルの設計データは表8-2のとおりです．コイルのインダクタンス値は，配線のインダクタンスを考慮して約93％の値としています．

また，第3章で紹介したとおり，スルー・ホールの影響を減らすために基板の両面を使ってフィルタを製作します（写真8-4）．フィルタの全体のようすを写真8-5に示します．

しかし，このフィルタを実際に測定しても，シミュレーションどおりの結果を得ることはかなり難しいでしょう．というのも，この周波数ではコンデンサの寄生インダクタが無視できないからです．フィルタを構成する二つの共振回路のうち，LC直列回路のコンデンサの寄生インダクタは，共振回路のコイルの値をあらかじめ少なくしておくことで影響をなくすことができます．

8.5 型の違うBPFの特性を比較する

〈表8-2〉使用した空芯コイルの設計データ

インダクタンス値	直径	巻き数	長さ
3.43nH	2.0mm	2	3.71mm
38.12nH	3.5mm	4	3.49mm
123.38nH	6.0mm	5	4.48mm

〈写真8-4〉スルー・ホールの影響を減らすため基板の両面に部品を配置

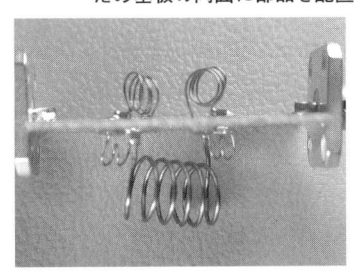

〈写真8-5〉製作した400MHz帯域30%のBPFの外観

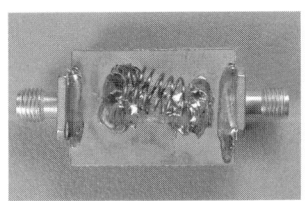

(a) 表面　　(b) 裏面(グラウンド)

　一方，LC並列回路のコンデンサに寄生するインダクタは，フィルタの特性に大きな影響を与えます．たとえば，42.92pFのコンデンサの寄生インダクタが1nHであると仮定します．たった1nHなのですが，BPFの特性は図8-45の「寄生インダクタあり」に示すように大きく崩れてしまいます．この1nHという値は，汎用のチップ型セラミック・コンデンサの寄生インダクタと同等の値です．ディスク型セラミック・コンデンサなど，ほかのコンデンサでは一般に寄生インダクタの値はもっと大きく，フィルタ全体の特性はもっと崩れた特性になります．

　シミュレーションに近いフィルタの特性を得るには，寄生インダクタの値が小さいコンデンサを選ぶ必要がありますが，ゼロにすることはできません．そこで，コンデンサの寄生インダクタンスが無視できない周波数のフィルタを製作する場合，シミュレーションに近いフィルタ特性を得たい場合には，コンデンサの寄生インダクタンスを含めたLC並列共振回路の共振周波数を正確に幾何中心周波数に合わせます．

　試作では，コンデンサの値を設計値の42.92pFから20pFへ約半分に減らし，寄生インダクタを含んだLC共振回路の共振周波数を400MHzとしました．**写真8-6**は調整後のBPFの測定結果です．

〈写真8-6〉
製作した5次バターワースBPFの調整後の特性 10MHz〜2GHz, 10dB/div.)

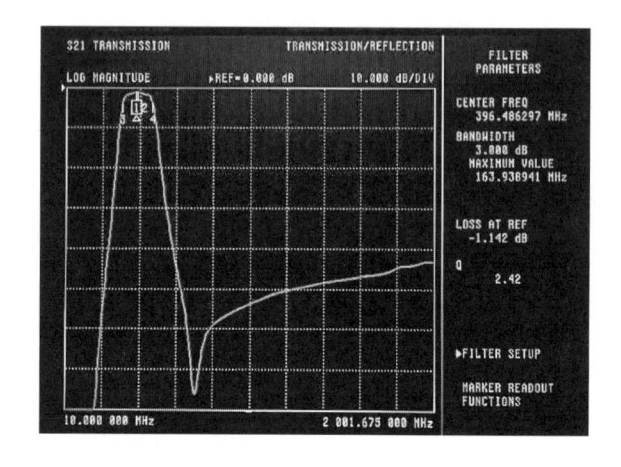

例8-9 TVチャネル用帯域通過フィルタを設計する．フィルタの型はバターワース3次を用い，インピーダンスは50Ωと75Ωで設計する

TVチャネルの周波数は，表8-3のように割り当てられています．

この表から幾何中心周波数と帯域を求めます．バターワース型の場合，帯域の端での挿入損失は−3dBとなるため，設計帯域はチャネルの帯域より10％広い値としました．VHF_1，VHF_2，UHFフィルタの設計仕様は表8-4のようになります．

3次バターワース型正規化LPFをBPF化の手順に従って変換します．計算を行うと，各フィルタの素子値は表8-5のようになります．

これらフィルタの通過特性を図8-46に示します．図(a)が1〜3ch用のBPF，図(b)が4〜12ch用のBPF，図(c)が13〜62ch用BPFの通過特性です．シミュレーション結果からも，仕様どおりの特性が得られていることがわかります．

TV用受信ブースタを自作する場合に，アンプの前後にこのようなBPFを入れると，TV帯域外の信号で受信ブースタやTVのミキサなどが歪むのを抑えることができます．また，市販のブースタの多くには，ゲイン調整用のボリューム付きのものや，ゲインの異なるいくつかの機種が用意されています．これは，受信ブースタのゲインを上げすぎると，近くの放送局の強い電波でTVのフロントエンドが歪んでしまうのを防ぐためです．帯域内が均一のゲインである受信ブースタを使うと，近くの放送局の強い電波で受信機が歪んでしまうので，受信ブースタのゲインをあげることはできず，遠くの放送局の電波を必要なレベルにまで増幅することができません．

自作する場合には，BPFの中心周波数を移動するとかノッチ・フィルタを使うなどし

8.5 型の違うBPFの特性を比較する

〈表8-3〉TVチャネルと周波数

チャネル	周波数
1〜3ch	90〜108MHz
4〜12ch	170〜222MHz
13〜62ch	470〜770MHz

〈表8-4〉TVチャネル用BPFの設計仕様

帯域	18MHz
10%広い帯域	19.8MHz
幾何中心周波数	98.5901MHz

(a) VHF_1 フィルタ

帯域	52MHz
10%広い帯域	57.2MHz
幾何中心周波数	194.2679MHz

(b) VHF_2 フィルタ

帯域	300MHz
10%広い帯域	330MHz
幾何中心周波数	601.5812MHz

(c) UHFフィルタ

〈表8-5〉TV用BPFの設計データ

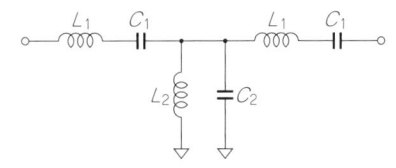

バンド	L_1 [nH]	C_1 [pF]	L_2 [nH]	C_2 [pF]
VHF_1	401.906	6.484	8.105	321.525
VHF_2	139.121	4.824	6.031	111.297
UHF	24.114	2.903	3.628	19.292

(a) 50Ωで設計したTV用BPF

バンド	L_1 [nH]	C_1 [pF]	L_2 [nH]	C_2 [pF]
VHF_1	602.860	4.323	12.158	214.350
VHF_2	208.682	3.216	9.046	74.198
UHF	36.172	1.935	5.442	12.861

(b) 75Ωで設計したTV用BPF

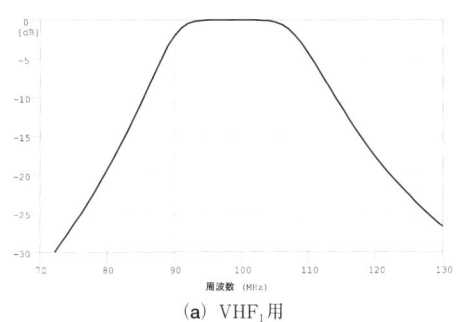

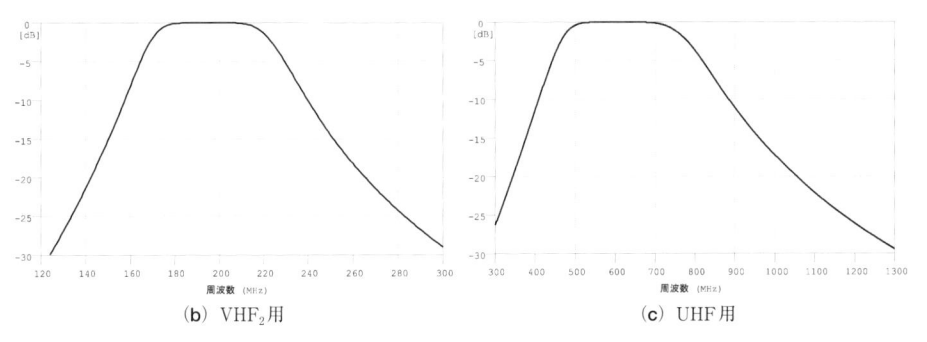

〈図8-46〉
設計したTV用BPFの通過特性

(a) VHF_1 用

(b) VHF_2 用

(c) UHF用

〈図8-47〉
三つのBPFを合成した回路（50Ω）

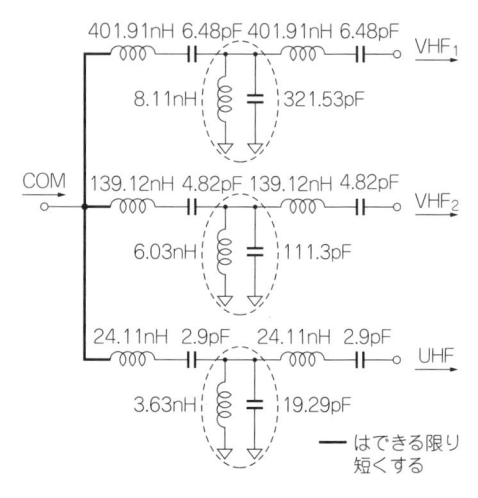

〈図8-48〉
三つのBPFを合成した回路の通過特性

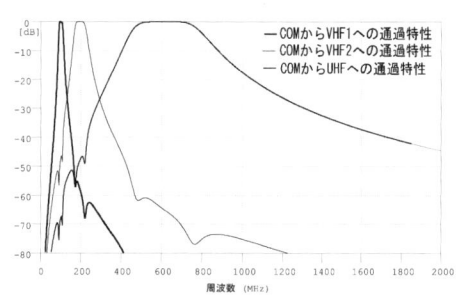

て，近くの放送局の信号と遠くの放送局の信号レベルが同じになるように工夫すると良い結果が得られます．なお，ここで設計した三つのフィルタは，各バンドが十分に離れているので図8-47のように合成することができます．

図8-47の特性は，図8-48のようになります．このような特性を得るためには，図8-47のCOM端子から各BPFへの配線をできるかぎり短くする必要があります．また，それぞれのBPFの特性と比較すると，BPFの周波数が離れているとはいえ三つのBPFが互いに影響しあっていることがわかります．

実際にこのBPFを製作する場合には，先の例8-8でも説明したように，LC並列共振回路（図8-47の点線で囲った回路）に使われているコンデンサの寄生インダクタンスの影響が無視できません．コンデンサの寄生インダクタンスのためLC並列共振回路の共振周波数が下がってしまい，フィルタの形がかなり崩れてしまいます．製作する場合には，設計

〈図8-49〉
LC並列共振回路の共振周波数の測定方法

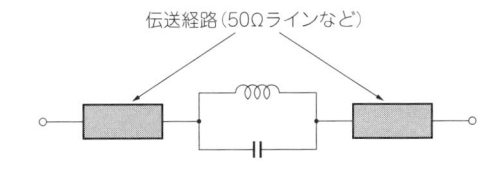

伝送経路（50Ωラインなど）

〈表8-6〉TV用BPFを製作するために必要な空芯コイルの設計データ

(a) 50Ω用

コイル値 [nH]	直径 [mm]	巻き数 [回]	コイル長さ [mm]
401.91	10.0	7	7.49
	9.0	8	8.65
	8.0	8	6.43
	7.0	9	6.58
139.12	10.0	3	2.11
	9.0	4	5.12
	8.0	5	7.73
	7.0	5	5.51
	6.0	6	6.48
24.11	6.0	2	3.18
	5.0	3	6.96
	4.0	3	4.09
	3.0	4	4.55
8.11	3.0	2	3.02
	2.5	2	1.91
	2.0	3	3.49
	1.5	4	3.72
6.03	3.0	2	4.55
	2.5	2	2.96
	2.0	2	1.72
	1.5	3	2.66
3.63	2.0	2	3.46
	1.5	2	1.77
	1.0	3	2.00

(b) 75Ω用

コイル値 [nH]	直径 [mm]	巻き数 [回]	コイル長さ [mm]
602.86	11.0	8	7.69
	10.0	9	8.73
	9.0	10	9.19
	8.0	12	11.50
208.68	10.0	4	3.15
	9.0	5	5.50
	8.0	6	7.27
	7.0	6	5.17
	6.0	6	5.62
36.17	6.0	3	6.13
	5.0	3	3.87
	4.0	3	5.19
	3.0	4	4.80
12.16	3.0	3	5.24
	2.5	3	3.44
	2.0	3	2.02
	1.5	4	2.25
9.05	3.0	2	2.57
	2.5	3	5.02
	2.0	3	3.03
	1.5	4	3.26
5.44	2.0	2	2.00
	1.5	3	3.00
	1.0	5	4.10

　値よりも少ない値のコンデンサやコイルの値を選んで，LC並列共振回路の共振周波数を幾何中心周波数に合わせると，シミュレーション結果に近いフィルタの特性が得られます．

　並列共振回路の共振周波数を測定するには，**図8-49**のように線路間に並列共振回路を挿入して測定します．共振周波数にて鋭いノッチが得られるので，共振回路測定治具などを使って共振周波数を知ることができます．

　TV用BPFを製作するために必要な空芯コイルの設計データを**表8-6**に紹介しておきます．この設計データは，第15章で紹介している空芯コイルの設計式を使って計算したものです．

第9章
バンド・リジェクト・フィルタの設計法
―HPFのデータを変換して素子値を計算する―

　帯域阻止フィルタは，英語ではバンド・リジェクト・フィルタ(Band Reject Filter)と呼ばれます．BRFという名称は，英単語の三つの頭文字をくっつけた略称で，広く使われています．ただし，BRFはBEF(Band Elimination Filter)と呼ばれる場合もあります．

　この帯域阻止フィルタ(BRF)の設計も実に簡単で，手順どおりに作業を行えば設計することができます．作業は大きく二つに分かれています．正規化ローパス・フィルタから正規化ハイパス・フィルタを求める作業と，その求めた正規化ハイパス・フィルタをルールに従って変換する作業の二つです．

　BRFを設計するには，図9-1に示すように，正規化LPF(遮断周波数$1/(2\pi)$Hz，インピーダンス1Ω)のデータから，目的のBRFの阻止帯域と同じ遮断周波数とインピーダンスをもったHPFを設計し，そのHPFの各素子をルールにしたがって変換します．この手順は，前章で解説したBPFの設計法とよく似ています．異なるのは正規化HPFのデータを変換する点です．変換のルールもBPFのときと同様です．

9.1 定K型LPFのデータから設計する
バンド・リジェクト・フィルタ

　最初に定K型正規化LPFのデータから設計するBRFの設計例を紹介します．

例9-1　π形3次定K型正規化LPFのデータを基にして，阻止帯域1MHz，幾何中心周波数10MHz，インピーダンス50Ωの定K型BRFを設計する

【手順1】最初に，目的のBRFの帯域と等しい帯域で同じインピーダンスをもったHPFを設計します．

〈図9-1〉
正規化LPFの設計データを使った帯域阻止
フィルタ設計の手順

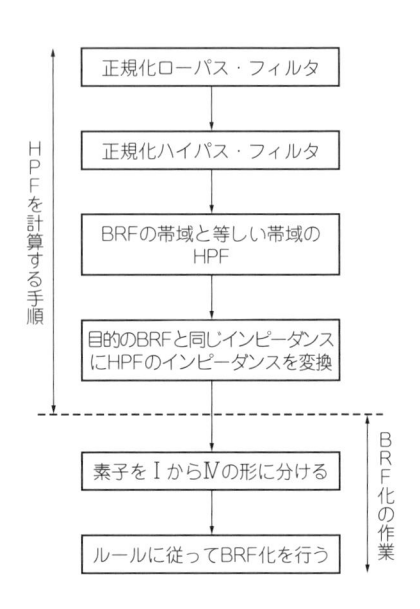

```
                  ┌─────────────────────┐
         ┐        │ 正規化ローパス・フィルタ │
         │        └──────────┬──────────┘
         │                   ↓
         │        ┌─────────────────────┐
         H        │ 正規化ハイパス・フィルタ │
         P        └──────────┬──────────┘
         F                   ↓
         を       ┌─────────────────────┐
         計       │ BRFの帯域と等しい帯域の │
         算       │        HPF          │
         す       └──────────┬──────────┘
         る                  ↓
         手       ┌─────────────────────┐
         順       │目的のBRFと同じインピーダンス│
         │        │にHPFのインピーダンスを変換 │
         ┘        └─────────────────────┘
              - - - - - - - - - - - - - - - - -
         ┐       ┌─────────────────────┐         ┐
         │       │ 素子をⅠからⅣの形に分ける │         B
         │       └──────────┬──────────┘         R
         │                   ↓                   F
         │       ┌─────────────────────┐         化
         │       │ルールに従ってBRF化を行う│         の
         ┘       └─────────────────────┘         作
                                                 業
                                                 ┘
```

BRFの阻止帯域が1MHz, インピーダンスが50Ωであることから, 遮断周波数1MHz, インピーダンス50ΩのHPFを設計する必要があります. 定K型3次正規化LPFのデータは, 第2章の**図2-17**(**b**)で紹介しました. このデータから, 遮断周波数1MHz, インピーダンス50ΩのHPFを設計します. 計算を行うと第8章で示した**図8-2**のような回路が得られるはずです(設計の詳細はHPFの章を参照).

次に, HPFの回路をⅠ型〜Ⅳ型に区別します. 3次定K型HPFの場合は, Ⅰ型のコンデンサとⅡ型のコイルが使われています. HPF中のすべての回路をⅠ型〜Ⅳ型に分けることができたので, それぞれを**図9-2**に示すルールに従って変換します(このルールは第8章のBPFを設計する場合の変換ルールと同じもの).

図9-2(a)〜(d)は, 各型ごとの変換方法と素子値の計算式を示しています. 図中のω_0はBRFの中心での角周波数を意味しており, $\omega_0 = 2\pi f$と計算されます. 幾何中心周波数が10MHzの場合には,

$\omega_0 = 2\pi \times 10 \times 10^6 \fallingdotseq 6.2831853 \times 10^7$

と計算されます. 幾何中心周波数については第8章で詳しく解説しました.

BRFの変換方法がわかったので, さっそく計算してみます. 定K型HPFを規則にしたがって変換すると**図9-3**のようになります. **図9-3**中のL_1, C_{2a}, C_{2b}は, **図9-2**中の式を用いて計算します. 計算を行うと, **図9-4**のような回路が得られるはずです. この回路の特

9.1 定K型LPFのデータから設計するバンド・リジェクト・フィルタ　179

〈図9-2〉各型別の変換方法

(a) Ⅰ型の回路

HPF中の素子: C_A
BRFにするための素子: L_1, C_1
$L_1 = \dfrac{1}{\omega_0^2 \cdot C_A}$
$C_1 = C_A$

(b) Ⅱ型の回路

HPF中の素子: L_B
BRFにするための素子: C_2, L_2
$C_2 = \dfrac{1}{\omega_0^2 \cdot L_B}$
$L_2 = L_B$

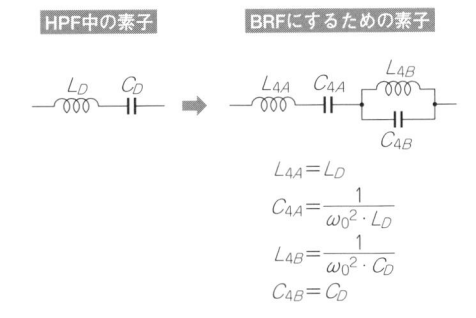

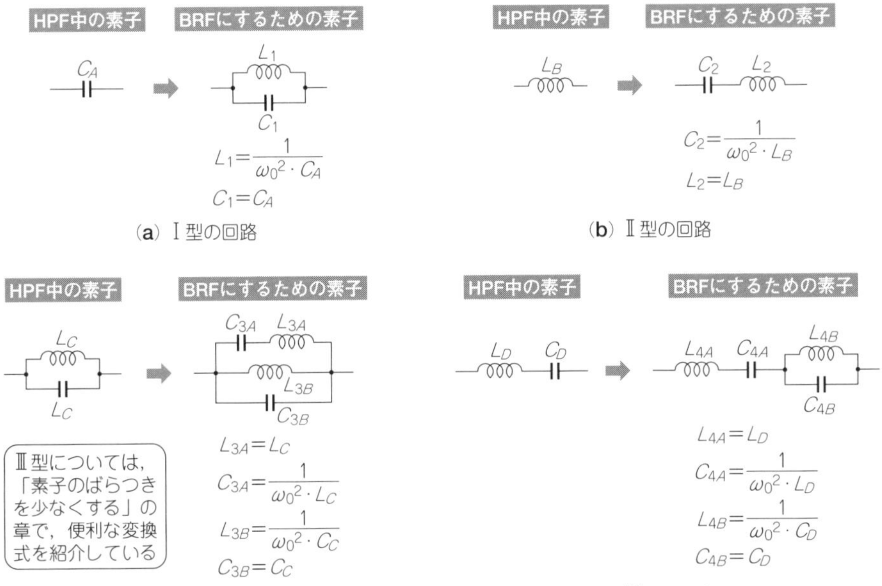

(c) Ⅲ型の回路

HPF中の素子: L_C, L_C
BRFにするための素子: C_{3A}, L_{3A}, L_{3B}, C_{3B}
$L_{3A} = L_C$
$C_{3A} = \dfrac{1}{\omega_0^2 \cdot L_C}$
$L_{3B} = \dfrac{1}{\omega_0^2 \cdot C_C}$
$C_{3B} = C_C$

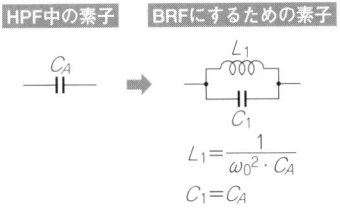

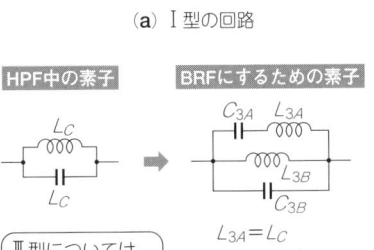

Ⅲ型については，「素子のばらつきを少なくする」の章で，便利な変換式を紹介している

(d) Ⅳ型の回路

HPF中の素子: L_D, C_D
BRFにするための素子: L_{4A}, C_{4A}, L_{4B}, C_{4B}
$L_{4A} = L_D$
$C_{4A} = \dfrac{1}{\omega_0^2 \cdot L_D}$
$L_{4B} = \dfrac{1}{\omega_0^2 \cdot C_D}$
$C_{4B} = C_D$

〈図9-3〉3次定K型HPFをBRF化のルールに従って変換する

Ⅰ型の回路 1591.549pF
Ⅱ型の回路　　　　Ⅱ型の回路
7.957747μH　　　7.957747μH

ルールに従って変換する

L_1 1591.549pF
7.957747μH　　　7.957747μH
C_{2a}　　　　　C_{2b}

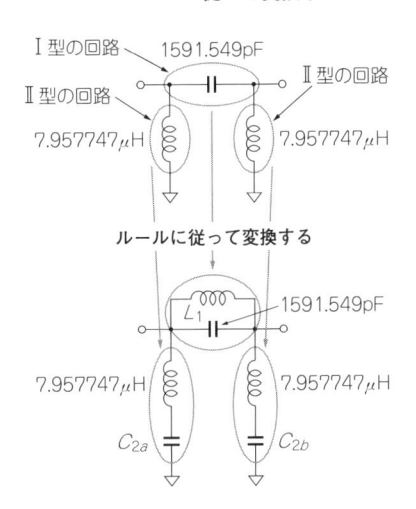

〈図9-4〉設計した3次定K型BRF
（幾何中心周波数10MHz，阻止帯域1MHz，インピーダンス50Ω）

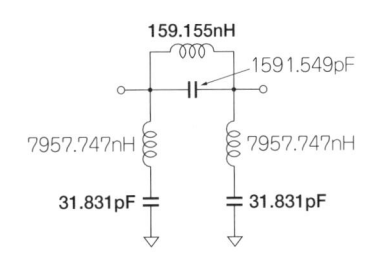

159.155nH
1591.549pF
7957.747nH　　　7957.747nH
31.831pF　　　　31.831pF

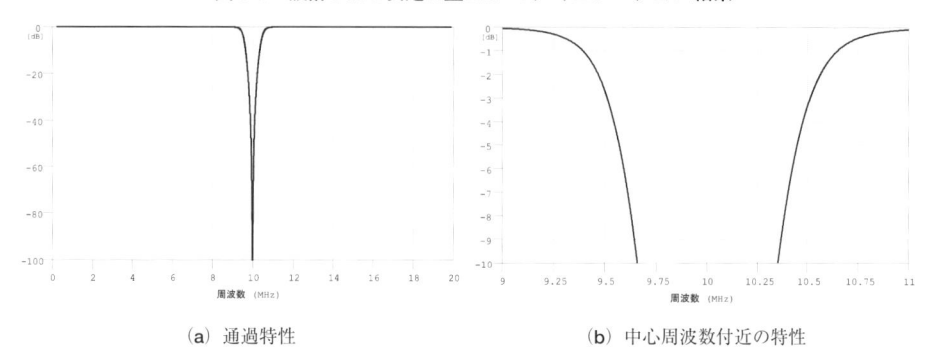

〈図9-5〉設計した3次定K型BRFのシミュレーション結果

(a) 通過特性
(b) 中心周波数付近の特性

性をシミュレーションすると図9-5のようになり，期待したとおりの特性が得られていることがわかります．

9.2 バターワース型LPFのデータから設計するバンド・リジェクト・フィルタ

BPFのときと同様に，バターワース型やベッセル型のLPFからBRFを設計することもできます．ここではバターワース型の場合を例にして，実際の試作までを行ってみます．

例9-2 阻止帯域190MHz，リニア軸の中心周波数500MHz，インピーダンス50Ωの5次バターワース型BRFを設計し，実際に試作する

BRFの設計を行うためには，目的のBRFの帯域幅と等しい帯域幅，同じ型，同じインピーダンスのHPFが必要です．ここでは，遮断周波数190MHz，50Ω系のバターワースHPFの設計値が必要になります．第7章で解説したように，HPFもまた正規化LPFから簡単に設計することができます．必要なHPFは図9-6の上側のような回路になります．

次に，図9-6の下側のように，HPFを構成する素子をⅠ型～Ⅳ型に分類して変換します．

与えられている中心周波数はリニア軸での中心周波数であるので，幾何中心周波数を求める必要があります．BPFの設計の際にも紹介したように，500MHz±95MHzのフィルタの幾何中心周波数f_0は，次に示されるように490.892MHzと計算されます．

$$f_L = 500 - 190 \div 2 = 405\text{MHz}$$
$$f_H = 500 + 190 \div 2 = 595\text{MHz}$$
$$f_0 = \sqrt{f_L \times f_H} \fallingdotseq 490.892\text{MHz}$$

中心周波数が求まったので，図9-2中の変換式を用いて各素子の値を計算すると，設計

9.2 バターワース型LPFのデータから設計するバンド・リジェクト・フィルタ

〈図9-6〉BRF化の手順に従ってHPFの回路を変更する

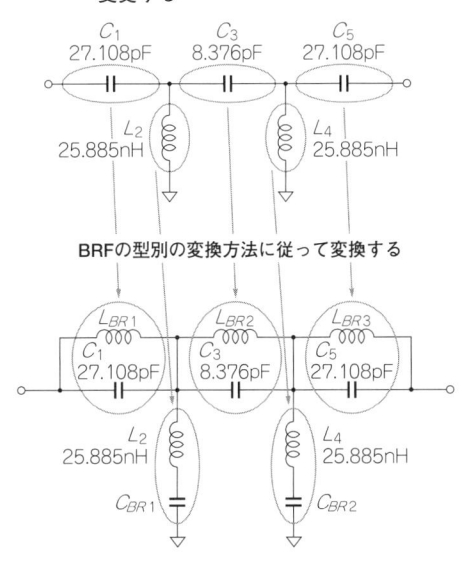

〈図9-7〉設計したBRF（リニア中心周波数500MHz，阻止帯域190MHz，インピーダンス50Ω）

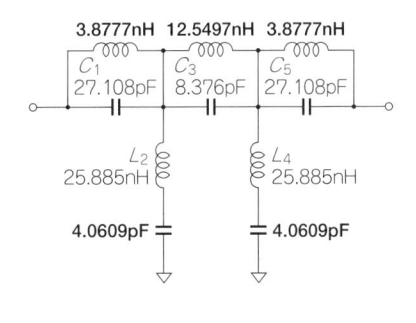

〈図9-8〉設計したBRFのシミュレーション結果

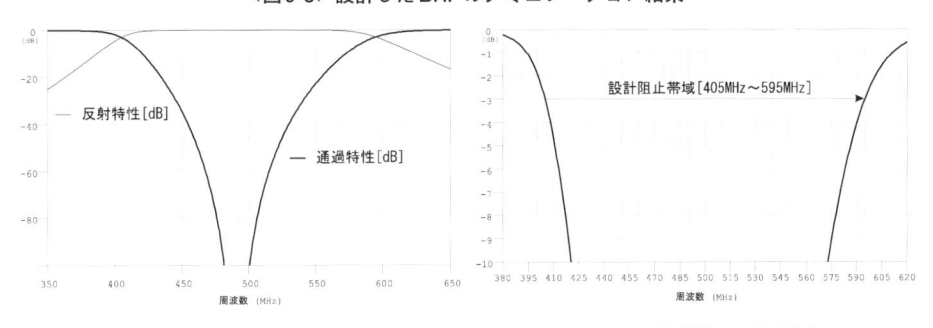

(a) 通過特性と反射特性　　(b) 中心周波数付近の通過特性

したBRFの回路は図9-7のようになります．

図9-8は，設計したBRFの特性をシミュレーションした結果です．

第15章で紹介する空芯コイルと市販のチップ・コンデンサを使って，このBRFを製作してみます．必要なインダクタンス値は3.88nHと12.55nH，それに25.885nHです．コイルの全長を変えることでインダクタンス値を正確に合わせることもできますが，共振回路を構成するコンデンサの値もばらついているので，正確に合わせる必要はありません．

〈表9-1〉空芯コイルの設計データ

インダクタンス値 [nH]	コイル直径 [mm]	コイル長さ [mm]	巻き数 [回]
3.9	1.70	2.16	2
13	1.70	1.20	3
27	1.70	1.87	5

〈写真9-1〉BRF用に製作した空芯コイル

〈写真9-2〉製作したバターワース型BRFの外観

〈写真9-3〉製作したBRFの測定結果
（上：S_{21}通過特性，下：S_{11}反射特性）

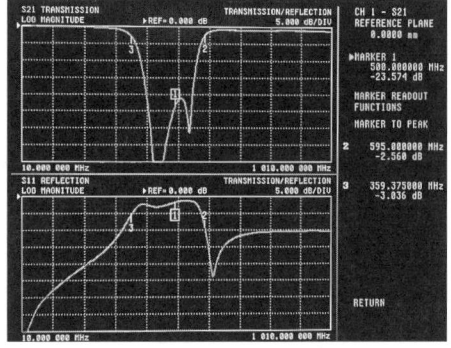

ここでは，3.9nH，13nH，27nHの設計データを使いました．**表9-1**にそれぞれの設計データを示します．実際に製作したコイルの外観を**写真9-1**に示します．

この空芯コイルを使って，先ほど設計したBRFを製作します．製作したBRFの外観を**写真9-2**に示します．コイルは調整後の状態です．

このBRFの特性を測定した結果を**写真9-3**に示します．ちょっといびつな形ですが，阻止帯域190MHz，中心周波数500MHzと，ほぼ設計値どおりの特性が得られました．

−20dBくらいの阻止量であれば無調整でも簡単に得ることができますが，−30dB〜−40dBの阻止量を得ようとすると，フル2ポート校正を行ったベクトル・ネットワーク・アナライザを使って調整する必要があります．スカラ・ネットワーク・アナライザの場合には，負荷やソースのインピーダンスがベクトル・ネットワーク・アナライザに比べて正確に規定できないので，より正確に測定するためにはアッテネータを使うなどしてポートのインピーダンスを正確に規定する必要があります．

シミュレーション値に近い特性を得るためには，インダクタンス値を調整して，すべての共振回路の共振周波数を幾何中心周波数である490.892MHzに合わせる必要があります．

第10章
フィルタを構成する素子値を変換する方法
―適当な定数の部品を使って特性を実現するために―

前章までの説明から，LCフィルタの設計はひととおりできるでしょう．しかし，目的のフィルタを設計したあと，コンデンサやコイルの値を見ると，素子の値が現実とかけ離れた値になることもしばしば起こります．

この章では，フィルタを構成するコンデンサやコイルをできるだけ同じような値に揃えるための，いくつかの強力な計算方法を紹介します．

最初に具体的な計算手順を紹介します．また，この章の終わりには，各変換方法を一覧で紹介しておきました．

10.1 素子値を揃える必要性

FM放送バンドの周波数を通すBPFを例に挙げて説明します．

FM放送バンド用のBPFとして，筆者は**図10-1**のような回路を設計しました．このフィルタの仕様は次のとおりです．

　　周波数：76MHz～90MHz
　　中心周波数：83MHz
　　幾何中心周波数：82.704MHz
　　3dB帯域幅：14MHz
　　入出力インピーダンス：50Ω
　　次数：3次
　　BPFの型：バターワース，π形

このフィルタの設計手順は，BPFの章，LPFの章で詳しく説明しました．設計後の特

〈図10-1〉
FM放送バンド用BPF（50Ω）

L_1 1137nH　C_2 3.257pF
L_2 16.288nH　C_1 227.4pF　L_2 16.288nH　C_1 227.4pF

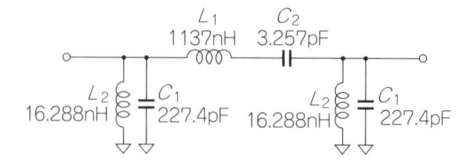

〈図10-2〉設計したFM放送バンド用BPFのシミュレーション結果

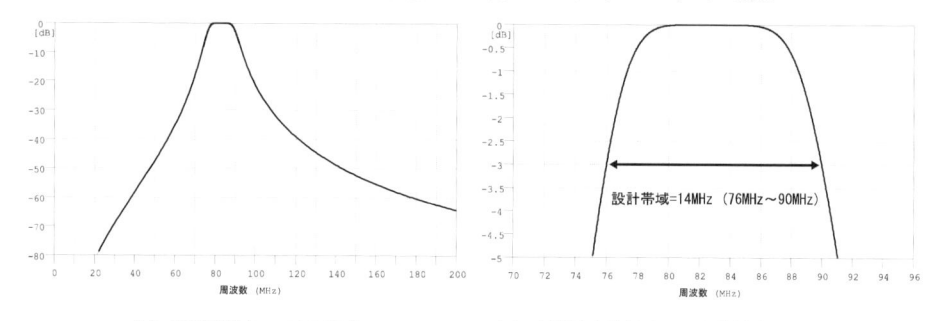

(a) 通過特性（0〜200MHz）　　(b) 遮断周波数付近の通過特性（70MHz〜96MHz）

性は，図10-2のようになり，目的どおりの特性が得られています．

●設計したFMバンド用BPFの問題点

さて，ここで問題が生じます．設計したFMバンド用BPFを実現する場合，L_1とL_2の値があまりにも開きすぎています．

ここで設計したコンデンサやコイルは十分に実用的な値ですが，1137nHは他の二つのコイルに比べて大きい値なので，このコイルの性能が心配です．一般に，大きな値のコイルは浮遊容量が大きいため自己共振周波数も低く，また巻き数が多く等価直列抵抗も大きくなりがちです．そのためQも低くなります．性能の良いフィルタを作るためには，できれば小さな値のコイルを選びたいところです．

●フィルタのインピーダンスを低くする

もっとも簡単にコイルL_1とL_2の差を小さくする方法として，次のような手法があります．

入出力インピーダンスの異なるアッテネータ（第14章参照）を使い，フィルタのインピーダンスを50Ω系から25Ω系に変換してフィルタ全体を25Ω系で設計すると，図10-3に示すようにL_1とL_2の差を小さくすることができます．

25Ωのインピーダンスで設計することで，コイルの素子値の差は表10-1のように

〈図10-3〉インピーダンス25Ωで設計したFMバンド用BPF

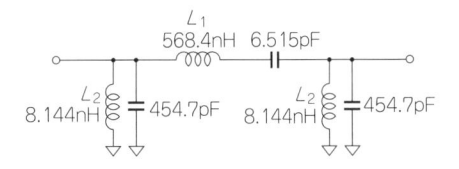

〈図10-4〉アッテネータによりインピーダンス変換を行い，L_1とL_2の差を小さくしたFMバンド用BPF

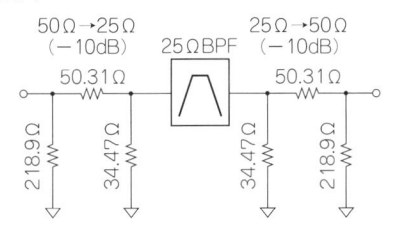

〈表10-1〉コイル値の差

	50Ωで設計	25Ωで設計
L_1	1136.8nH	568.4nH
L_2	16.288nH	8.144nH
$L_1 - L_2$	1121nH	560.3nH

〈図10-5〉トランスを使ったインピーダンス変換

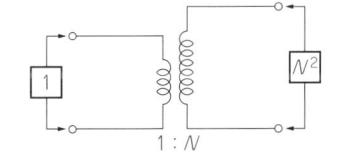

1121nHだったものが560nHと小さくなります．

このように，使用するインダクタの素子値を揃えるためには，低いインピーダンスでフィルタを設計するとよいという，重要な手がかりが得られました．しかし，図10-4のような回路では挿入損失が全体で20dB以上あり，実用的ではありません．アッテネータを使ったインピーダンス変換を使うかぎり，損失はある程度生じます．

ただし，挿入損失のないインピーダンス変換ができれば，うまく解決できそうです．

● トランスを使ったインピーダンス変換

挿入損失なくインピーダンスを変換するには，トランスを使えばよいことはよく知られています．図10-5のように，巻き数比が$1:N$のトランスのインピーダンスは$1:N^2$になります．わかりやすく書くと，図10-6のようになります．

トランスを使って50Ω→25Ω変換を実現するには，$1:\sqrt{2}$の巻き数比のトランスを使えばよいことがわかります．先のインピーダンス25Ωのフィルタは，このトランスを使って図10-7のようにすれば，入出力インピーダンスが50Ωのフィルタとなるはずです．

● BPFの途中にトランスを入れる

インピーダンスを変えるためのトランスは，フィルタの両端に入れる必要はありません．たとえば，図10-8のように素子間に入れることもできます．気をつけなければならない

〈図10-6〉巻き数比1：5のトランスを使ったインピーダンス変換の例

(a) 2次側が100Ω

(b) 1次側が100Ω

〈図10-7〉トランスを使って25Ωのフィルタを50Ωにする

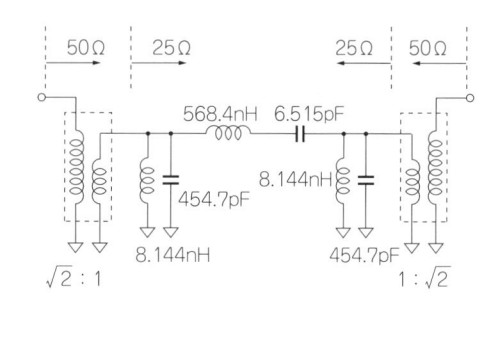

〈図10-8〉
トランスを素子の間に入れる

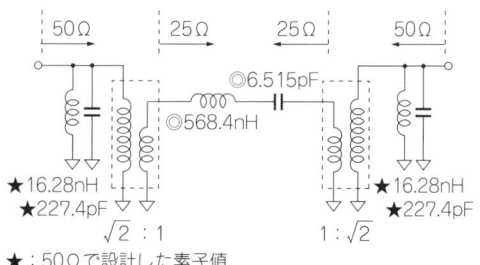

★：50Ωで設計した素子値
◎：25Ωで設計しに素子値

のは，50Ωのインピーダンスの部分では50Ωで設計した素子値を，25Ωのインピーダンスの部分では25Ωで設計した素子値を使います．

また，**図10-9**のように，左右非対称の位置に入れてもかまいません．トランスが理想的な特性であれば，すべて同じ特性になります．

● トランスを使ったBPFの問題点

トランスを使うと，ロスもなく，コイル値の差も小さくできることがわかりました．しかし，まだ問題があります．

シミュレーションでは，理想的なトランス（周波数特性が無限に広い…など）を使ったのですが，世の中にはそのようなトランスは存在しません．実際のトランスは**図10-10**のよ

⟨図10-9⟩
トランスを非対称の位置に入れた場合

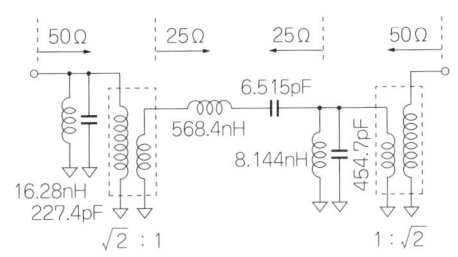

⟨図10-10⟩
実際のトランスには性能を悪くする要因がたくさんある

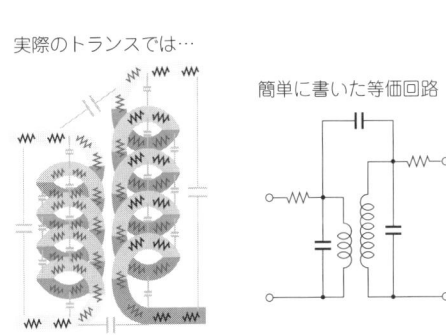

うに，コア材の周波数特性や損失，巻き線間の浮遊容量，線材の抵抗などのため，理想的トランスとはかけ離れた特性を示します．

トランスを使ったインピーダンス変換は，シミュレーション上では簡単に実現できますが，現実にはこれらの寄生素子が存在するため，かなり低い周波数以外では実現するのは難しいでしょう．

10.2　ノートン変換を使う

トランスを使わずに，トランスと同じようにインピーダンスを変換することができれば，トランスを使った場合の問題を解決し，素子値の差を減らすことができます．実は，このような巧い回路があります．

図10-11の(a)と(b)の回路は，まったく同じ特性を示します．この変換をノートン変換(Norton's First Transformation)と言います．

たとえば，図のインピーダンスZをコンデンサCに置き換えて考えてみます［Appendixの**図A-4**(b)を参照，p.210］．これを，ノートンの容量変換といいます．すなわち，1個のコンデンサと1個のトランスから構成される回路を，3個のコンデンサで構成することができます．この変換を行うと，コンデンサだけでインピーダンスをN^2倍する

〈図10-11〉ノートン変換

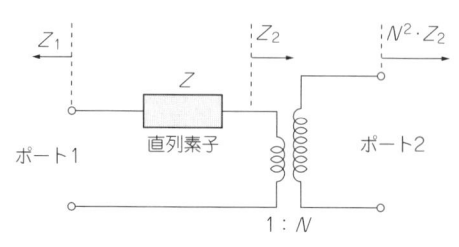

(a) 1:Nトランスと直列素子を接続した回路

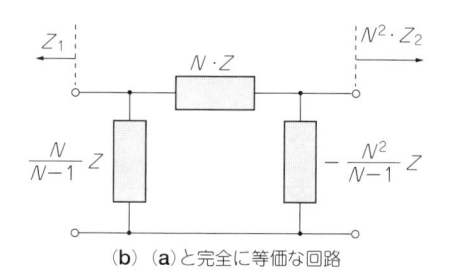

(b) (a)と完全に等価な回路

〈図10-12〉ノートン変換が適応できる回路を探す

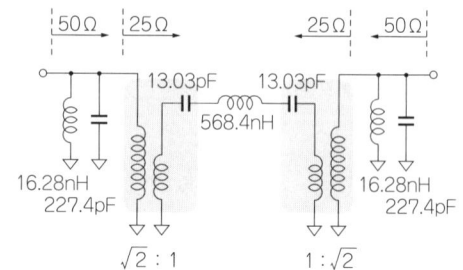

〈図10-13〉ノートン変換を使ってトランスを使った回路を変換

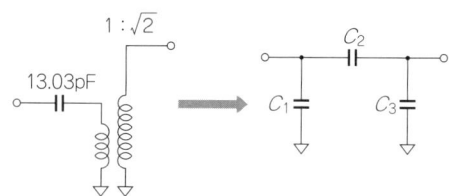

ことができます．最初の説明どおり，インピーダンスを変えることができれば，コイルの値を変えることができ，フィルタで使用するコイル値の差を減らすこともできます．

この変換をトランスを使った変換の代わりに使うと，コンデンサだけでインピーダンス変換を実現することができます．コンデンサは，トランスに比べ，比較的高い周波数まで理想的な動作をします．

● ノートンの容量変換を使ってトランスを置き換える

最初に設計したFMバンド用BPF(**図10-1**)は，トランスを使った回路(**図10-8**)とまったく同じ特性を示すことは説明しました．そこで，**図10-8**の回路で使っているトランスをコンデンサに置き換えることにします．

まず，コンデンサ＋トランスの形にするため，フィルタ中央の直列コンデンサ(6.515pF)を2分割して，コイルの両側に配置します．コンデンサを均等に分割すると，それぞれのコンデンサの値は2倍になり，**図10-12**のような回路になります(コンデンサの分割は**図A-1**を参照，p.209)．

次に，ノートン変換が適応できる回路を探します．**図10-12**の影のかかっている部分に，ノートン変換が使えそうです．そこで，**図10-12**のコンデンサとトランスを，ノートン変

⟨図10-14⟩
求めた等価回路を元の回路と置き換える

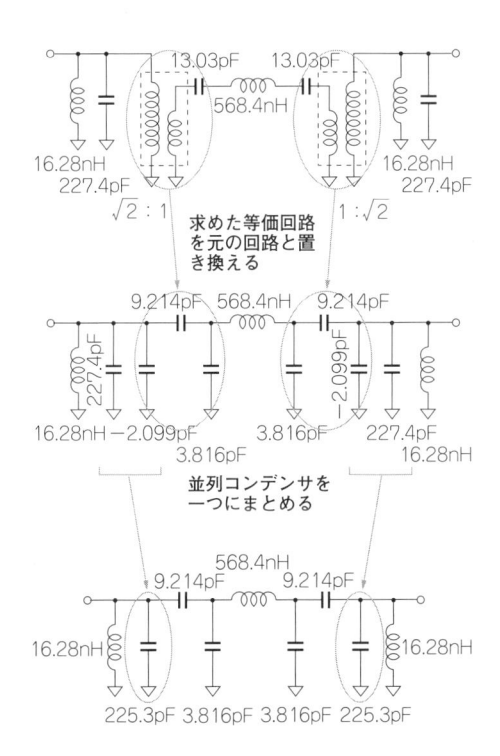

換を使って3個のコンデンサの回路に変換します．

図A-4(b)より，$C_1 \sim C_3$の値は次のように計算されます．

$$C_1 = \frac{\sqrt{2}-1}{\sqrt{2}} \times 13.03 = 0.29289 \times 13.03 \risingdotseq 3.8164 \text{ [pF]}$$

$$C_2 = \frac{1}{\sqrt{2}} \times 13.03 = 0.70711 \times 13.03 \risingdotseq 9.2136 \text{ [pF]}$$

$$C_3 = \frac{\sqrt{2}-1}{(\sqrt{2})^2} \times 13.03 = -0.20711 \times 13.03 \risingdotseq -2.6986 \text{ [pF]}$$

図10-14のように，求めた等価回路を元の回路と置き換えます．ここで，C_1かC_3のどちらか一方のコンデンサの値は必ずマイナスの値になります．並列したコンデンサを一つにまとめると，最終的な回路は**図10-14**に示す最終型のようになります．最初に紹介したFMバンド用BPF(**図10-1**)とまったく違うように見えるこの回路も，シミュレーションしてみるとまったく同じ特性を示します．

〈図10-15〉トランスを使ってフィルタ途中の
インピーダンスを変える

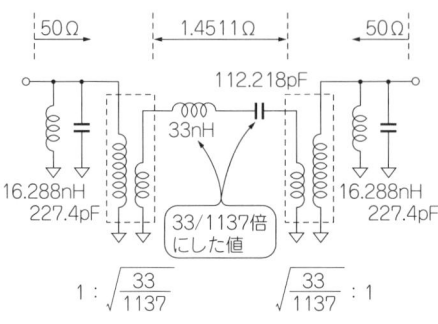

〈図10-16〉ノートン変換が適用できる回路を
探す

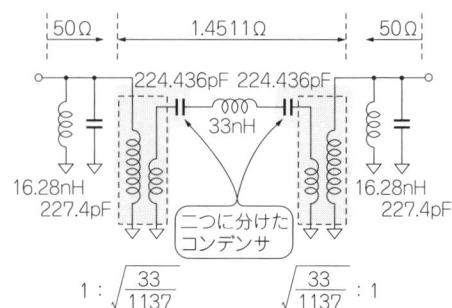

〈図10-17〉
ノートン容量変換を使ってトランス＋
コンデンサをコンデンサ3個の回路に
置き換える

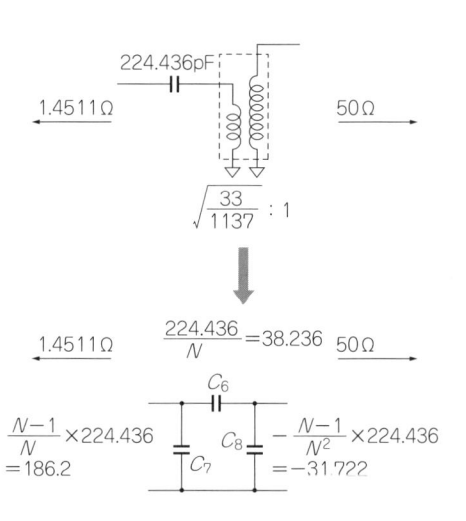

例10-1 ノートン変換を使ってFMバンド用BPF（図10-1）の直列コイル（1137nH）の値を33nHに減らす

コイルを1137nH→33nHと小さくするには，フィルタのインピーダンスを低くすればよいことは先に説明しました．インピーダンスを半分にするとコイルの値が半分になることから，この場合は33/1137倍，つまり直列コイル部分のフィルタ・インピーダンスを$50 \times 33/1137 = 1.4511\cdots\Omega$にするとよいことがわかります．

インピーダンスを33/1137倍にするために，$1 : \sqrt{33/1137}$の巻き数比をもつトランスを便宜的に使います．このトランスを使って回路を書き直すと，**図10-15**のようになるはずです．

⟨図10-18⟩
元の回路に置き換えて，並列コンデンサを一つにまとめる

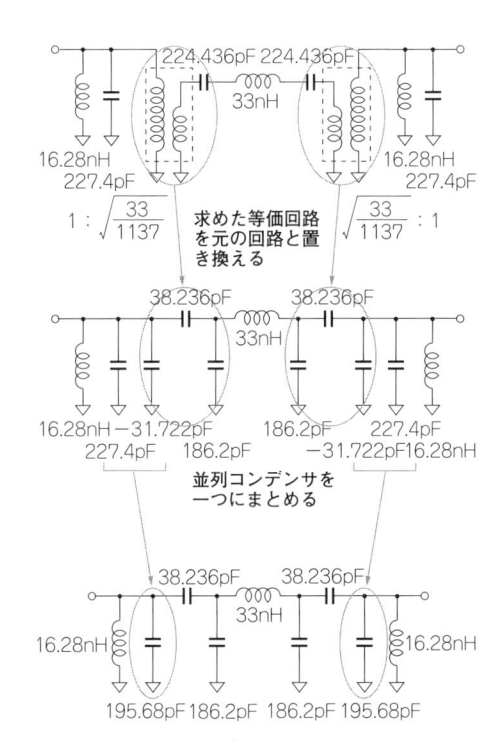

ノートン変換を適用するために，フィルタ中央の直列コンデンサ（112.218pF）を2分割し，**図10-16**のようにコンデンサ＋トランスの形を作ります．コンデンサは，図のように2分割するとそれぞれの値が2倍になります．

トランス＋コンデンサの部分を，ノートン変換を使ってコンデンサ3個の回路に置き換えます（**図10-17**）．$C_6 \sim C_8$ の値は，次のように計算されます．

$$C_6 = \frac{224.436}{5.869799} \fallingdotseq 38.236 \text{ [pF]}$$

$$C_7 = \frac{5.869799 - 1}{5.869799} \times 224.436 \fallingdotseq 186.2 \text{ [pF]}$$

$$C_8 = \frac{5.869799 - 1}{(5.869799)^2} \times 224.436 \fallingdotseq -31.722 \text{ [pF]}$$

求めたコンデンサ3個の回路を，元の回路に置き換えます．さらに，並列したコンデンサを一つにまとめると，最終的には**図10-18**に示すような回路になります．

〈写真10-1〉ノートン変換を使ってコイルの値を小さくしたFMバンド用BPF

〈写真10-2〉測定結果（10MHz～300MHz, 10dB/div., アンリツ社のScorpion VNAにて測定）

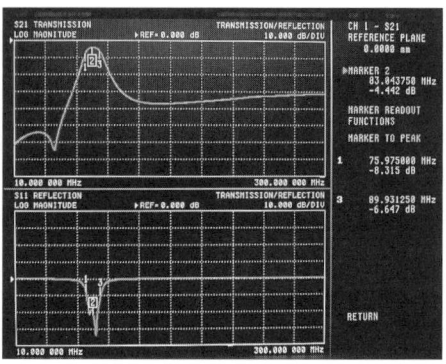

〈図10-19〉
8Ω, 中心周波数1kHz, 帯域200Hzの3次バターワースBPF（ノートン変換するためにコンデンサを分割してある）

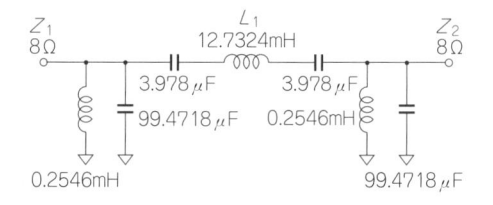

この回路のシミュレーション結果とオリジナルの回路のシミュレーション結果を比べてみても，なんら変わりはありません．しかし，インダクタの値が減ったため，実際に製作する場合には等価直列抵抗が小さく（Qの大きい），自己共振周波数の小さいインダクタを使うことができます．

実際に試作したBPFの外観を**写真10-1**に，ベクトル・ネットワーク・アナライザで測定した特性を**写真10-2**に示します．

例10-2 ノートン変換を使って，使用するコイルがすべて同じ値になるような，インピーダンス8Ω, 中心周波数1kHz, 帯域200Hzの3次バターワースBPFを設計する

手順どおりにBPFを設計し，さらにノートン変換を行うためにコンデンサを分割すると**図10-19**のような回路になります．

図のL_1（12.7324mH）を他の二つのコイルと同じ0.2546mHとすれば，2種類のコイルを用意する必要がないため作りやすくなります．L_1の値を0.2546mHとするためには，インピ

〈図10-20〉 L_1 の値を減らすために L_1 のインピーダンスを0.02倍する

〈図10-21〉 ノートン容量変換を使ってコンデンサ3個の回路に置き換える

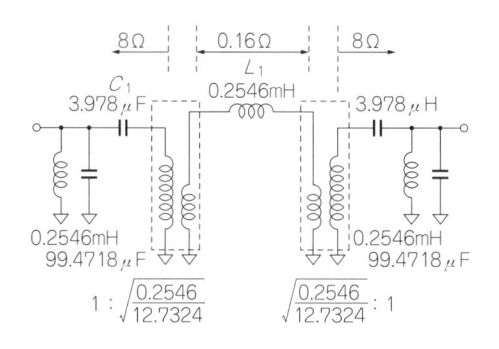

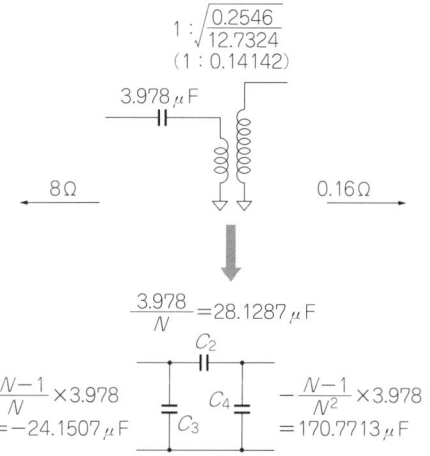

〈図10-22〉
すべて同じ値のコイルを使って実現した中心周波数1kHz，帯域200HzのBPF(8Ω)

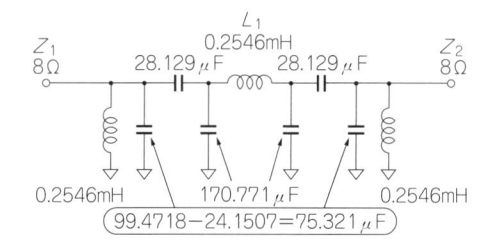

ーダンスを $0.2546/12.7324 \fallingdotseq 0.02$ 倍，つまり $8 \times 0.02 = 0.16\Omega$ として設計すればよいことがわかります．その場合，トランスとしては $1:\sqrt{0.2546/12.7324}$ の巻き数比のものが必要です（図10-20）．

トランス＋コンデンサをコンデンサ3個の回路にノートン変換を使って置き換えると，図10-21の回路が得られ，最終的に図10-22のように，すべて同じ値のコイルを使ってBPFを実現することができました．

10.3　π-T/T-π 変換

次に紹介する変換も強力な方法で，しばしば使います．伝送理論の分野ではπ-T変換と呼びますが，電気回路の本ではスター-デルタ変換と呼ばれています（図10-23）．

この変換式は，この章の最後のAppendixにまとめて掲載しました（図A-7参照，p.212）．

〈図10-23〉T形回路とπ形回路

T形回路

π形回路

〈図10-24〉FMバンド用BPFにπ-T変換を施してコンデンサの値を大きくした回路

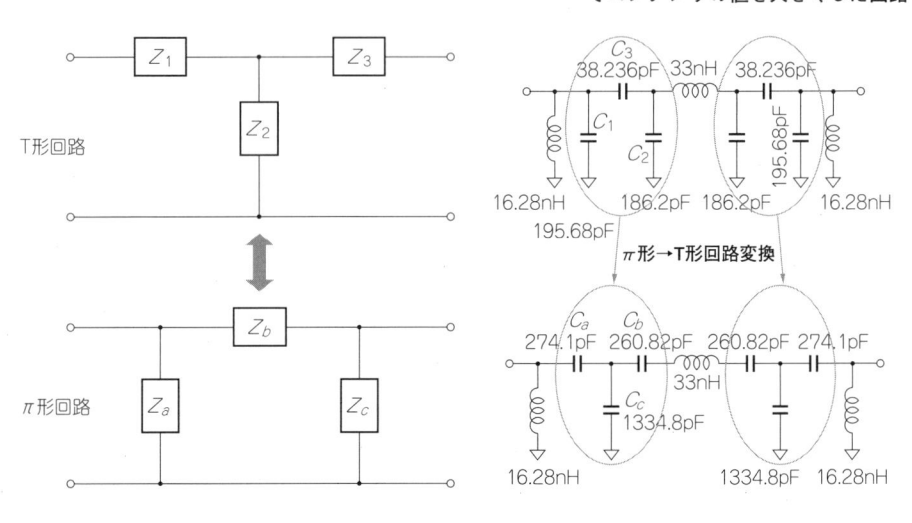

π形→T形回路変換

π-T変換を使うと，コンデンサやコイルの値を大きめにしたり，小さめにしたりすることができます．具体的な例を見てもらうほうがわかりやすいと思います．

例10-3 先に設計したFMバンド用BPFにπ-T変換を使って，全体のコンデンサの容量を増やす

図10-1に示した回路に，ノートン変換を施して中央のL_1の値を半分にすると，図10-18のような回路になることは，先に説明しました．この回路にπ-T変換を施します．章末の図A-7(b)に記述されている変換式より，コンデンサのπT変換を行って値をそれぞれ計算します(図10-24)．

$$C_a = \frac{C_1C_2 + C_2C_3 + C_3C_1}{C_2} = \frac{195.68 \times 186.2 + 186.2 \times 38.236 + 38.236 \times 195.68}{186.2} \fallingdotseq 274.1$$

$$C_b = \frac{C_1C_2 + C_2C_3 + C_3C_1}{C_1} = \frac{195.68 \times 186.2 + 186.2 \times 38.236 + 38.236 \times 195.68}{195.68} \fallingdotseq 260.82$$

$$C_c = \frac{C_1C_2 + C_2C_3 + C_3C_1}{C_3} = \frac{195.68 \times 186.2 + 186.2 \times 38.236 + 38.236 \times 195.68}{38.236} \fallingdotseq 1334.8$$

計算結果からもわかりますが，コンデンサの値がπ形で使用していた値よりも大きくなりました．このことは，高周波のフィルタ設計では非常に有効です．

高周波帯のフィルタは，周波数が高くなるにつれてコンデンサの値が小さくなりすぎる

〈図10-25〉設計した16kHzと40kHzに
ノッチをもつ誘導m型HPF

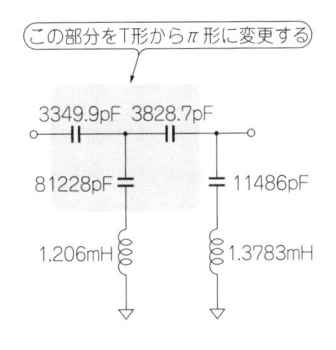

この部分をT形からπ形に変更する

〈図10-26〉実際にT-π変換を施して
各素子の値を計算する

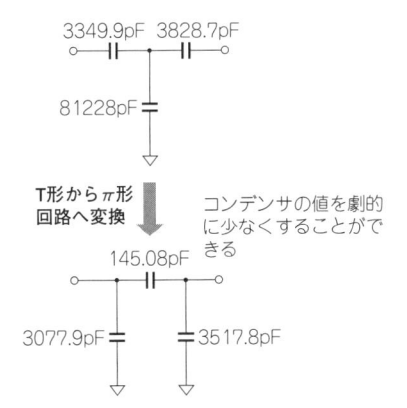

T形からπ形
回路へ変換

コンデンサの値を劇的
に少なくすることがで
きる

場合が多いのですが，T形を使うことでπ形を使う場合に比べて容量を大きくすることができます．

適度に大きな容量のコンデンサを使うと，浮遊容量の影響を受けにくくなるので，製作もやりやすくなります．しかし，大きな容量のコンデンサは自己共振周波数などが低い場合も多いので，どちらを選ぶかは使用するコンデンサの性能を見て判断する必要があります．もちろん，変換前と変換後の二つの回路は，まったく同じ特性を示します．

例10-4 第7章の例7-5で紹介した，遮断周波数が80kHzで，16kHzと40kHzに二つのノッチをもつ，インピーダンス600 Ωの誘導m型HPFにT-π変換を施し，コンデンサの値を小さくする

第7章で計算したとおり，このHPFは**図10-25**のような回路になります．T-π変換を図のT形回路の部分に施します．

コンデンサのT形からπ形への変換は，**図A-7(d)**に示されているようになります．変換式に基づいて実際に計算すると，**図10-25**のT形部分は**図10-26**のようになります．

$$C_1 = \frac{C_a C_c}{C_a + C_b + C_c} = \frac{3349.9 \times 81228}{3349.9 + 3828.7 + 81228} \fallingdotseq 3077.9$$

$$C_2 = \frac{C_b C_c}{C_a + C_b + C_c} = \frac{3828.7 \times 81228}{3349.9 + 3828.7 + 81228} \fallingdotseq 3517.8$$

〈図10-27〉T-π変換を使ってコンデンサの容量を減らした16kHzと40kHzにノッチをもつ誘導m型HPF

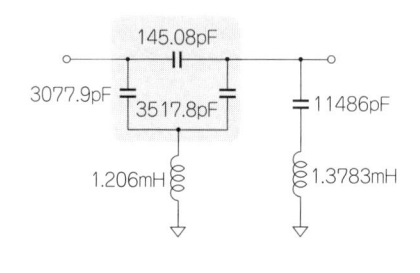

〈図10-28〉LPFの回路（遮断周波数100MHz, ノッチ周波数200MHz, インピーダンス50Ω）

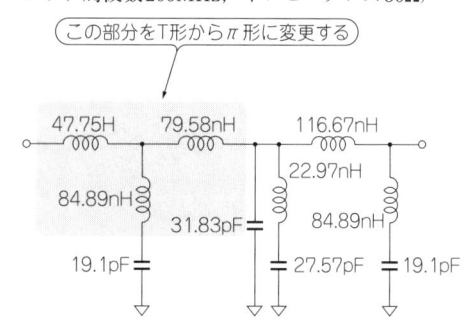

この部分をT形からπ形に変更する

〈図10-29〉実際にT-π変換を施して各素子の値を計算する

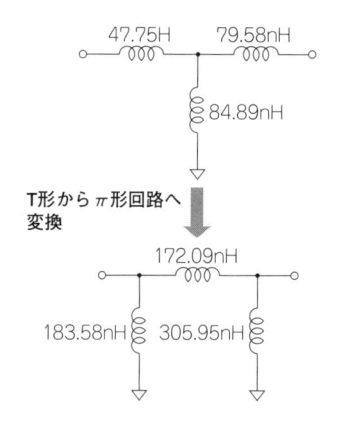

T形からπ形回路へ変換

$$C_3 = \frac{C_a C_b}{C_a + C_b + C_c} = \frac{3349.9 \times 3828.7}{3349.9 + 3828.7 + 81228} \fallingdotseq 145.08$$

変換後の回路は図10-27のようになります．元の回路では81226pFとかなり大きな容量のコンデンサが使われていましたが，変換後の回路では11486pFがもっとも大きなコンデンサになります．元の回路と変換後の回路の特性は，まったく同じになります．

例10-5 第2章の例2-12で紹介したLPFのコイルの定数をT-π変換を施して変更する

図10-28の回路は，古典的手法によるLPFの例2-12で設計したLPFです．このLPFのπ形部分にT-π変換を施します．

本章末のAppendixの図A-7(c)に示されているように，コイルのT形からπ形への変換を行う変換式に基づいて実際に計算すると，図10-29のようになります．

〈図10-30〉設計したLPF（遮断周波数100MHz，ノッチ周波数200MHz，インピーダンス50Ω）

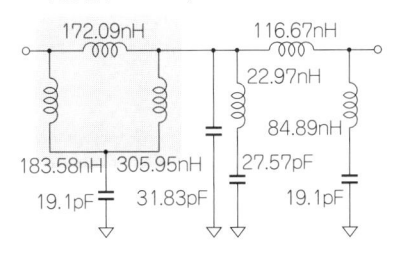

〈表10-2〉T形/π形と素子の値

	π形接続	T形接続
コンデンサ	素子値小	素子値大
コイル	素子値大	素子値小

$$L_1 = \frac{L_a L_b + L_b L_c + L_c L_a}{L_b} = \frac{47.75 \times 79.58 + 79.58 \times 84.89 + 84.89 \times 47.75}{79.58} \fallingdotseq 183.58$$

$$L_2 = \frac{L_a L_b + L_b L_c + L_c L_a}{L_a} = \frac{47.75 \times 79.58 + 79.58 \times 84.89 + 84.89 \times 47.75}{47.75} \fallingdotseq 305.95$$

$$L_3 = \frac{L_a L_b + L_b L_c + L_c L_a}{L_c} = \frac{47.75 \times 79.58 + 79.58 \times 84.89 + 84.89 \times 47.75}{84.89} \fallingdotseq 172.09$$

変換後の回路は，図10-30のようになります．ここでもやはり，図10-27と図10-30の回路は，まったく同じ特性を示します．

コイルの場合にはπ形への変換を行うことで，素子の値を大きくすることができます．コンデンサの場合には，T形に比べてπ形のほうが素子の値が小さかったのですが，コイルの場合には逆になります．これらの関係を表10-2に示します．

10.4　トランスを使う

おもに低い周波数で使われるのですが，Appendixに示した図A-9（p.214）のようにトランスを使うと，フィルタに使われているコンデンサの容量を小さくすることができます．これは，低いインピーダンスのフィルタを作りたい場合に，非常に有効です．

具体的な回路を使って説明します．図10-31は，インピーダンス10Ω，幾何中心周波数5kHz，帯域1kHzの2次バターワースBPFです．

この回路を，トランスを使って書き直すと下側の図のようになります．51：1のトランスが必要ですが，コンデンサの値が約0.02倍（=1/51）となっていることがわかります．計算は下記のように行います．

〈図10-31〉2次バターワースBPF（幾何中心周波数5kHz，バンド幅1kHz，インピーダンス10Ω）をトランスを使って変形する

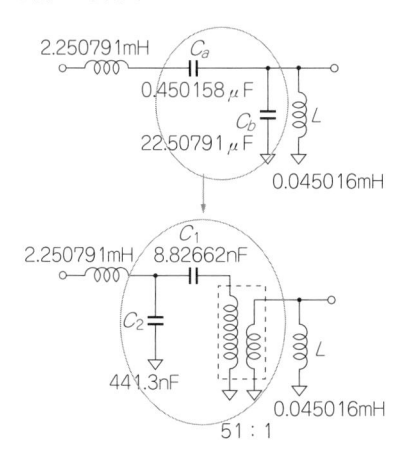

〈図10-32〉バートレットの2等分定理

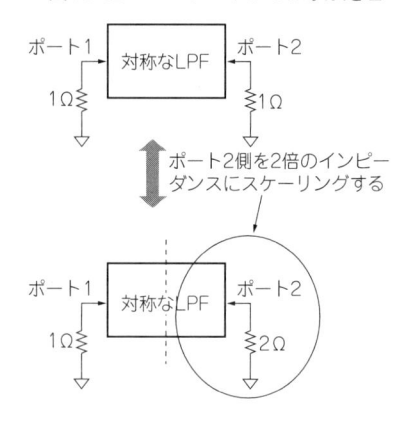

$$K = \frac{C_a + C_b}{C_a} = \frac{0.450158 + 22.50791}{0.450158} \fallingdotseq 51$$

$$C_1 = \frac{C_a}{K} = \frac{0.450158}{51} \fallingdotseq 8.82662 \text{nF}$$

$$C_b = \frac{C_b}{K} = \frac{22.50791}{51} \fallingdotseq 441.3 \text{nF}$$

もちろん，これら二つの回路はまったく同じ特性を示します．

10.5　バートレットの2等分定理

　バートレットの2等分定理を使って，片方のポート・インピーダンスを好きな値に変更することができます．
　バートレットの2等分定理は，次の二つの条件を満たす場合にかぎって使うことができます．
(1) フィルタが対称形である
(2) 両方のポートのインピーダンスが等しい
　この条件を満たす場合，図10-32のようにフィルタを真中で分割し，その一方のインピーダンスをスケーリングしても，特性は変わりません．

〈図10-33〉3次T形バターワースLPF（遮断周波数1GHz，インピーダンス50Ω）

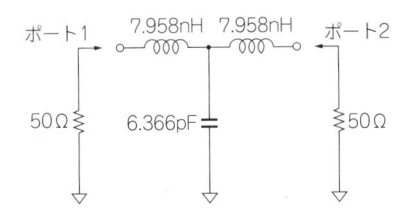

〈図10-34〉右半分を150Ωにインピーダンス変換する

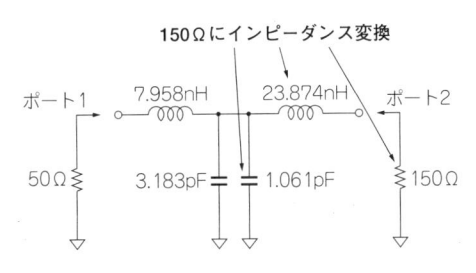

〈図10-35〉バートレットの2分割定理を使ってポート2のインピーダンスを150Ωに変更した3次T形バターワースLPF

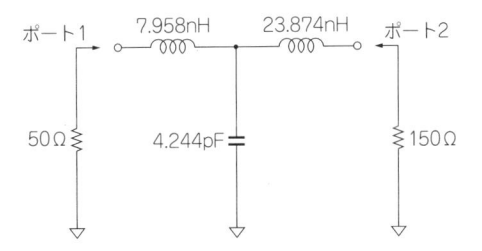

例10-6　3次T形バターワースLPFのポート2のインピーダンスを，バートレットの2等分定理を使って150Ωに変更する

図10-33のフィルタを，真中から等分割します．すなわち，6.366pFのコンデンサを，3.183pF×2個の並列に書き換えます．

真中から右半分を150Ωにインピーダンス変換します（図10-34）．インピーダンス変換は，フィルタ内のすべてのインダクタの値にKを掛け，すべてのキャパシタの値をKで割ります．Kは次の式で計算します．

$$K = \frac{\text{目的のインピーダンス}}{\text{基準になるもとのインピーダンス}} = \frac{150}{50} = 3$$

さらに，中央の並列コンデンサを一つに合成します．最終的な回路は図10-35のようになります．もちろん，フィルタの応答特性は元の回路と，図10-35の回路では変わりません．

10.6　Ⅲ型の回路を変換する

バンドパス・フィルタやバンド・リジェクト・フィルタの章で紹介した，Ⅲ型の回路の変換について紹介します．この変換は，エリプティック型や逆チェビシェフ型のBPFを

〈図10-36〉
III型の回路は二つのLC並列共振回路に
置き換えることができる

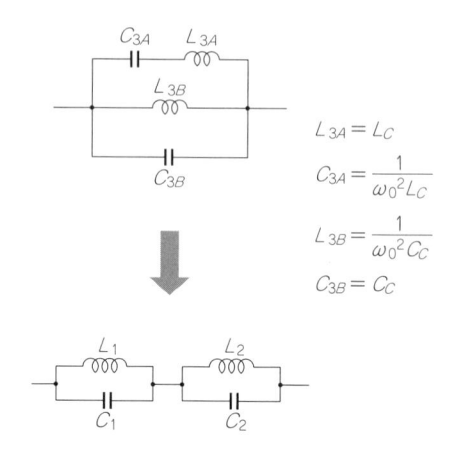

$L_{3A} = L_C$

$C_{3A} = \dfrac{1}{\omega_0^2 L_C}$

$L_{3B} = \dfrac{1}{\omega_0^2 C_C}$

$C_{3B} = C_C$

設計する際に必要になります．

　BPFやBRFに変換する際にIII型の回路は，実は**図10-36**のように置き換えることができます．

　ここで，計算を簡単にするため周波数$f_0 = 1/(2\pi)$とすると，$\omega_0 = 2\pi f_0$より，$\omega_0 = 1$となります．この場合，III型の回路の素子値は，

$$L_{3A} = L_C \qquad L_{3B} = \dfrac{1}{\omega_0^2 C_C} = \dfrac{1}{C_C}$$

$$C_{3A} = \dfrac{1}{\omega_0^2 L_C} = \dfrac{1}{L_C} \qquad C_{3B} = C_C$$

となり，このとき二つのLC並列共振回路の素子値は，次のように計算されます［参考文献(28)］．

$$L_1 = \dfrac{1}{C_C(\beta + 1)} \qquad C_1 = \dfrac{1}{L_2}$$

$$L_2 = \beta \times L_1 \qquad C_2 = \dfrac{1}{L_1}$$

ただし，

$$\beta = 1 + \dfrac{1}{2 \times L_C \times C_C} + \sqrt{\dfrac{1}{4 \times L_C^2 \times C_C^2} + \dfrac{1}{L_C \times C_C}}$$

10.7　ジャイレータを使った変換

　虚数の変換係数をもつジャイレータを使うと，LC並列回路をLC直列回路に，またLC

〈図10-37〉3次T形バターワースBPF（幾何中心周波数100MHz，帯域10MHz，インピーダンス50Ω）

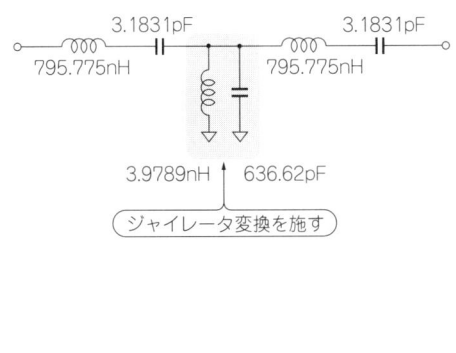

〈図10-38〉イマジナリ・ジャイレータを使って並列共振回路を直列共振回路に変換

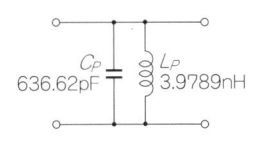

$$C = \frac{1}{\omega_0}\sqrt{\frac{C_2}{L_P}} \quad \text{または} \quad C = \frac{1}{\omega_0}\sqrt{\frac{C_P}{L_2}}$$

$$L_2 \times C_2 = L_P \times C_P$$

直列回路をLC並列回路に変換することができます（**図A-10**を参照，p.214）．

この変換は，おもにBPFやBRFに用います．ただし，完全に等価な変換ではないので，通過帯域幅や阻止帯域幅が狭い場合（20％程度以下）に用います．

例10-7 幾何中心周波数100MHz，バンド幅10MHz，インピーダンス50Ωの3次T形バターワースBPFに使われているコイルの値を，ジャイレータ変換を使ってすべて同じ値に揃える

ジャイレータ変換を行うまえのBPFは，BPFの章で説明したような手順で設計することができます．**図10-37**の矢印で示された部分に，ジャイレータ変換を施し，LC並列共振回路をLC直列共振回路に変換します．

図10-37のLC並列共振回路の部分を取り出し，ジャイレータ変換のルールにしたがって計算してみます．**図A-10**より，BPFのLC並列共振回路は，**図10-38**のようにマイナスのコンデンサを使った回路に置き換えることができます．

次に，C，C_2，L_2を求めます．例題の条件「BPF中のコイルの値を同じにする」より，

$L_2 = 795.775\text{nH}$

となります．したがって，

〈図10-39〉
イマジナリ・ジャイレータ
変換を行ったあとのBPF

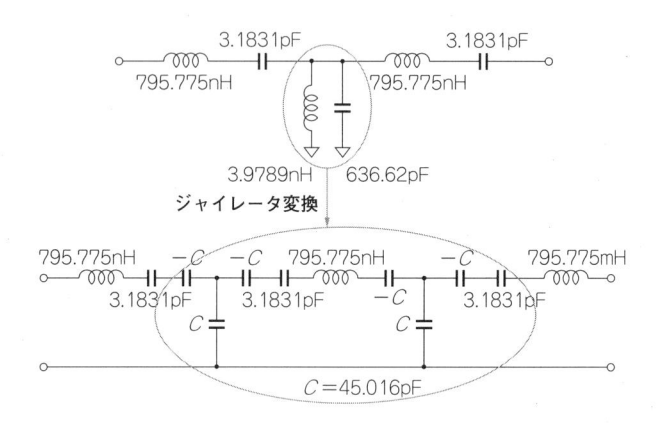

$$L_2 \times C_2 = 3.9789 \times 10^{-9} \times 636.62 \times 10^{-12}$$

$$\therefore C_2 = \frac{3.9789 \times 636.62 \times 10^{-12}}{795.775 \times 10^{-9}} \fallingdotseq 3.1831 \,[\text{pF}]$$

と計算できます．次に C を求めます．C は，

$$C = \frac{1}{\omega_0}\sqrt{\frac{C_p}{L_2}} = \frac{1}{2\pi \times 100 \times 10^6}\sqrt{\frac{636.62 \times 10^{-12}}{795.775 \times 10^{-9}}} = \frac{\sqrt{8} \times \sqrt{10^{-4}}}{2\pi \times 100 \times 10^6} \fallingdotseq 45.016 \,[\text{pF}]$$

と計算できます．これより，元のフィルタは図10-39のように書き換えることができます．

次にコンデンサをまとめると，図10-40のような回路が得られます．直列／並列コンデンサの計算は図A-1（p.209）を参照してください．

イマジナリ・ジャイレータ変換を行うことで，元のBPFの特性は図10-41のように変わります．

10.8 十分に大きな値のカップリング・コンデンサを追加して回路を変換する

このテクニックは，バンドパス・フィルタに適用することができます．厳密には等価ではないのですが，非常に便利な方法で，筆者はしばしば使っています．ほかのフィルタの本では見たことのない筆者オリジナルの回路変形で，こういう回路変形を紹介すると諸先輩の方々からお叱りをうけるような邪道な方法ですが，かなり便利なので紹介します．

図10-42のように，BPFを一つのブラック・ボックスと考えると，元の回路の特性と，フィルタの入出力端子に十分大きな値のコンデンサをつないだ場合の特性はほとんど変わ

10.8 十分に大きな値のカップリング・コンデンサを追加して回路を変換する　203

〈図10-40〉イマジナリ・ジャイレータ変換を使って変換したBPF

$$C = 45.016\text{pF}$$

コンデンサを整理する

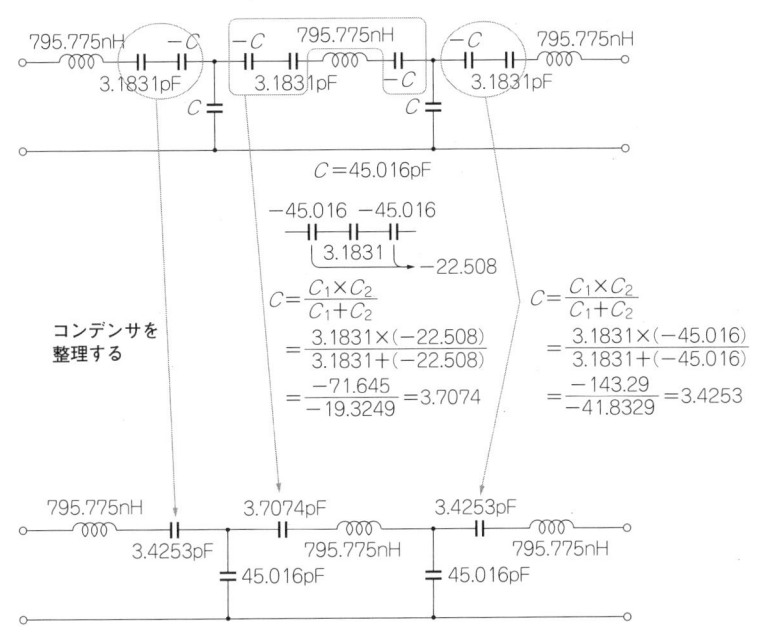

$$\begin{array}{c} -45.016 \quad -45.016 \\ 3.1831 \end{array} \rightarrow -22.508$$

$$C = \frac{C_1 \times C_2}{C_1 + C_2}$$
$$= \frac{3.1831 \times (-22.508)}{3.1831 + (-22.508)}$$
$$= \frac{-71.645}{-19.3249} = 3.7074$$

$$C = \frac{C_1 \times C_2}{C_1 + C_2}$$
$$= \frac{3.1831 \times (-45.016)}{3.1831 + (-45.016)}$$
$$= \frac{-143.29}{-41.8329} = 3.4253$$

〈図10-41〉
イマジナリ・ジャイレータ変換を行う前後のフィルタの通過特性

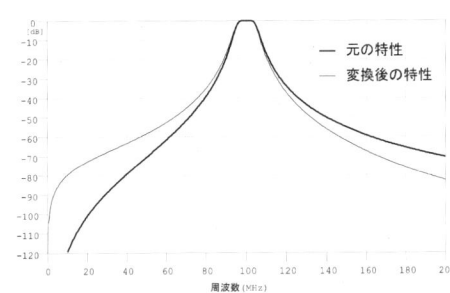

りません．

　このことを利用し，フィルタにコンデンサを追加することで，回路変換が可能な形にフィルタを変形します．具体的な例を挙げて説明しましょう．

例10-8 等リプル帯域3MHz，幾何中心周波数27MHzの2次チェビシェフBPFを，帯域内の許容リプルは0.5dB，インピーダンス50Ωで設計する

　条件を満たす2次チェビシェフBPFを設計すると，図10-43のように，右側のポートの

〈図10-42〉BPFの入出力端子に十分に大きな値のコンデンサを接続しても特性に変わりはない

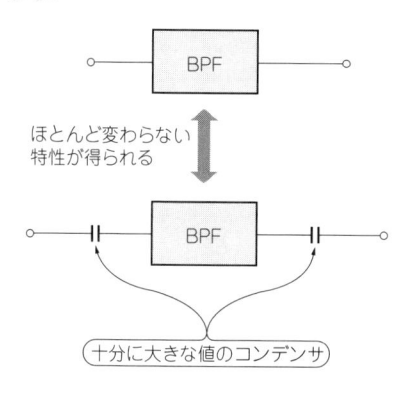

〈図10-43〉BPF化のルールに従って変換する

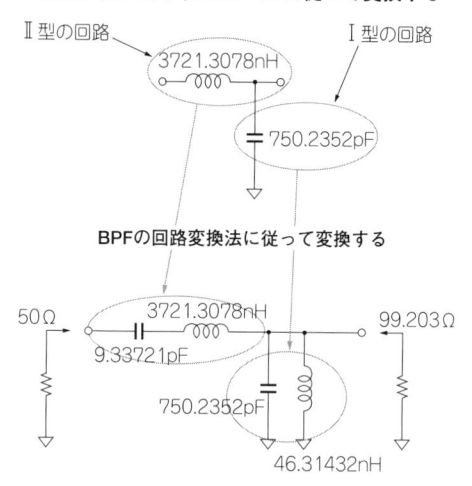

〈図10-44〉
ノートン変換を使ってトランス＋コンデンサをコンデンサ3個の回路に置き換える

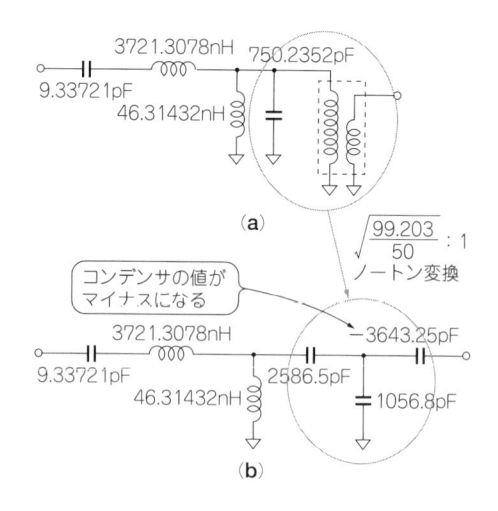

インピーダンスが99.203Ωとなっています．これを50Ωに変換します．

　最初に，先に紹介したノートン変換を使ってみます．計算を行う便宜上，トランスを使って50Ωに変換してみます．トランスを使って回路を書き直すと，**図10-44(a)**のような回路になります．コンデンサ＋トランスの形が回路中にあるので，この回路をノートン変換を使ってコンデンサ3個の回路に置き換えます．ノートン変換は，本章の前半に詳しく

10.8 十分に大きな値のカップリング・コンデンサを追加して回路を変換する　205

〈図10-45〉設計したBPFの出力側に接続する結合コンデンサの値と中心周波数付近の特性

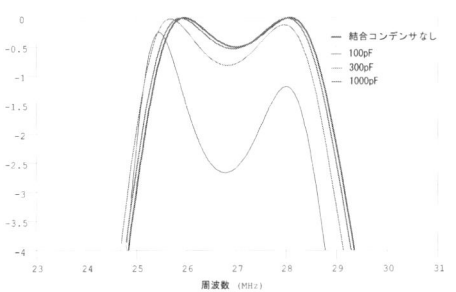

〈図10-46〉元のフィルタの右側に1000pFを追加する

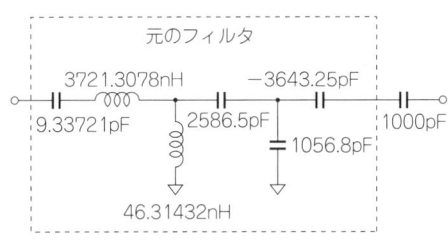

紹介しました．

ノートン変換を行うと，図10-44（b）のように，コンデンサの値がマイナスになってしまい，フィルタを実現することができません．

しかし，このフィルタはバンドパス・フィルタであるので，特性に影響を与えない程度の大きな容量のコンデンサをつないでも，特性にはほとんど違いがありません．実際に，どの程度の結合コンデンサであれば問題ないのかをシミュレーションした結果が，図10-45のグラフです．図10-45より，このBPFの場合は1000pFより大きな値のコンデンサを接続すれば，結合コンデンサのない場合とほとんど同じ特性が得られることがわかります．

仮に1000pFのコンデンサを使ったと仮定します．1000pFのコンデンサを接続すると，ノートン変換を行ったあとの回路は，図10-46のように書き換えられます．

図10-46中には，まとめられるコンデンサ（直列コンデンサ）があります．章末のAppendixに紹介している直列コンデンサの容量計算（図A-1）より，マイナスのコンデンサ（-3643.25pF）と1000pFの直列容量は次のように求められます．

$$C_{total} = \frac{C_1 \times C_2}{C_1 + C_2} = \frac{1000 \times (-3643.25)}{1000 + (-3643.25)} = \frac{-3643250}{-2643.25} \fallingdotseq 1378.32 \text{ [pF]}$$

これにより，最終的なフィルタは図10-47のようになります．

例10-9 先の例10-8ではノートン変換後に結合コンデンサを接続したが，ノートン変換を行うまえに結合コンデンサを接続する

設計するBPFは，例10-8と同じ等リプル帯域3MHz，幾何中心周波数27MHzのBPFとします．

例10-8で設計したBPFに結合コンデンサを接続すると，図10-48のようになります．

〈図10-47〉結合コンデンサ1000pFを使って実現したBPF（幾何中心周波数27MHz，等リプル帯域3MHz，リプル0.5dB）

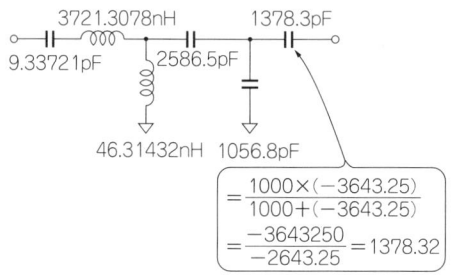

〈図10-48〉元のBPFの右側に1000pFを追加する

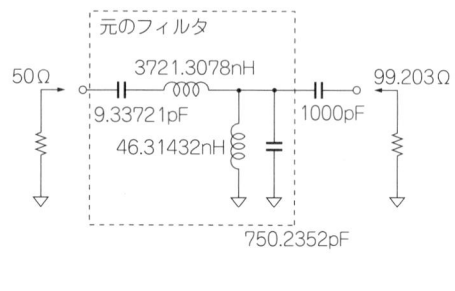

$$= \frac{1000 \times (-3643.25)}{1000 + (-3643.25)}$$
$$= \frac{-3643250}{-2643.25} = 1378.32$$

〈図10-49〉ノートン変換を使ってコンデンサ＋トランスをコンデンサ3個の回路に変換する

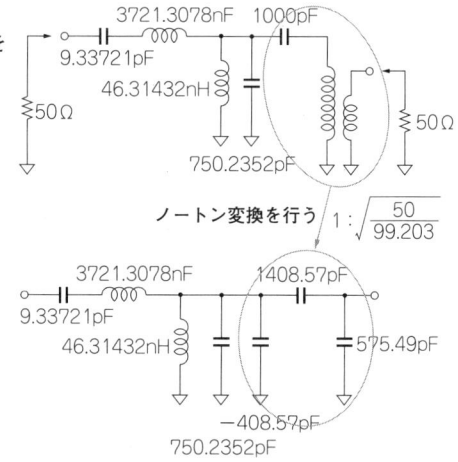

ノートン変換を行う　$1 : \sqrt{\dfrac{50}{99.203}}$

例10-8でも紹介したように，1000pFの結合コンデンサであれば元のBPFと特性にあまり違いがありません．

　図10-48の右側のインピーダンスを50Ωに変更するため，便宜上トランスをフィルタの右側に配置します．コンデンサ＋トランスの形が回路にあるので，これをコンデンサ3個の回路にノートン変換を使って置き換えます．ノートン変換を行うと，図10-49のようになります．

　図10-49の回路図中には並列コンデンサがあるので，これをまとめると図10-50の回路が得られます．

　元のBPFの特性と変換を行ったBPFの特性をシミュレーション比較してみると図10-

10.8 十分に大きな値のカップリング・コンデンサを追加して回路を変換する

〈図10-50〉並列コンデンサをまとめて完成したBPF

〈図10-51〉設計したBPFの中心周波数付近の通過特性

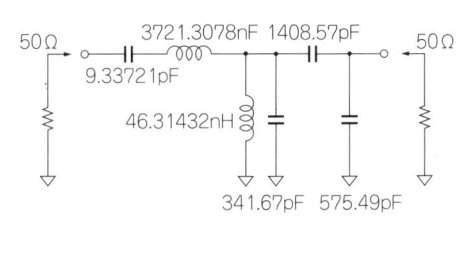

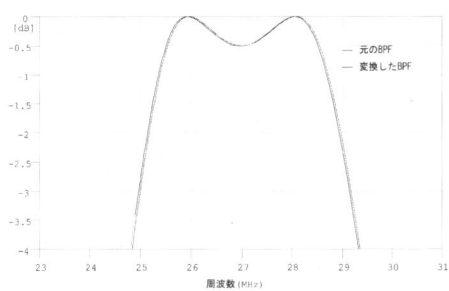

〈図10-52〉結合コンデンサの値を適当な値に選べばコンデンサの数を1個減らすことができる

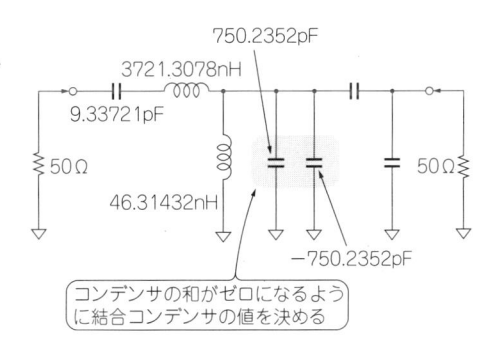

51のようになります．

図10-51を見てもわかるように，1000pFの結合コンデンサを追加して変形したBPFも，元のBPFとほとんど変わらない特性を示していることがわかります．

さらに，この結合コンデンサに適当な値を選ぶと，コンデンサを1個節約することができます．

つまり，ノートン変換を行ったあとに，一方のコンデンサの値が**図10-52**のように－750.2352pFとなるようにフィルタに追加する結合コンデンサの値を選べば，コンデンサの数を1個減らすことができます．このBPFの場合は，**図10-53**のように結合コンデンサの値を決めれば，条件を満たすことができます．したがって，このBPFの場合は結合コンデンサを1836.26pFに選べば，コンデンサの数を1個減らすことができます．最終的には，**図10-54**のような回路になります．

図10-54のBPFと元のBPFは，**図10-55**のように，シミュレーション結果を見てもほとんど変わらない特性をもっています．

〈図10-53〉条件を満たす結合コンデンサの値を求める

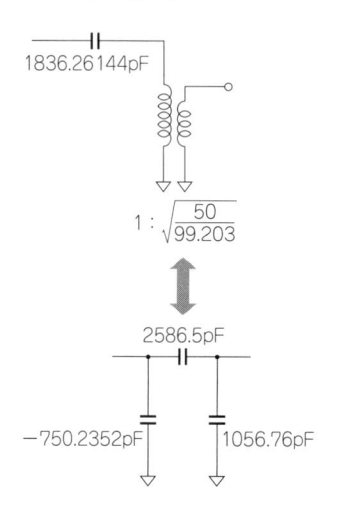

〈図10-54〉結合コンデンサの値を適当に選んでコンデンサの値を1個減らしたBPF

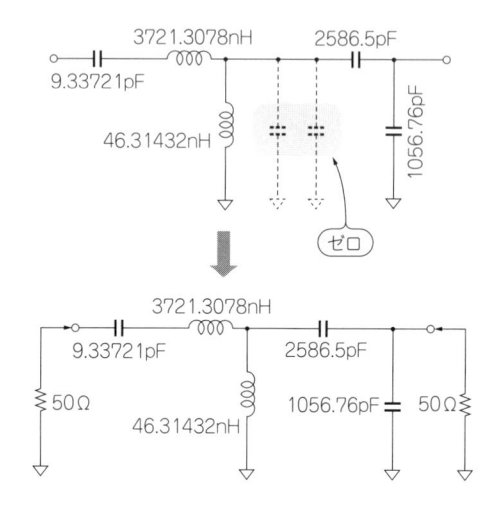

〈図10-55〉
設計したBPFと1836.26pFの結合コンデンサを追加したBPFの通過特性

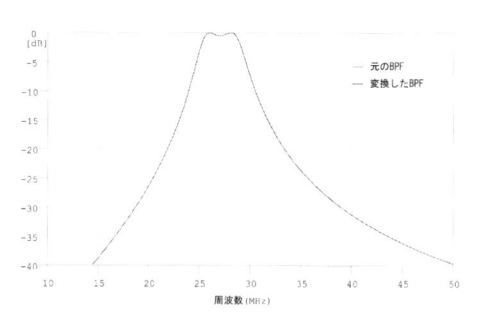

Appendix A
フィルタを作りやすくするためによく使う回路変換

ここで紹介する回路は，矢印の右側と左側で完全に同じ特性を示します．つまり，回路図中で置き換えることができます．

●コンデンサとコイル

コンデンサやコイルの等分割，直列/並列の値を求める計算式を図A-1，図A-2に示します．

●ノートン変換（Norton's First Transformation）

抵抗やコンデンサ，コイルは，図A-3で示されるように，巻き数比 $1:N$（ただし $N \neq 0$, $N \neq \infty$）のトランスと，π形に接続した三つの素子に置き換えることができます．

この三つの回路を別の形で表すと，図A-4で表されるような形になります．

〈図A-1〉コンデンサの容量

$$\frac{1}{C_{total}} = \frac{1}{C_1} + \frac{1}{C_2}$$

だから

$$C_{total} = \frac{C_1 \times C_2}{C_1 + C_2}$$

(a) コンデンサの等分割

$$C_{total} = C_1 + C_2$$

(b) 並列コンデンサの容量

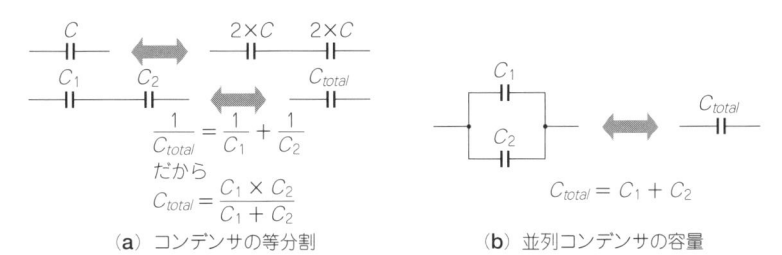

〈図A-2〉コイルのインダクタンス

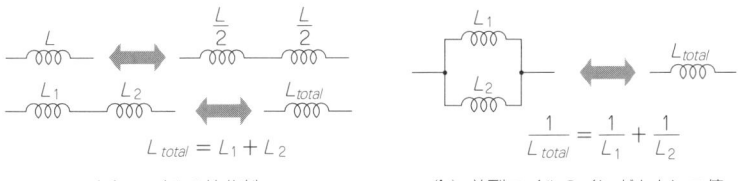

$$L_{total} = L_1 + L_2$$

(a) コイルの等分割

$$\frac{1}{L_{total}} = \frac{1}{L_1} + \frac{1}{L_2}$$

(b) 並列コイルのインダクタンス値

〈図A-3〉
3種類のノートン1次変換

(a)

(b)

(c)

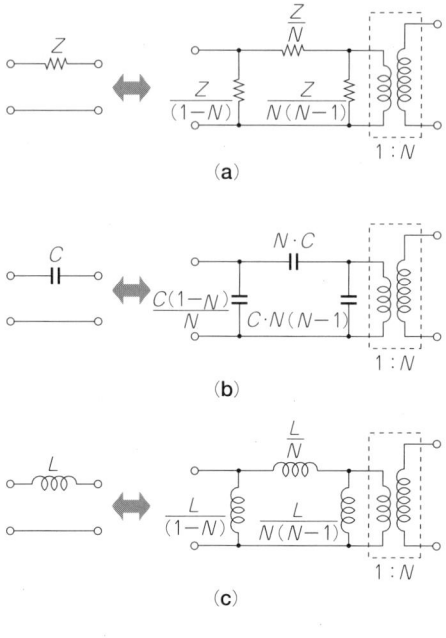

〈図A-4〉
別の形のノートン1次変換

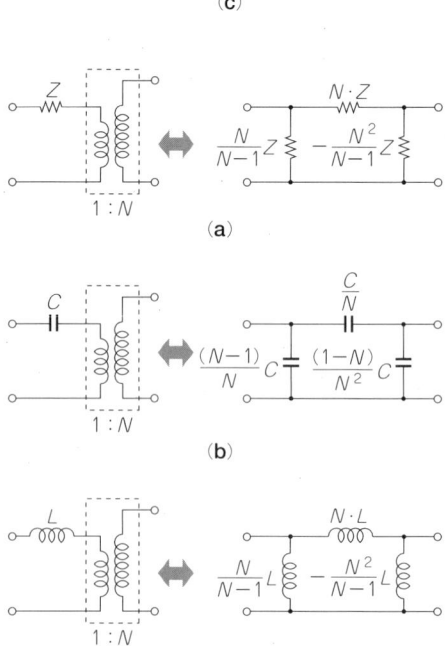

(a)

(b)

(c)

〈図A-5〉
3種類のノートン2次変換

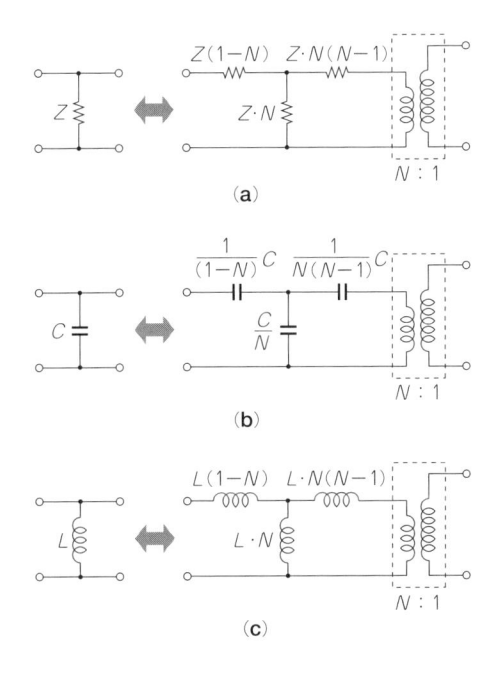

(a)

(b)

(c)

また，シャント接続されたインピーダンスは，**図A-5**のようにまったく等価な回路に置き換えることができます．これをノートン2次変換（Norton's Second Transformation）といいます．

これも別の形で表すと，**図A-6**のようになります．

● π-T/T-π変換

コンデンサとコイルのT形回路，π形回路の変換方法を**図A-7**に示します．変換したあとの素子値は図中の計算式で求めます．

● そのほかの変換

そのほかのコンデンサとコイルの回路変換で，フィルタ設計に便利に使えるものを**図A-8**に示します．変換後の素子値は図中の計算式で求めます．

● トランスを使った変換

トランスを使った変換を**図A-9**に示します．図中のKは巻き数比です．

● イマジナリ・ジャイレータ

イマジナリ・ジャイレータを使ったLC回路の変換方法を**図A-10**に示します．

〈図A-6〉
別の形のノートン2次変換

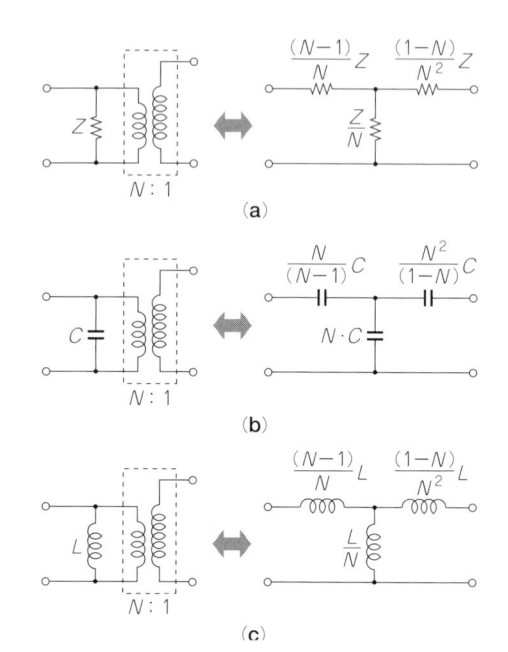

(a)

(b)

(c)

〈図A-7〉 π-T/T-π変換

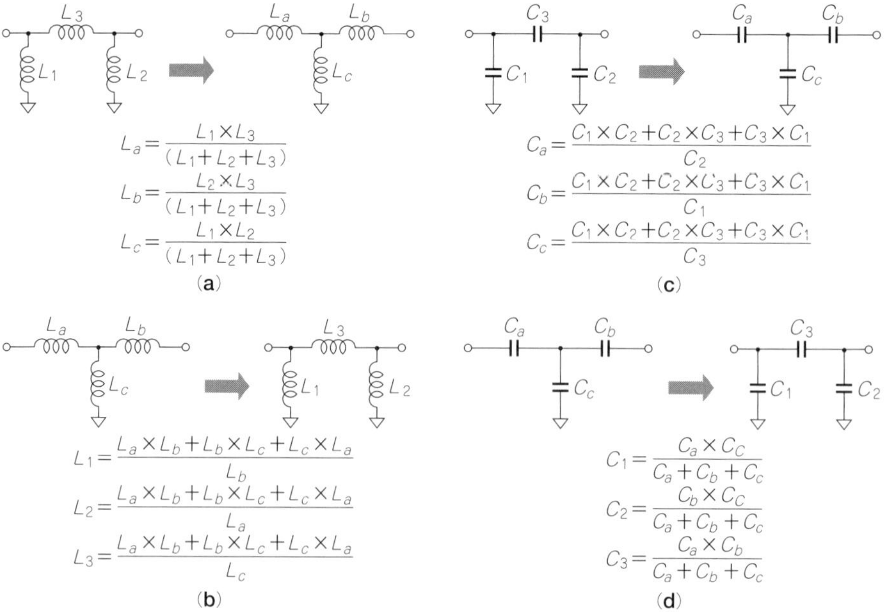

$$L_a = \frac{L_1 \times L_3}{(L_1 + L_2 + L_3)}$$
$$L_b = \frac{L_2 \times L_3}{(L_1 + L_2 + L_3)}$$
$$L_c = \frac{L_1 \times L_2}{(L_1 + L_2 + L_3)}$$

(a)

$$C_a = \frac{C_1 \times C_2 + C_2 \times C_3 + C_3 \times C_1}{C_2}$$
$$C_b = \frac{C_1 \times C_2 + C_2 \times C_3 + C_3 \times C_1}{C_1}$$
$$C_c = \frac{C_1 \times C_2 + C_2 \times C_3 + C_3 \times C_1}{C_3}$$

(c)

$$L_1 = \frac{L_a \times L_b + L_b \times L_c + L_c \times L_a}{L_b}$$
$$L_2 = \frac{L_a \times L_b + L_b \times L_c + L_c \times L_a}{L_a}$$
$$L_3 = \frac{L_a \times L_b + L_b \times L_c + L_c \times L_a}{L_c}$$

(b)

$$C_1 = \frac{C_a \times C_c}{C_a + C_b + C_c}$$
$$C_2 = \frac{C_b \times C_c}{C_a + C_b + C_c}$$
$$C_3 = \frac{C_a \times C_b}{C_a + C_b + C_c}$$

(d)

〈図A-8〉そのほかの変換

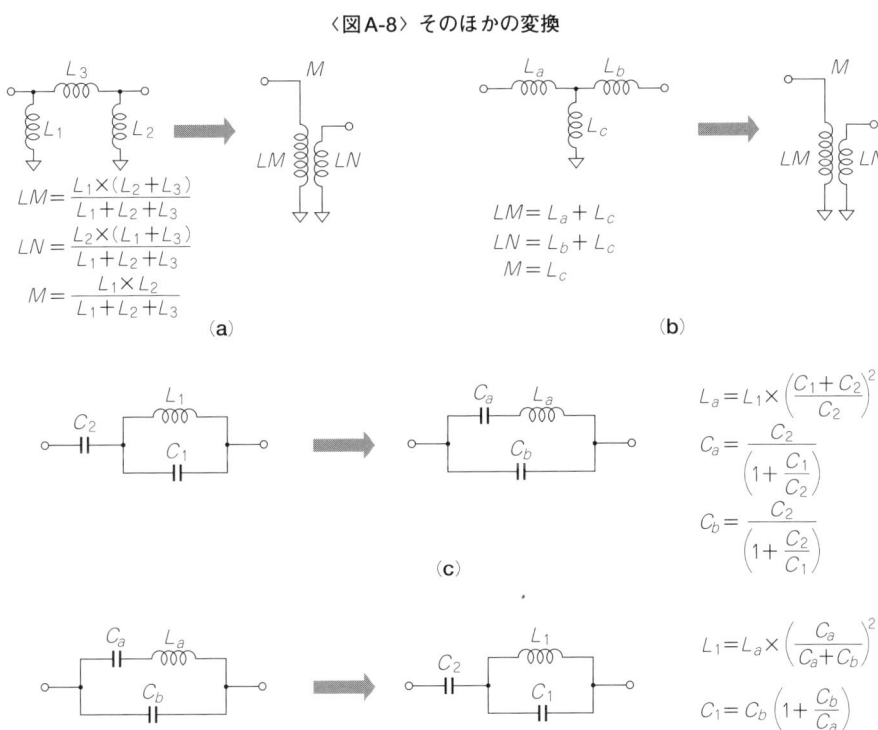

(a)

$$LM = \frac{L_1 \times (L_2 + L_3)}{L_1 + L_2 + L_3}$$

$$LN = \frac{L_2 \times (L_1 + L_3)}{L_1 + L_2 + L_3}$$

$$M = \frac{L_1 \times L_2}{L_1 + L_2 + L_3}$$

(b)

$$LM = L_a + L_c$$
$$LN = L_b + L_c$$
$$M = L_c$$

(c)

$$L_a = L_1 \times \left(\frac{C_1 + C_2}{C_2}\right)^2$$

$$C_a = \frac{C_2}{\left(1 + \frac{C_1}{C_2}\right)}$$

$$C_b = \frac{C_2}{\left(1 + \frac{C_2}{C_1}\right)}$$

(d)

$$L_1 = L_a \times \left(\frac{C_a}{C_a + C_b}\right)^2$$

$$C_1 = C_b \left(1 + \frac{C_b}{C_a}\right)$$

$$C_2 = C_a + C_b$$

(e)

$$L_a = L_2 \left(1 + \frac{L_2}{L_1}\right)$$

$$L_b = L_1 + L_2$$

$$C_a = C_1 \times \left(\frac{L_1}{L_1 + L_2}\right)^2$$

(f)

$$C_1 = C_a \times \left(\frac{L_a + L_b}{L_b}\right)^2$$

$$L_1 = \frac{L_b}{\left(1 + \frac{L_a}{L_b}\right)}$$

$$L_2 = \frac{L_b}{\left(1 + \frac{L_b}{L_a}\right)}$$

〈図A-9〉トランスを使った変換

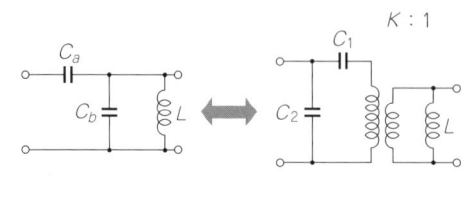

$$K = \frac{C_a + C_b}{C_a} = \frac{C_1 + C_2}{C_1}$$

$$C_1 = \frac{C_a}{K}$$

$$C_2 = \frac{C_b}{K}$$

〈図A-10〉イマジナリ・ジャイレータを使った変換

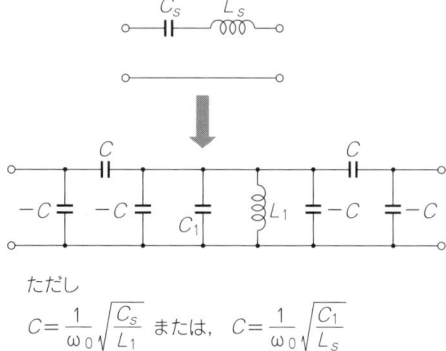

ただし

$$C = \frac{1}{\omega_0}\sqrt{\frac{C_S}{L_1}} \quad \text{または，} \quad C = \frac{1}{\omega_0}\sqrt{\frac{C_1}{L_S}}$$

$$C_1 \times L_1 = L_S \times C_S$$

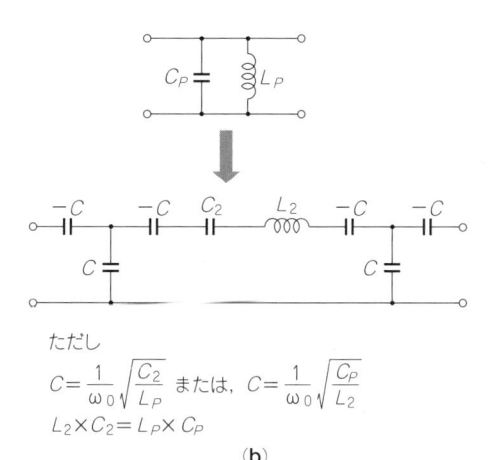

(a)

ただし

$$C = \frac{1}{\omega_0}\sqrt{\frac{C_2}{L_P}} \quad \text{または，} \quad C = \frac{1}{\omega_0}\sqrt{\frac{C_P}{L_2}}$$

$$L_2 \times C_2 = L_P \times C_P$$

(b)

第11章

共振器容量結合型バンドパス・フィルタの設計
―通過帯域の狭い用途に適した―

　共振器結合フィルタは，帯域の狭い(すなわちフィルタのQが大きい)用途に適しています．図11-1に，このタイプのフィルタの特徴的な形を紹介します．N次の共振器結合BPFは，N個の共振器と$N-1$個の結合素子Kで構成されます．

11.1　共振器結合型バンドパス・フィルタの設計方法

　共振器結合型BPFの設計にも，正規化LPF(カットオフ周波数$1/(2\pi)$Hz，インピーダンス1Ω)の素子値を使います．
　設計方法はちょっと複雑なので，具体的に計算を行いながら説明します．

例11-1 中心周波数100MHz，バンド幅5MHz(±2.5MHz)，インピーダンス50Ωの3次バターワース共振器容量結合型BPFを設計する

　設計する3次の共振器結合型BPFは，図11-2に示すように，三つの共振回路と二つの結合素子(K_{12}, K_{23})で構成されます．

〈図11-1〉
3次共振器結合型バンドパス・フィルタの構成

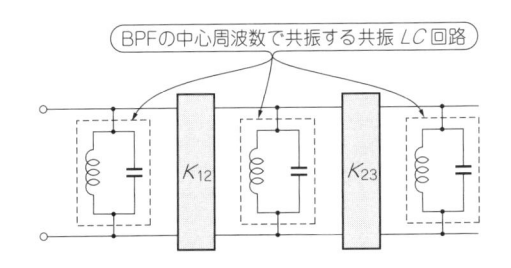

〈図11-2〉
3次共振器容量結合型BPF

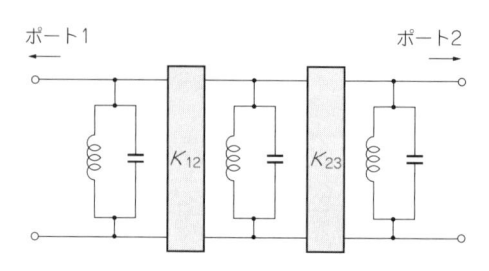

〈図11-3〉
3次正規化バターワースLPF（遮断周波数 $1/(2\pi)$ Hz，インピーダンス 1Ω）

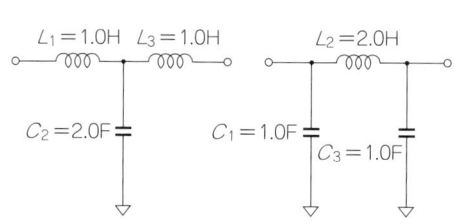

【手順1】

　最初に，正規化LPFの素子値をもとにして，次数と同じ数のパラメータを求めます．バターワース型LPFの章で説明したとおり，3次の正規化バターワース型LPFは，**図11-3**のようになります．

　3次のBPFには，$g_1 \sim g_3$ の三つのパラメータが必要です．この $g_1 \sim g_3$ は，正規化LPFの素子値と等しい値です．バターワース型のフィルタの場合，$g_1 \sim g_3$ の値は次のようになります．

$$g_1 = C_1 (\text{または} L_1) = 1.0$$
$$g_2 = C_2 (\text{または} L_2) = 2.0$$
$$g_3 = C_3 (\text{または} L_3) = 1.0$$

【手順2】

　求めた g_1，g_2，g_3，…，g_n から，正規化結合係数 k_{12}，k_{23}，k_{34}，…，$k_{n-1, n}$ を計算します．正規化結合係数は次の式で計算されます．

$$k_{n-1, n} = \frac{1}{\sqrt{g_{n-1} \cdot g_n}}$$

　今回の例では，k_{12}，k_{23} の2個のパラメータを求める必要があります．

$$k_{12} = \frac{1}{\sqrt{g_1 \cdot g_2}} = \frac{1}{\sqrt{1 \times 2}} = \frac{1}{\sqrt{2}}$$

11.1 共振器結合型バンドパス・フィルタの設計方法

$$k_{23} = \frac{1}{\sqrt{g_2 \cdot g_3}} = \frac{1}{\sqrt{2 \times 1}} = \frac{1}{\sqrt{2}}$$

【手順3】

次に，係数 K_{12}, K_{23}, K_{34}, $\cdots$, $K_{n-1,n}$ を求めます．この値は次の式で求められます．

$$K_{n-1,n} = \frac{\Delta f \cdot k_{n-1,n}}{f_0}$$

f_0：中心周波数

Δf：3dBバンド幅

今の例では次のようになります．

$$K_{12} = \frac{\Delta f \cdot k_{12}}{f_0} = \frac{5.0 \times 10^6 \times \dfrac{1}{\sqrt{2}}}{99.9687 \times 10^6} \fallingdotseq 0.035366$$

$$K_{23} = \frac{\Delta f \cdot k_{23}}{f_0} = \frac{5.0 \times 10^6 \times \dfrac{1}{\sqrt{2}}}{99.9687 \times 10^6} \fallingdotseq 0.035366$$

【手順4】

LC並列共振回路に用いる適当な値のインダクタンス値を選び，ポート1，ポート2にマッチングするインピーダンス，およびLC並列共振回路の共振コンデンサの値を計算します．

適当な値のインダクタとして，ここでは10nHを選びました．この10nHは，所望のインピーダンスに変換する際に変更されますので，ここではどんな値を選んでもかまいません．計算しやすい値がよいでしょう．

フィルタのポート1とポート2にマッチングするインピーダンスは，次の式で計算されます．

$$Z_1 = \frac{2\pi f_0^2 L g_1}{\Delta f}$$

$$Z_2 = \frac{2\pi f_0^2 L g_n}{\Delta f}$$

L：使用したインダクタの値［H］

この例でのインピーダンスは，$g_1 = g_{n(=3)} = 1$，$L = 10$nH であるので，

〈図11-4〉
設計した共振器結合型BPF

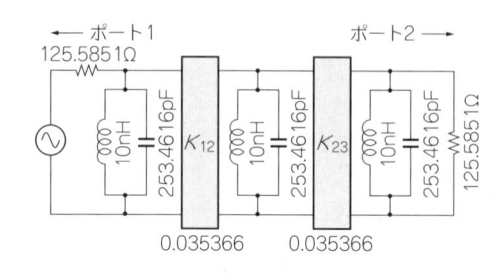

$$Z_1 = Z_2 = \frac{2\pi \times (99.9687 \times 10^6)^2 \times 10 \times 10^{-9} \times 1.0}{5.0 \times 10^6} \fallingdotseq 125.5851$$

となります．

次に，並列共振回路の共振コンデンサの値を求めます．このコンデンサ $C_{resonator}$ は，次の式で求められ，今回の場合には253.4616pFとなります．

$$C_{resonator} = \frac{1}{\omega_0^2 \times L_{resonator}} = \frac{1}{(2\pi f_0)^2 \times L_{resonator}}$$

$$C_{resonator} = \frac{1}{(2\pi \times 99.9687 \times 10^6)^2 \times 10 \times 10^{-9}} \fallingdotseq 253.4616 \mathrm{pF}$$

このフィルタの幾何中心周波数は，次のように99.9687MHzと計算されます．

$$f_{LOW} = 100 - \frac{5}{2} = 97.5 \mathrm{MHz}$$

$$f_{HIGH} = 100 + \frac{5}{2} = 102.5 \mathrm{MHz}$$

$$f_0 = \sqrt{97.5 \times 102.5} \fallingdotseq 99.9687$$

バターワース型などのフィルタでは，$g_1 = g_n$ であるので，ポート1，ポート2とマッチングするインピーダンスは同じになります．しかし，たとえばベッセル・フィルタやガウシャン・フィルタなど，$g_1 = g_n$ とならないものもあります．この場合には，第10章で説明したように，ノートン変換やトランスなどを使って，インピーダンス変換する必要があります．

【手順5】

BPFの回路は**図11-4**のようになります．入出力のインピーダンスは125.58Ωとなっています．

結合係数のままではフィルタを実現できませんので，結合係数（K_{12}, K_{23}）をコンデンサ

〈図11-5〉
コンデンサで置き換えた共振器
結合型BPF

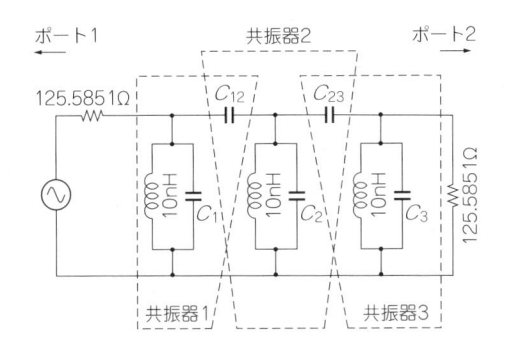

〈図11-6〉
結合係数をコンデンサに置き換えた
共振器結合型BPF

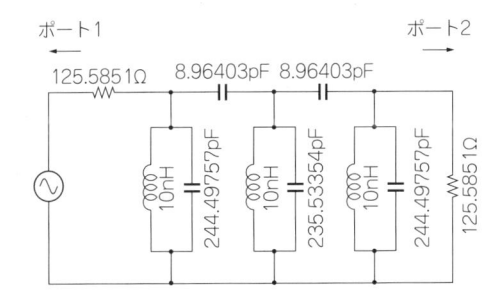

に置き換えます．コンデンサで置き換えた回路は**図11-5**のようになります．

図11-5の結合コンデンサは，次の式で計算します．これは，結合コンデンサが，周波数に依存せず一定のインピーダンスをもっているという仮定で計算されるものです．しかし，実際はコンデンサのインピーダンスは周波数によって変わるので，この条件はごく限られた狭い周波数範囲でのみ成り立ちます．

$C_{12} = K_{12} \times C_{resonator} = 253.4616 \times 0.035366 \fallingdotseq 8.96403 \text{pF}$

$C_{23} = K_{23} \times C_{resonator} = 253.4616 \times 0.035366 \fallingdotseq 8.96403 \text{pF}$

C_{12}，C_{23}を付加したため，**図11-5**の点線で囲まれた共振回路の共振周波数が，設計値であるf_0と異なってしまいました．共振周波数を設計値に戻すため，共振回路に付加された容量を差し引きます．計算式は次のようになります．完成した回路は**図11-6**のようになります．

$C_1 = C_{resonator} - C_{12} = 244.49757 \text{pF}$

$C_2 = C_{resonator} - C_{12} - C_{23} = 235.53354 \text{pF}$

$C_3 = C_{resonator} - C_{23} = 244.49757 \text{pF}$

〈図11-7〉完成した3次バターワース共振器結合型BPF（中心周波数100MHz，バンド幅5MHz，インピーダンス50Ω）

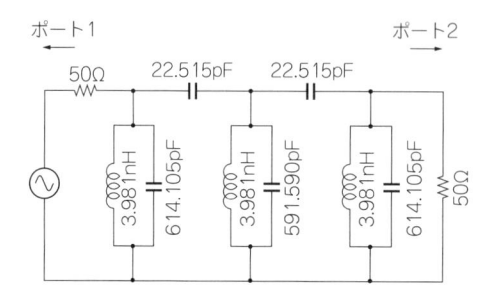

〈図11-8〉共振器を構成するコイルにタップを設ける

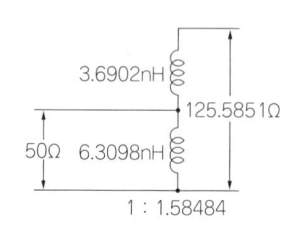

〈図11-9〉タップをもったコイルを使った3次バターワース共振器結合型BPF

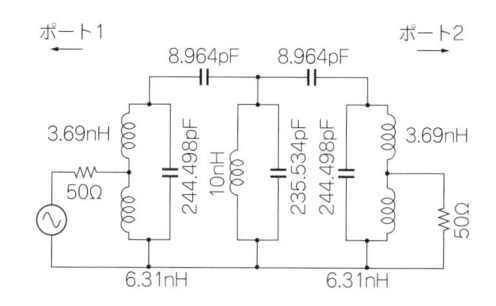

【手順6】

設計した共振器結合型BPFの入出力インピーダンスは125.5851Ωなので，最後に目的の50Ωに変更する必要があります．そのために，50Ωとの比Kを求めます．

$$K = \frac{\text{目的のインピーダンス}}{\text{基準になるもとのインピーダンス}} = \frac{50Ω}{125.5851Ω} \fallingdotseq 0.39814$$

インピーダンス変換後の回路は，**図11-7**のようになります．

また，**図11-8**に示すように，入出力ポートに近い共振器を構成するコイルを分割することで，インピーダンス変換することもできます．**図11-6**の回路では125.5851：50＝2.5117：1の比があるので，コイルの巻き数比が$\sqrt{2.5117}：1＝1.58484：1$となるように分割します．回路は**図11-9**のようになります．分割比が比較的小さい場合に，もとの回路に近い特性を示します．

以上で完成です．**図11-10**に，設計した周波数100MHz，バンド幅5MHzの共振器容量結合型BPFの特性をシミュレーションした結果を示します．

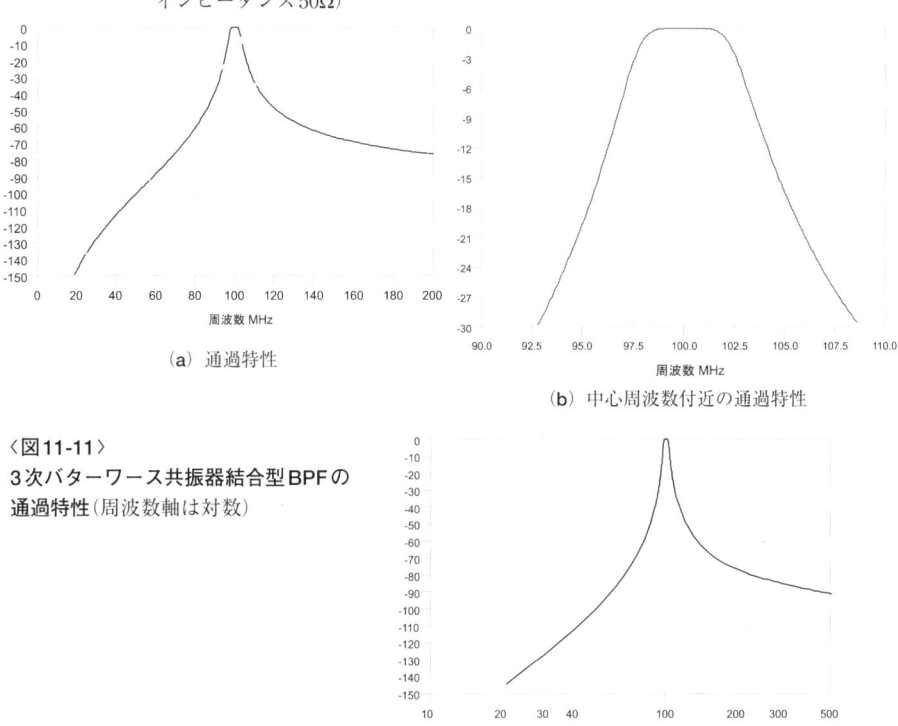

〈図11-10〉3次バターワース共振器結合型BPFの特性（中心周波数100MHz, バンド幅5MHz, インピーダンス50Ω）

(a) 通過特性

(b) 中心周波数付近の通過特性

〈図11-11〉
3次バターワース共振器結合型BPFの通過特性（周波数軸は対数）

結合素子として共振回路間にコンデンサを追加したため，周波数0Hzにゼロ点（信号が通過しない点）が追加されます．そのため，このフィルタの帯域特性は，中心周波数よりも低い周波数のスロープが中心周波数より高い周波数のスロープに比べて，いくぶん急になります．図11-11のように周波数軸を対数にしても，通過特性の形は対称にはなりません．

11.2 設計手順のまとめ

共振器結合型BPFの設計手順を図11-12にまとめておきます．計算のステップが長いのですが，すべて四則演算と平方根の簡単な計算ばかりです．

例11-2 76MHz～90MHzのFM放送バンド用BPFを共振器容量結合型BPFで設計し試作する

FM放送バンド用のフィルタの設計仕様を次に示します．

フィルタの型：2次バターワース
周波数範囲：76MHz～90MHz
バンド幅：14MHz
幾何中心周波数：82.7043MHz
入出力インピーダンス：50Ω

　2次バターワース型正規化LPFの設計データをもとに，共振器容量結合型BPFを設計すると，**図11-13**のようになります．

簡単に計算手順を説明します

【手順1】

g_1，g_2を正規化LPFのデータから求めます．

$g_1 = 1.41421$

$g_2 = 1.41421$

【手順2】

k_{12}を計算します．

$$k_{12} = \frac{1}{\sqrt{g_1 g_2}} = \frac{1}{\sqrt{2}} = 0.70711$$

【手順3】

K_{12}を計算します．

$$K_{12} = \frac{\Delta f k_{12}}{f_0} = \frac{14 \times 10^6 \times 0.70711}{82.7043 \times 10^6} \fallingdotseq 0.1197$$

【手順4】

計算のため，共振器のコイルを一時的に10nHとします．

【手順5】

ポートのインピーダンスを求めます．

$$Z_1 = \frac{2\pi f_0^2 L g_1}{\Delta f} = \frac{2\pi \times (82.7043 \times 10^6)^2 \times 10 \times 10^{-9} \times 1.41421}{14 \times 10^6}$$

$$= \frac{2\pi \times (82.7043)^2 \times 1.41421 \times 10^4}{14 \times 10^6} \fallingdotseq 4341.321 \times 10^{-2} = 43.41321$$

$$Z_2 = \frac{2\pi f_0^2 L g_2}{\Delta f} = \frac{2\pi \times (82.7043 \times 10^6)^2 \times 10 \times 10^{-9} \times 1.41421}{14 \times 10^6} \fallingdotseq 43.41321$$

11.2 設計手順のまとめ

〈図11-12〉共振器容量結合型バンドパス・フィルタの設計手順

```
┌─────────────────────────────┐
│ 正規化LPFの素子値より $g_1, g_2, g_3 \cdots g_n$ │
│ を求める                     │
└─────────────┬───────────────┘
              ↓
┌─────────────────────────────┐
│ $k_{12}, k_{23}, k_{34} \cdots k_{n-1,n}$ を計算する │
│ $\left(k_{n-1,n} = \dfrac{1}{\sqrt{g_{n-1} \cdot g_n}}\right)$ │
└─────────────┬───────────────┘
              ↓
┌─────────────────────────────┐
│ $K_{12}, K_{23}, K_{34} \cdots K_{n-1,n}$ を計算する │
│ $\left(K_{n-1,n} = \dfrac{\Delta f \cdot K_{n-1,n}}{f_0}\right)$ │
│ $\Delta f$：バンド幅         │
│ $f_0$：幾何中心周波数        │
└─────────────┬───────────────┘
              ↓
┌─────────────────────────────┐
│ 共振器のコイルの値を適当に決める │
└─────────────┬───────────────┘
              ↓
┌─────────────────────────────┐
│ ポート・インピーダンスを求める │
│ $Z_1 = \dfrac{2\pi \cdot f_0^2 \times L \times g_1}{\Delta f}$ (ポート1) │
│ $Z_2 = \dfrac{2\pi \cdot f_0^2 \times L \times g_n}{\Delta f}$ (ポート2) │
└─────────────┬───────────────┘
              ↓
┌─────────────────────────────┐
│ 共振器のコンデンサの値を計算する │
│ $C_{resonator} = \dfrac{1}{\omega_0^2 \times L_{resonator}}$ │
│ $= \dfrac{1}{(2\pi \cdot f_0)^2 \times L_{resonator}}$ │
└─────────────┬───────────────┘
              ↓
┌─────────────────────────────┐
│ 総合コンデンサの値をすべて計算する │
│ $C_{12} = K_{12} \times C_{resonator}$ │
│ $C_{n-1,n} = K_{n-1,n} \times C_{resonator}$ │
└─────────────┬───────────────┘
              ↓
┌─────────────────────────────┐
│ 共振器のコンデンサから，結合コンデンサの値を差し引く │
└─────────────┬───────────────┘
              ↓
┌─────────────────────────────┐
│ 目的のインピーダンスにインピーダンス変換を行う │
└─────────────────────────────┘
```

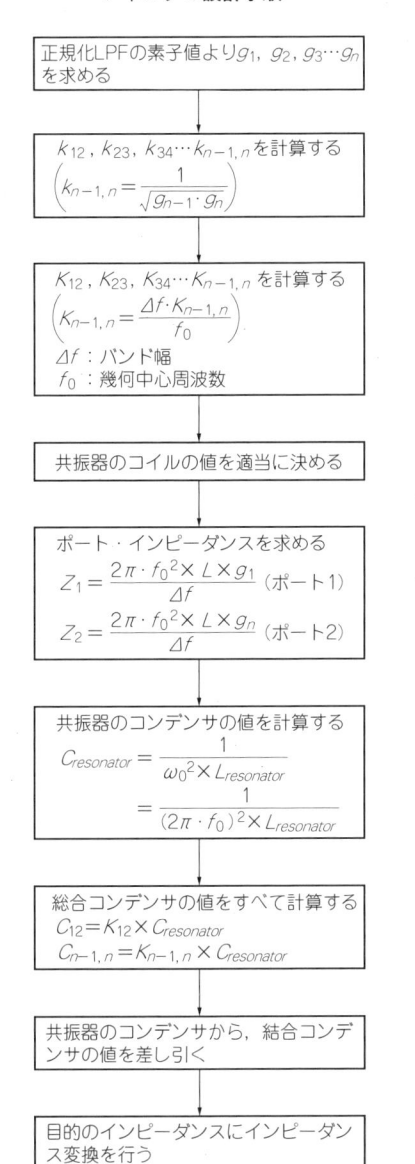

〈図11-13〉設計したFM放送バンド用2次共振器容量結合型BPF

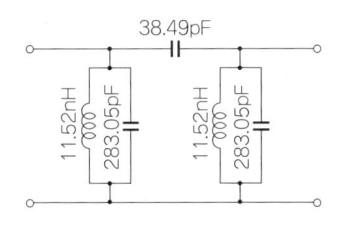

結合コンデンサ：38.49pF
共振回路：11.52nH ∥ 283.05pF（両側）

〈図11-14〉手順6まで計算を行って設計したBPF

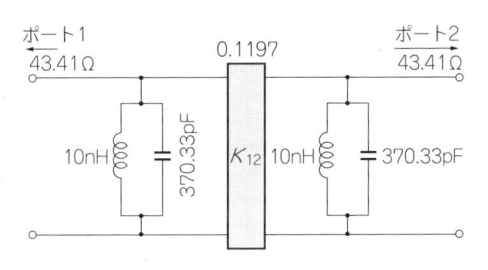

ポート1：43.41Ω，ポート2：43.41Ω
共振器：10nH ∥ 370.33pF（両側）
結合部：$K_{12} = 0.1197$

〈図11-15〉手順8まで計算を行って設計したBPF

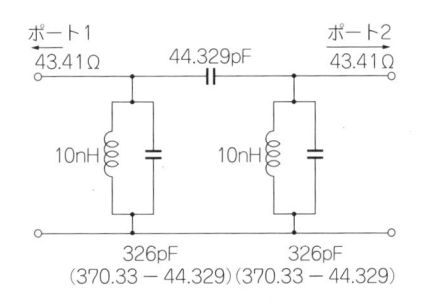

ポート1：43.41Ω，ポート2：43.41Ω
結合コンデンサ：44.329pF
共振器コイル：10nH（両側）
共振器コンデンサ：326pF (370.33 − 44.329)（両側）

【手順6】

計算のため一時的に決めた値のコイル（10nH）と共振する共振器のコンデンサの値を計算します．

$$C_{resonator} = \frac{1}{\omega_0^2 \times L_{resonator}} = \frac{1}{(2\pi f_0)^2 \times L_{resonator}} = \frac{1}{(2\pi \times 82.7043 \times 10^6)^2 \times 10 \times 10^{-9}}$$

$$= \frac{1}{(2\pi \times 82.7043)^2 \times 10^4} \fallingdotseq 0.37033 \times 10^{-9} = 370.33 \text{pF}$$

この段階で，図11-14のBPFが設計できます．
このままではフィルタを実現できないので，K_{12}をコンデンサに置き換えます．

【手順7】

結合コンデンサの容量を計算します．

$$C_{12} = K_{12} \times C_{resonator} = 0.1197 \times 370.33 \text{pF} \fallingdotseq 44.329 \text{pF}$$

【手順8】

結合コンデンサを付加したため，共振器の共振周波数がフィルタの幾何中心周波数より下がってしまいます．共振器の中心周波数をフィルタの幾何中心周波数に合わせるため，各共振器から結合コンデンサの容量を差し引きます．ここまでの計算を行うと，図11-15の回路が得られます．

【手順9】

今，ポートのインピーダンスは43.41Ωなので，これを目的のインピーダンス（50Ω）に変更します．インピーダンスを変更するには変数Kを求めて，すべてのコイルの値にKを掛け，すべてのコンデンサの値をKで割ると実行できます．

$$K = \frac{\text{目的のインピーダンス}}{\text{基準になるもとのインピーダンス}}$$

$$L_{(NEW)} = L_{(OLD)} \times K$$

$$C_{(NEW)} = \frac{C_{(OLD)}}{K}$$

これで設計できました．手順9を実行すると，図11-13の回路が得られます．

BPFの章で紹介した設計方法で帯域の狭いBPFを設計する場合，図11-16のように，使用するコイルの値に大きな差が生まれます．しかし，この共振器容量結合型BPFの場合は，図11-13に示したように，使用するコイルは比較的作りやすい値になります．

図11-17に，設計したFM放送バンド用2次共振器容量結合型BPFの特性をシミュレー

11.2 設計手順のまとめ　225

〈図11-16〉
BPFの章で紹介した方法を使って設計した
FM放送バンド用2次バターワースBPF

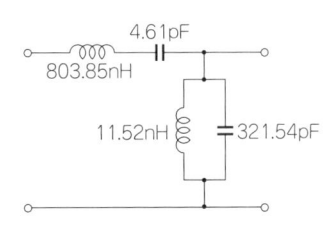

〈図11-17〉設計したFM放送バンド用2次共振器容量結合型BPFの特性

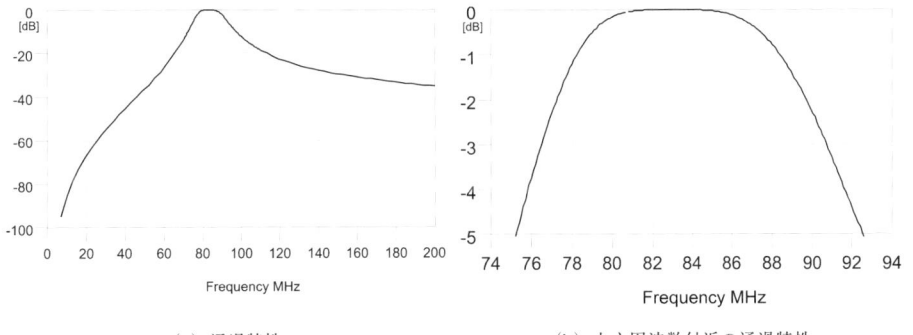

(a) 通過特性

(b) 中心周波数付近の通過特性

〈図11-18〉
FM放送バンド用バターワースBPFの
通過特性

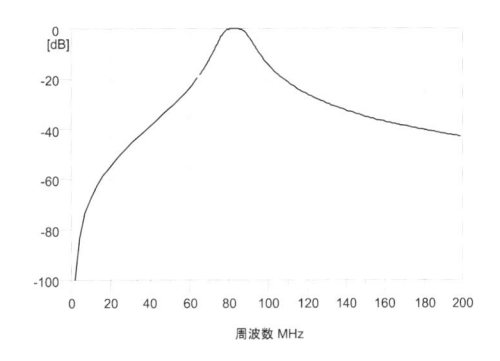

ションした結果を示します．中心周波数が設計値と多少異なるのは，パラメータをコンデンサで置き換えたためです．このように，広い帯域（Qが約20以下）のフィルタをこの手法で設計する際には，帯域が設計値と少し異なります．

図11-18に，共振器容量結合型フィルタを使わないBPF（図11-16）の特性を紹介します．これらのシミュレーション結果からもわかるように，二つのBPFの遮断特性にはあまり

〈写真11-1〉製作したFM放送バンド用共振器結合型BPF

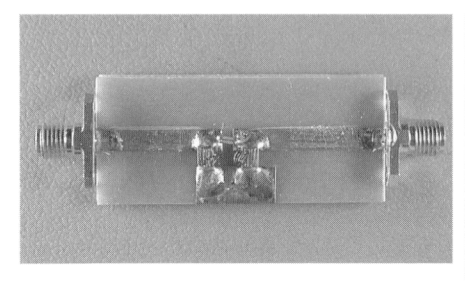

(a) 全体

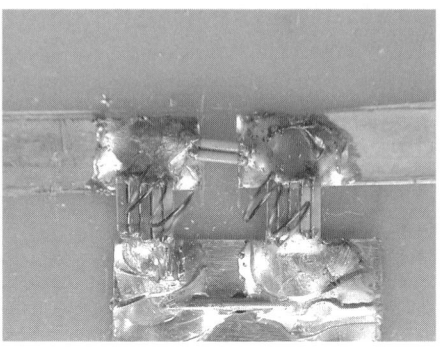

(b) 拡大(コンデンサはチップ型を2〜5個並列にしている)

〈表11-1〉使用したコイルの設計データ(11nH)

項目	パラメータ
コイル直径	2.2mm
巻き数	3回
コイル長さ	2.92mm
線径	0.20mm

〈写真11-2〉製作した共振器結合型BPFの測定結果 (10〜200MHz, 10dB/div.)

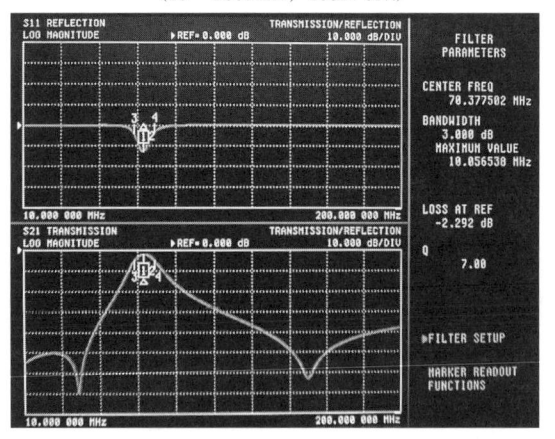

大きな違いはありません．しかし，通過帯域の狭いBPFを作る場合には，使用するコイルの値が揃った共振器結合型フィルタのほうが作りやすいでしょう．

　写真11-1は，実際に製作したFM放送バンド用共振器容量結合型BPFの外観です．
　製作には，別の章で紹介した空芯コイルを使いました．11.52nHを実現するための空芯コイルの設計データは無限にあるのですが，今回は**表11-1**の値を使用しました．
　写真11-2の測定結果を見ると，バンド幅は設計値どおりですが，中心周波数が約70.4MHzと，設計値である82.7MHzよりも下がっていることがわかります．

〈写真11-3〉
フィルタのインダクタンスを
取り除いて測定した結果
（10〜200MHz，10dB/div.）

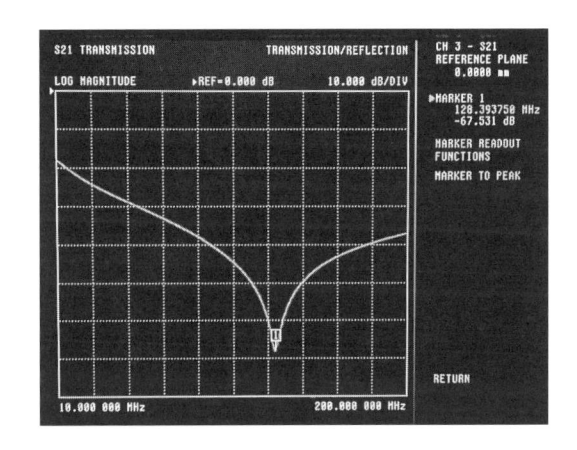

〈図11-19〉フィルタのインダクタンスを取り除いた回路

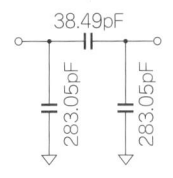

〈図11-20〉図11-19の回路のシミュレーション結果

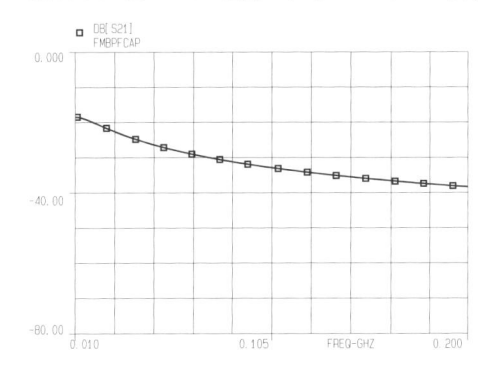

11.3　高周波のBPFを製作する場合の問題点

　先に紹介したFM放送バンド用共振器容量結合型BPFは，製作する人によって異なる特性が得られるはずです．というのも，回路図にない情報があるからです．

　読者のなかで気付かれた方もいると思いますが，実は今回は故意に大きめの（自己インダクタンスの大きい）チップ・コンデンサを並列にして使いました．理由は，コンデンサの性能を故意に悪くして，現象をわかりやすくするためです．

　このFM放送バンド用フィルタの測定結果を見ると明らかですが，シミュレーション結果にはないゼロ点（ノッチ点）がバンドの両側に現れています．また，中心周波数も設計値より低くなっています．

228   第11章　共振器容量結合型バンドパス・フィルタの設計

〈図11-21〉コンデンサまわりの等価回路

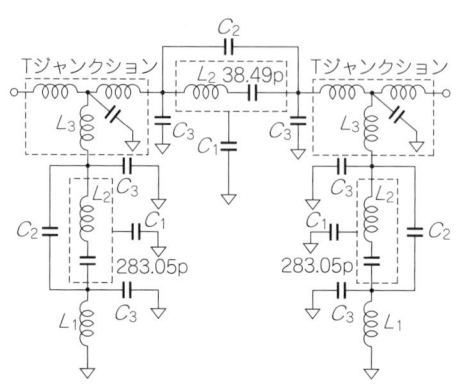

〈図11-22〉実際の共振回路

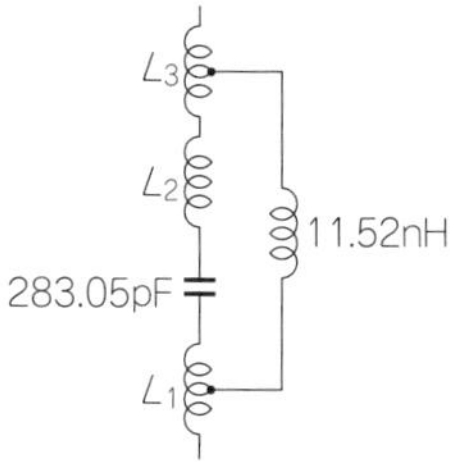

C_1：コンデンサの電極とGND間の浮遊容量
C_2：端子間容量（マイクロストリップ・ギャップ）
C_3：開放端容量（マイクロストリップ・オープン）
L_1：基板裏面とのインダクタンス（スルー・ホールのインダクタンスなど）
L_2：コンデンサ内部の自己インダクタンス
L_3：Tジャンクションを構成するインダクタンス

〈図11-23〉実際の2次共振器容量結合型BPFではこのようにインダクタが付加される

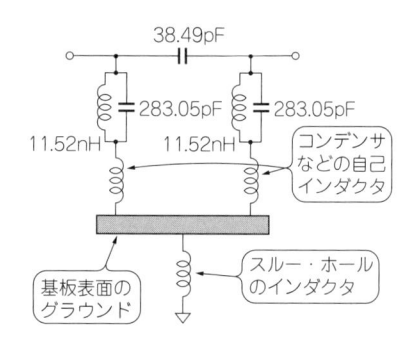

　原因を探るため，FM放送バンド用共振器結合フィルタのインダクタンス（11.52nH）を取り除いて，測定してみます．**写真11-3**がその測定結果です．

　回路として**図11-19**のようになります．本来，この回路には共振回路がありませんので，**図11-20**に示すシミュレーション結果のように，測定結果に現れているゼロ点（ノッチ点）は生じないはずです．

　このノッチ点の原因は，グラウンドとつながっているコンデンサの自己インダクタンスや基板のパターン，スルー・ホールによるものです．

　実際には，3個のコンデンサを基板上に配置すると，コンデンサやコイルが付加されてしまいます．これらの回路図に現れていない部品を加えて回路図を書き直すと，**図11-19**のコンデンサ3個のシンプルな回路は，**図11-21**のようにとても複雑なものになります．

　これらのなかで，共振器の共振周波数に関係する部分について検討してみます．

　共振器を構成するコンデンサ（283.05pF）のまわりには，コンデンサやコイルがたくさん

〈写真11-4〉
コイルの値を減らして中心周波数を合わせたFM放送バンド用共振器結合型BPFの測定結果（10〜200MHz, 10dB/div.）

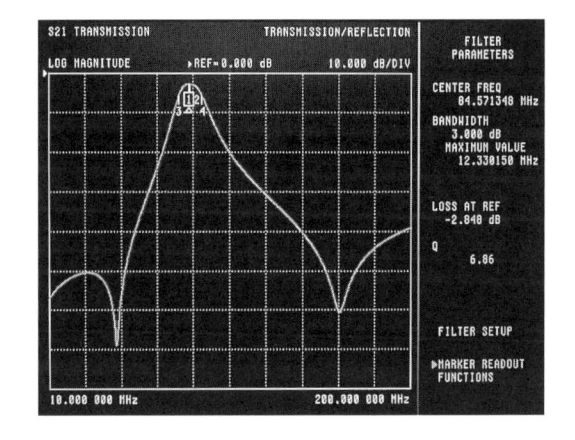

〈図11-24〉
図11-23の回路をシミュレーションした結果

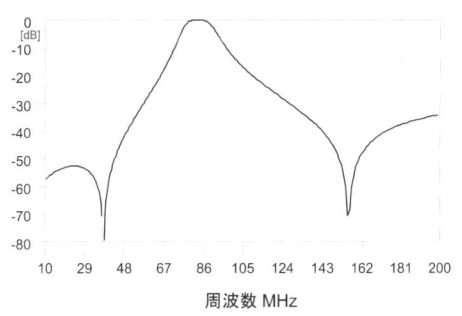

つながっています．これを整理しましょう．共振器を構成するコンデンサに比べてC_1, C_2, C_3はかなり小さい値なので，考慮しないことにします．最終的に，コンデンサまわりは，**図11-22**のように簡素化されます．

余計なコイルが付加されるため，共振器の共振周波数が，設計値より下がってしまいます．共振回路が設計値である82.704MHzに同調するように，コイルの値を減らして測定した結果を**写真11-4**に示します．

最終的には，中心周波数84.57MHz，3dB帯域幅12.33MHzと，ほぼ目的どおりの値が得られました．中心周波数での挿入損失が−2.848dBであることから，今回自作したコイルのQは，この周波数で少なくとも25以上の値であるといえます．

また，このフィルタの通過帯域の両脇に存在するノッチは，おもにコンデンサの自己インダクタンスとスルー・ホールのインダクタンスによるものです．

図11-23の回路をシミュレーションした結果を**図11-24**に示します．シミュレーション

〈図11-25〉
幾何中心周波数と二つの遮断周波数の関係

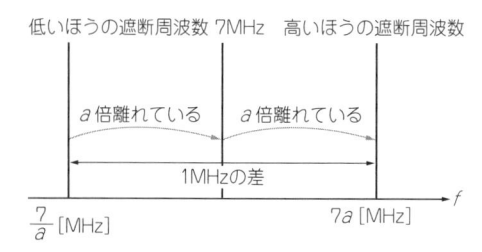

低いほうの遮断周波数 7MHz　高いほうの遮断周波数
a倍離れている　a倍離れている
1MHzの差
$\frac{7}{a}$ [MHz]　　$7a$ [MHz]

結果も測定結果と同じように，通過帯域の両端にノッチが生じています．

● ワンポイント・アドバイス（慣れてきたら…）

計算の途中でコイルの値を勝手に決めたので，あとでインピーダンス変換などの作業が必要になりますが，最初からコイルの値を次のように定めると，後半でインピーダンス変換を行う必要がありません．

$$L = \frac{Z_1 \Delta f}{2\pi f_0^2 g_1}$$

本書では，どのようにフィルタの両方のポートのインピーダンスが定まるかを理解してほしいと思い，あえて面倒な計算手順で紹介しています．慣れてきたら，上の式を使って直接，コイルの値を求めるとよいでしょう．

例11-3 幾何中心周波数7MHz，等リプル帯域1MHz，インピーダンス50Ωの共振器容量結合型BPFを，帯域内リプル0.5dBである2次のチェビシェフ型正規化LPFのデータを使って設計する

設計するフィルタの仕様を，次にまとめてみます．

　フィルタの型：2次チェビシェフ
　バンド幅：1MHz
　幾何中心周波数：7MHz
　入出力インピーダンス：50Ω

今回は，幾何中心周波数が7MHz，バンド幅が1MHzであることより，バンドパス・フィルタの二つの遮断周波数と幾何中心周波数の間には，**図11-25**のような関係が成り立ちます．

図11-25の関係から，次の式が成り立ちます．

$$7a - \frac{7}{a} = 1$$

〈図11-26〉
2次チェビシェフ正規化LPF
(等リプル帯域$1/(2\pi)$Hz, インピーダンス1Ω, リプル0.5dB)

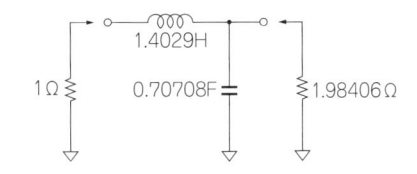

これより,
$$7a^2 - 7 = a$$
$$\therefore 7a^2 - 7 - a = 0$$

この式を解いてaを求めると,
$$a = \frac{1 \pm \sqrt{1 + 4 \times 49}}{14} = \frac{1 \pm \sqrt{197}}{14}$$

$a > 0$より,
$$a = 1.073976\cdots$$

これより, 二つの遮断周波数は, 次のように計算できます.

$$f_L = \frac{7}{a} = 6.51783 \text{MHz}$$

$$f_H = 7a = 7.51783 \text{MHz}$$

つまり, 今回設計するフィルタは, 6.52MHz〜7.52MHzの帯域であることがわかります. それでは, さっそく計算に取り掛かりましょう.

帯域内リプルが0.5dBである2次チェビシェフ型正規化LPFの設計データは図11-26のようになります(詳細はチェビシェフ型LPFの章を参照).

偶数次のチェビシェフ型LPFは, 両方のポート・インピーダンスが異なりました. この設計データを基に, 計算をすすめます.

【手順1】

g_1, g_2を, 正規化LPFのデータから求めます.

$g_1 = 1.40290$

$g_2 = 0.70708$

【手順2】

k_{12}を計算します.

$$k_{12} = \frac{1}{\sqrt{g_1 g_2}} = \frac{1}{\sqrt{0.991963}} \doteqdot 1.004043$$

<図11-27>
設計に使用した正規化LPFのポート・インピーダンス

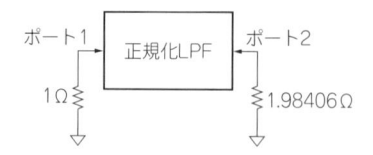

【手順3】

K_{12} を計算します．

$$K_{12} = \frac{\Delta f k_{12}}{f_0} = \frac{1 \times 10^6 \times 1.004043}{7 \times 10^6} \fallingdotseq 0.14343$$

【手順4】

計算のため，共振器のコイルを一時的に100nHと定めます．もちろん，この値は最終的には変更されるので，どんな値でもかまいませんが，計算しやすい値がよいでしょう．

【手順5】

ポート・インピーダンスを求めます．

$$Z_1 = \frac{2\pi f_0^2 L g_1}{\Delta f} = \frac{2\pi \times (7.0 \times 10^6)^2 \times 100 \times 10^{-9} \times 1.40290}{1.0 \times 10^6} = \frac{2\pi \times (7.0)^2 \times 1.40290 \times 10^5}{1.0 \times 10^6}$$

$$\fallingdotseq 43.192$$

$$Z_2 = \frac{2\pi f_0^2 L g_2}{\Delta f} = \frac{2\pi \times (7.0 \times 10^6)^2 \times 100 \times 10^{-9} \times 0.70708}{1.0 \times 10^6} = \frac{2\pi \times (7.0)^2 \times 0.70708 \times 10^5}{1.0 \times 10^6}$$

$$\fallingdotseq 21.769$$

ここで注意しなければならないことがあります．今回，設計に使用した正規化LPFのポート・インピーダンスは，**図11-27**のように異なっていました．

つまり，ポート2のインピーダンスは，ポート1のインピーダンスの1.98406倍になっています．

手順5で計算したインピーダンスは，ポート1とポート2の両方のインピーダンスが1Ωである正規化LPFを使った場合のインピーダンスです．今回のように，正規化LPFのポート・インピーダンスが異なる場合には，手順5で計算した結果に，もとのLPFの関係を反映させる必要があります．ここでは，正規化LPFと同様にポート2のインピーダンスを1.98406倍すると，ポート2のインピーダンスは，

$$Z_2 = 21.769 \times 1.98406 \fallingdotseq 43.192$$

と計算され，これはポート1のインピーダンスと等しくなります．

〈図11-28〉
設計の途中の結果

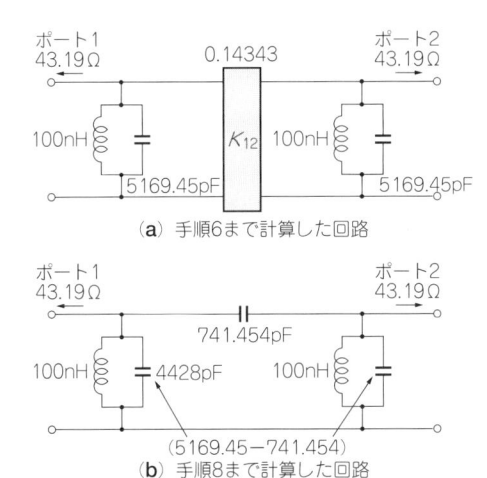

(a) 手順6まで計算した回路

(b) 手順8まで計算した回路

　すなわち，偶数次のチェビシェフ型を使って共振器容量結合型BPFを設計した場合には，最終的には両方のポートのインピーダンスが等しくなります．

【手順6】

　一時的に決めたコイル（今回は100nH）と，幾何中心周波数であるf_0で共振するコンデンサの値を計算します．このコンデンサは共振器に使われます．

$$C_{resonator} = \frac{1}{\omega_0^2 \times L_{resonator}} = \frac{1}{(2\pi f_0)^2 \times L_{resonator}} = \frac{1}{(2\pi \times 7.0 \times 10^6)^2 \times 100 \times 10^{-9}}$$

$$= \frac{1}{(2\pi \times 7.0)^2 \times 10^5} \fallingdotseq 5.16945 \times 10^{-9} = 5169.45 \text{pF}$$

　この段階で，図11-28(a)のBPFが設計できます．

　このままではフィルタを実現できないので，K_{12}をコンデンサに置き換えます．

【手順7】

　結合コンデンサの容量を計算します

$$C_{12} = K_{12} \times C_{resonator} = 0.14343 \times 5169.45\text{pF} \fallingdotseq 741.454\text{pF}$$

【手順8】

　結合コンデンサが付加されたため，共振器の共振周波数が幾何中心周波数より下がってしまいます．共振器の共振周波数を幾何中心周波数に合わせるため，各共振器から結合コンデンサの容量を差し引きます．ここまでの計算を行うと，図11-28(b)の回路が得られ

〈図11-29〉
設計した7MHz共振器容量結合型BPF
（チェビシェフ型，50Ω，等リプル帯域
1MHz，リプル0.5dB）

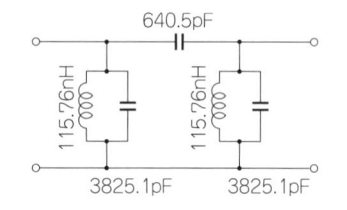

〈図11-30〉設計した7MHz共振器容量結合型BPFのシミュレーション結果

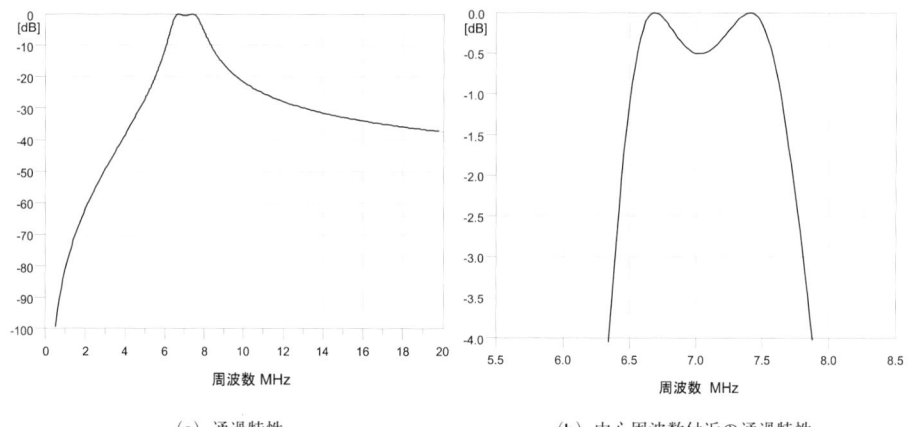

（a）通過特性

（b）中心周波数付近の通過特性

ます．

【手順9】

いま，ポートのインピーダンスは43.19Ωであるので，これを目的のインピーダンス（50Ω）に変更します．インピーダンスの変更は変数Kを求めて，すべてのコイルの値にKを掛け，すべてのコンデンサの値をKで割ることで実行できます．

$$K = \frac{目的のインピーダンス}{基準になるもとのインピーダンス}$$

$$L_{(NEW)} = L_{(OLD)} \times K$$

$$C_{(NEW)} = \frac{C_{(OLD)}}{K}$$

これで設計できました．できあがった回路を図11-29に示します．

シミュレーション結果を図11-30に示します．0.5dBの等リプル帯域は，先の計算で

〈図11-31〉
3次正規化ベッセルLPF（遮断周波数$1/(2\pi)$Hz, インピーダンス1Ω）

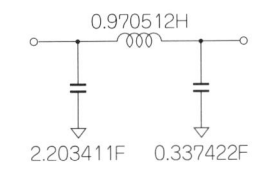

```
            0.970512H
      ┌──────⌒⌒⌒──────┐
      │        │        │
    ─┴─      ─┴─      ─┴─
   2.203411F         0.337422F
```

6.52MHz～7.52MHzとなることが計算できましたが，図11-30(b)を見ると，設計値どおりの特性が得られていることがわかります．

例11-4 幾何中心周波数10.7MHz，帯域2MHz，インピーダンス100ΩのBPFをベッセル型の共振器容量結合型BPFで実現する

フィルタの設計仕様を次に示します．

　フィルタの型：3次ベッセル

　バンド幅：2MHz

　幾何中心周波数：10.7MHz

　入出力インピーダンス：100Ω

ベッセル型LPFの章より，正規化LPFは図11-31のようになります．この正規化LPFのデータを基にして計算を行います．

【手順1】

g_1, g_2, g_3を，正規化LPFのデータから求めます．

$g_1 = 2.203411$

$g_2 = 0.970512$

$g_3 = 0.337422$

【手順2】

k_{12}, k_{23}を計算します．

$$k_{12} = \frac{1}{\sqrt{g_1 g_2}} = \frac{1}{\sqrt{2.13844}} \fallingdotseq 0.68384$$

$$k_{23} = \frac{1}{\sqrt{g_2 g_3}} = \frac{1}{\sqrt{0.32747}} \fallingdotseq 1.74748$$

【手順3】

K_{12}, K_{23}を計算します．

$$K_{12} = \frac{\Delta f\, k_{12}}{f_0} = \frac{2.0 \times 10^6 \times 0.68384}{10.7 \times 10^6} \fallingdotseq 0.12775$$

$$K_{23} = \frac{\Delta f k_{23}}{f_0} = \frac{2.0 \times 10^6 \times 1.74748}{10.7 \times 10^6} \fallingdotseq 0.32663$$

【手順4】

　計算のため，共振器のコイルを一時的に100nHとします．慣れてきたら，例11-2で紹介したように，直接目的のインピーダンスに合ったコイルの値を求めてもかまいません．

【手順5】

　ポート・インピーダンスを求めます．

$$Z_1 = \frac{2\pi f_0^2 L g_1}{\Delta f} = \frac{2\pi \times (10.7 \times 10^6)^2 \times 100 \times 10^{-9} \times 2.203411}{2.0 \times 10^6} = \frac{2\pi \times (10.7)^2 \times 2.203411 \times 10^5}{2.0 \times 10^6}$$

$$\fallingdotseq 79.25249$$

$$Z_2 = \frac{2\pi f_0^2 L g_2}{\Delta f} = \frac{2\pi \times (10.7 \times 10^6)^2 \times 100 \times 10^{-9} \times 0.337422}{2.0 \times 10^6} \fallingdotseq 12.13643$$

【手順6】

　一時的に決めたコイル(100nH)と，幾何中心周波数で共振するコンデンサの値を計算します．このコンデンサは共振回路に使われます．

$$C_{resonator} = \frac{1}{\omega_0^2 \times L_{resonator}} = \frac{1}{(2\pi f_0)^2 \times L_{resonator}} = \frac{1}{(2\pi \times 10.7 \times 10^6)^2 \times 100 \times 10^{-9}}$$

$$= \frac{1}{(2\pi \times 10.7)^2 \times 10^5} \fallingdotseq 2.212446 \times 10^{-9} = 2212.446\text{pF}$$

　ここまでの計算を終えると，図11-32(a)の回路が設計できます．このままではフィルタを実現できないので，K_{12}，K_{23}をコンデンサに置き換えます．

【手順7】

　結合コンデンサの容量を計算します．

$$C_{12} = K_{12} \times C_{resonator} = 0.12775 \times 2212.446\text{pF} \fallingdotseq 282.64\text{pF}$$

$$C_{23} = K_{23} \times C_{resonator} = 0.32663 \times 2212.446\text{pF} \fallingdotseq 722.65\text{pF}$$

【手順8】

　結合コンデンサが付加されたため，共振器の共振周波数が目的の周波数より下がってしまいます．共振器の共振周波数を幾何中心周波数にするため，各共振器から結合コンデンサの容量を差し引きます．ここまでの計算を行うと，図11-32(b)の回路が得られます．

【手順9】

　今回は，ポート1とポート2のインピーダンスが異なります．とりあえず，ポート1の

〈図11-32〉
計算途中の回路

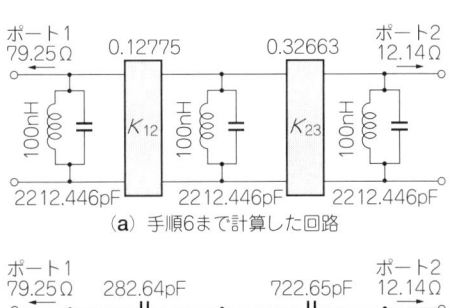

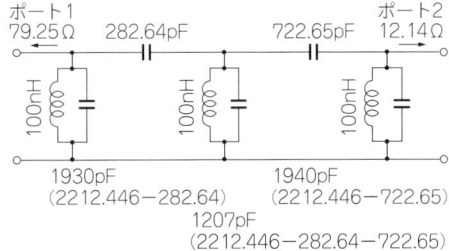

(a) 手順6まで計算した回路

(b) 手順8まで計算した回路

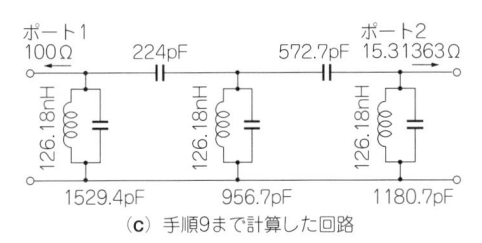

(c) 手順9まで計算した回路

インピーダンスを目的のインピーダンスに合わせることにします．

ポート1のインピーダンスは79.25249Ωなので，これを目的のインピーダンスである100Ωに変更します．インピーダンスの変更は，変数Kを求めて，すべてのコイルの値にKを掛け，すべてのコンデンサの値をKで割ると実行できます．

$$K = \frac{\text{目的のインピーダンス}}{\text{基準になるもとのインピーダンス}}$$

$$L_{(NEW)} = L_{(OLD)} \times K$$

$$C_{(NEW)} = \frac{C_{(OLD)}}{K}$$

また，この計算を行うと，ポート2のインピーダンスもK倍されます．手順9を実行すると，**図11-32**(c)の回路が得られます．

〈図11-33〉
トランスを使ってポート2のインピーダンスを100Ωに変換する

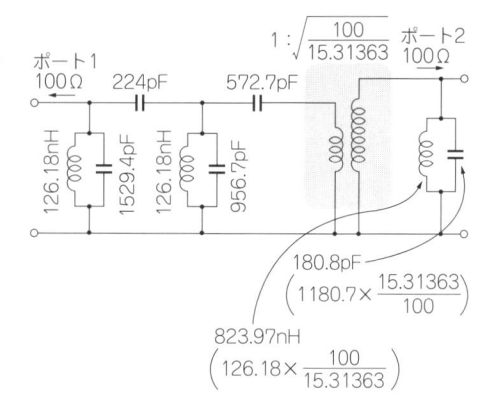

〈図11-34〉
ノートン容量変換を使ってコンデンサ3個の回路に置き換える

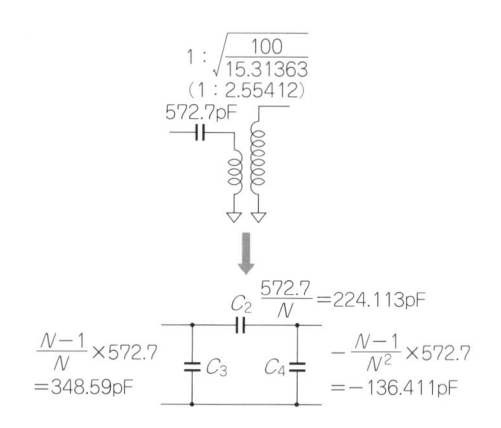

【手順10】

ポート1のインピーダンスは目的の100Ωとなりましたが，ポート2のインピーダンスが目的のインピーダンスと異なっています．

ポート2のインピーダンスを，**図11-33**のように便宜上のトランスを使って100Ωに変換します．

当然，トランスの右側のインピーダンスは15.31363Ωから100Ωとなるため，トランスの右側の素子の値にインピーダンス変換を施します．

【手順11】

コンデンサ＋トランスの形をつくることができたので，コンデンサ＋トランスの回路に

〈図11-35〉
完成した幾何中心周波数10.7MHz，バンド幅2MHz，インピーダンス100Ωの3次ベッセル共振器容量結合型BPF

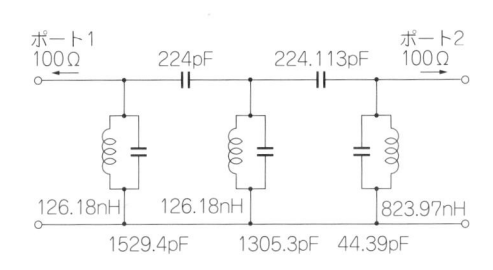

〈図11-36〉設計した3次ベッセル共振器容量結合型BPFのシミュレーション結果

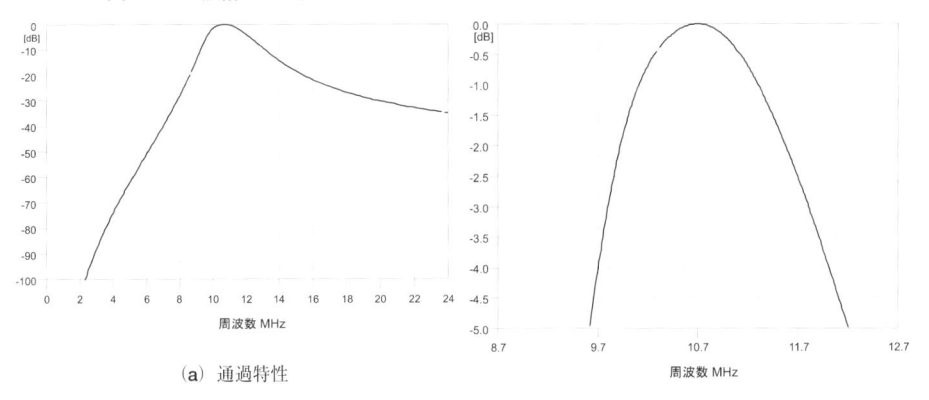

(a) 通過特性

(b) 中心周波数付近の通過特性

図11-34のようにノートン変換を施して，コンデンサ3個だけの回路にします．

　計算したコンデンサ3個の回路を，もとのフィルタの回路に戻し，コンデンサをまとめると，最終的な回路は図11-35のようになります．

　設計の完了した3次ベッセル共振器容量結合型BPFのシミュレーション結果を，図11-36に示します．

第12章

逆チェビシェフ型LPFの設計
―通過帯域が最大平坦で阻止帯域にノッチをもつ―

はじめに，逆チェビシェフ型LPFの特徴を紹介します．逆チェビシェフという名前のとおり，チェビシェフ型LPFの逆の特性を有しています．なにが逆なのかというと，チェビシェフ型LPFの場合には図12-1(a)のように通過帯域内にリプルがあったのですが，逆チェビシェフ型の場合には，図12-1(b)のように通過帯域はバターワース型と同様に最大平坦特性をもち，阻止帯域にリプルがあります．

図12-1(b)を見るとよくわかりますが，逆チェビシェフ型LPFでは阻止帯域の減衰量の極大値が一定になります(この場合は−62dB)．減衰量が最初に極大値と同じ値になる周波数を阻止域周波数またはストップ・バンド周波数(stop band frequency)と呼び，遮断周波数と同様に，LPFの設計時に決める必要があります．

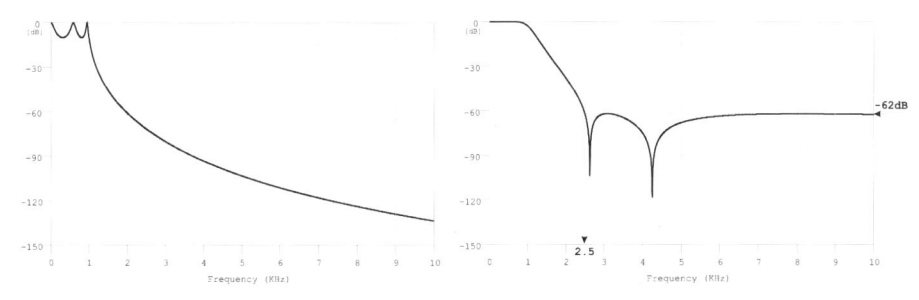

〈図12-1〉チェビシェフ型LPFと逆チェビシェフ型LPF

(a) チェビシェフ型LPFの遮断特性例
（通過帯域内にリプルが存在する）

(b) 逆チェビシェフ型LPFの遮断特性例
（阻止帯域にリプルが存在する）

12.1 ストップ・バンド周波数と阻止帯域減衰量の関係

図12-2は，遮断周波数が1Hzで，阻止帯域にノッチを一つもつ逆チェビシェフ型LPFの特性をいくつかシミュレーションした結果です．

逆チェビシェフ型も誘導m型と同様に，ストップ・バンド周波数を遮断周波数近くに設定すると，阻止帯域の減衰量が小さくなり，逆にストップ・バンド周波数を遮断周波数から離すと阻止帯域の減衰量を大きくすることができます．

12.2 逆チェビシェフ型LPFの特性

逆チェビシェフ型フィルタの減衰特性をより急峻にし，阻止域の減衰量を大きくするためには，阻止帯域のノッチの数を増します．図12-3は，同じストップ・バンド周波数をもつ逆チェビシェフ型LPFの特性を，阻止域ノッチ数によって比較したものです．

また，図12-4は，整合性を表すリターン・ロス特性をシミュレーションしたものです．誘導m型などのほかのフィルタに比べ，整合性もかなり良い（リターン・ロスが小さい）ことがわかります．

このように述べると，逆チェビシェフ型は欠点のないフィルタのように思えますが，実は素子に対する要求が厳しいため，素子値が設計値とちょっと違っても目的どおりの特性が得られません．したがって，設計値どおりの特性を得るためには，細かな調整が必要なことが多いでしょう．

12.3 正規化逆チェビシェフLPFの設計データ

逆チェビシェフ型正規化LPFの設計データを一部，図12-5に紹介します．逆チェビシェフ型については，ここに紹介した以外にも，いろいろな組み合わせがあります．詳細は本書では省きますが，興味をもたれた方は参考文献をご覧ください．

12.3 正規化逆チェビシェフLPFの設計データ 243

〈図12-2〉ストップ・バンド周波数の異なる逆チェビシェフ型LPFの特性

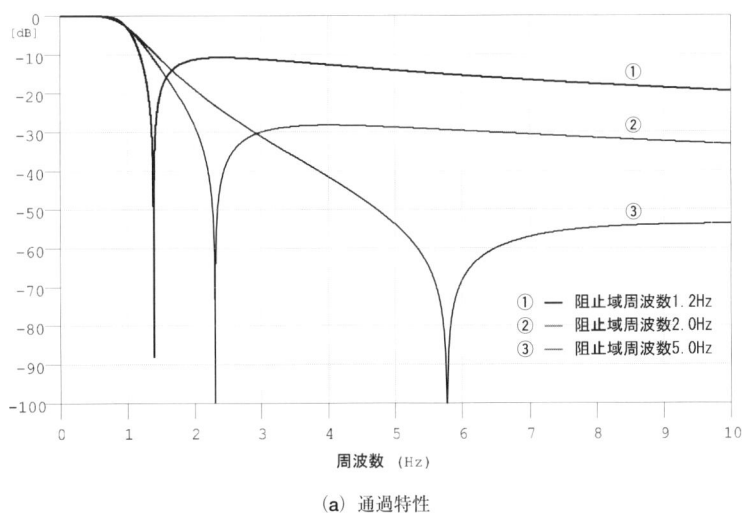

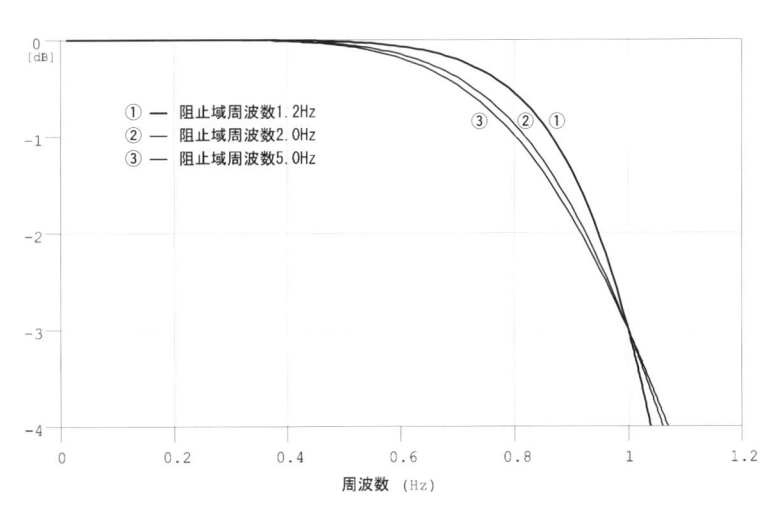

(a) 通過特性

(b) 遮断周波数付近の通過特性

① ─ 阻止域周波数1.2Hz
② ─ 阻止域周波数2.0Hz
③ ─ 阻止域周波数5.0Hz

第12章 逆チェビシェフ型LPFの設計

〈図12-3〉同じストップ・バンド周波数をもつ逆チェビシェフ型LPFの比較

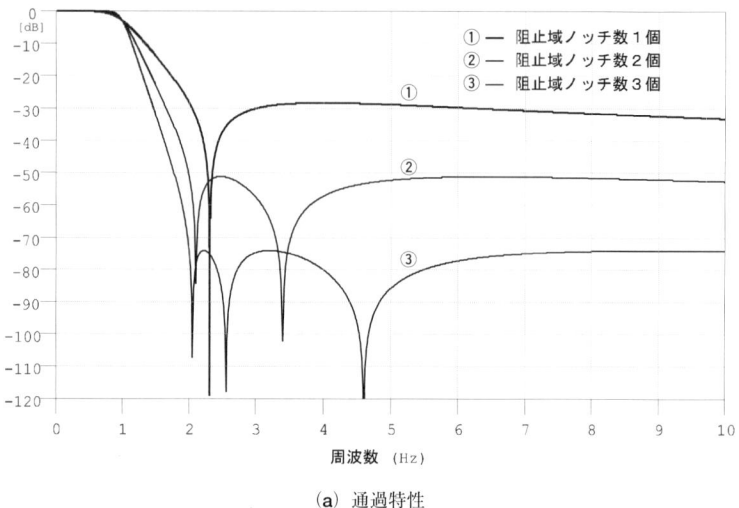

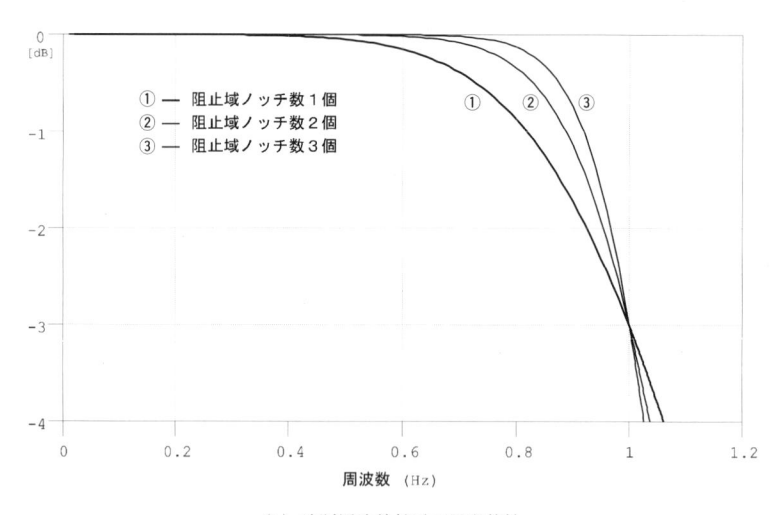

(a) 通過特性

(b) 遮断周波数付近の通過特性

12.3　正規化逆チェビシェフLPFの設計データ　245

〈図12-4〉同じストップ・バンド周波数をもつ逆チェビシェフ型LPFのリターン・ロス特性

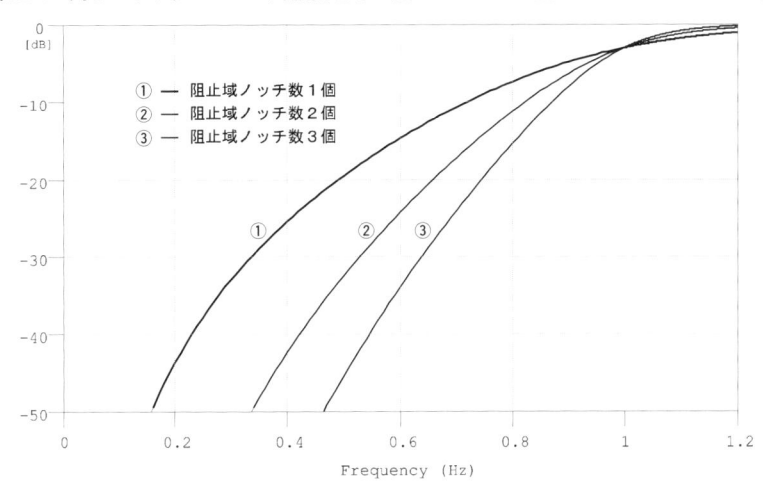

① ── 阻止域ノッチ数1個
② ── 阻止域ノッチ数2個
③ ── 阻止域ノッチ数3個

〈図12-5〉
正規化逆チェビシェフ型LPFの設計データ

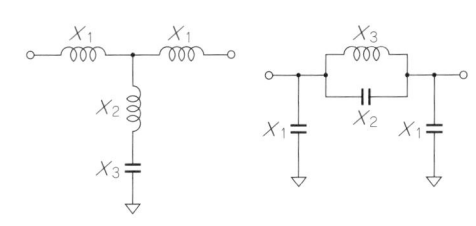

阻止域周波数[倍]	X_1[F]/[H]	X_2[F]/[H]	X_3[F]/[H]
1.1	0.458167	0.676428	0.916335
1.2	0.568056	0.458435	1.136111
1.3	0.645965	0.343507	1.291930
1.4	0.703489	0.271968	1.406978
1.5	0.747415	0.222991	1.494830
1.6	0.781867	0.187352	1.563735
1.7	0.809477	0.160298	1.618954
1.8	0.831998	0.139112	1.663996
1.9	0.850642	0.122117	1.701284
2.0	0.866272	0.108222	1.732544
2.2	0.890852	0.086972	1.781704
2.5	0.916570	0.065462	1.833140
3.0	0.942826	0.044193	1.885652
4.0	0.968249	0.024206	1.936497
5.0	0.979797	0.015309	1.959593

(a) 阻止域に1個のノッチをもつ逆チェビシェフ型LPF回路

〈図12-5〉逆チェビシェフ型正規化LPFの設計データ(つづき)

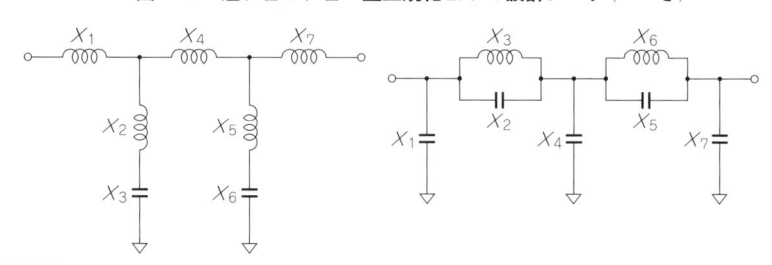

阻止域周波数[倍]	X_1 [H]/[F]	X_2 [H]/[F]	X_3 [H]/[F]	X_4 [H]/[F]	X_5 [H]/[F]	X_6 [H]/[F]	X_7 [H]/[F]
1.5	0.25467	0.37938	1.05963	1.69677	0.11353	1.35248	0.46067
1.6	0.30958	0.31070	1.13717	1.73415	0.09716	1.38902	0.48246
1.7	0.35197	0.26105	1.19892	1.76522	0.08430	1.41808	0.49980
1.8	0.38564	0.22351	1.24904	1.79121	0.07396	1.44169	0.51388
1.9	0.41295	0.19417	1.29039	1.81314	0.06550	1.46121	0.52551
2	0.43550	0.17067	1.32497	1.83179	0.05846	1.47755	0.53523
2.2	0.47036	0.13550	1.37918	1.86159	0.04749	1.50326	0.55050
2.5	0.50612	0.10080	1.43571	1.89334	0.03613	1.53019	0.56644
3	0.54197	0.06730	1.49325	1.92633	0.02464	1.55774	0.58269
4	0.57611	0.03650	1.54882	1.95879	0.01363	1.58449	0.59841
5	0.59144	0.02299	1.57401	1.97370	0.00866	1.59667	0.60555

(b) 阻止域に2個のノッチをもつ逆チェビシェフ型LPF回路

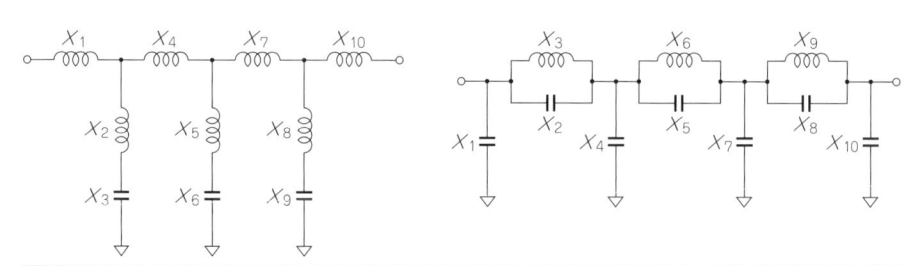

阻止域周波数 [倍]	X_1 [H]/[F]	X_2 [H]/[F]	X_3 [H]/[F]	X_4 [H]/[F]	X_5 [H]/[F]	X_6 [H]/[F]	X_7 [H]/[F]	X_8 [H]/[F]	X_9 [H]/[F]	X_{10} [H]/[F]
1.6	0.17766	0.27330	0.87367	1.48679	0.23858	1.55621	1.49623	0.068202	1.078218	0.347411
1.7	0.21475	0.22969	0.92085	1.53580	0.20380	1.61376	1.53580	0.05924	1.099603	0.359901
1.8	0.24412	0.19666	0.95934	1.55466	0.17669	1.66028	1.56781	0.052017	1.117013	0.370043
2	0.28749	0.15012	1.01793	1.60283	0.13732	1.73048	1.61614	0.041158	1.14849	0.385418
2.5	0.34867	0.08859	1.10397	1.67579	0.08299	1.83248	1.68644	0.025476	1.182327	0.407888
3	0.37961	0.05911	1.14894	1.71484	0.05602	1.88537	1.72291	0.017393	1.202634	0.419589
5	0.42220	0.02017	1.21231	1.77085	0.01940	1.95956	1.77406	0.006116	1.231286	0.436048

(c) 阻止域に3個のノッチをもつ逆チェビシェフ型LPF回路

第13章

エリプティック型LPFの設計
―通過域と阻止域の両方にリプルを許して
遮断特性を改善した―

はじめに,エリプティック型LPFの特徴を紹介します.逆チェビシェフ型が阻止域だけのリプル,チェビシェフ型が通過域だけのリプルを有していたのに比べ,エリプティック型は,通過域と阻止域の両方にリプルをもちます.

阻止域と通過域の両方にリプルを許したため,フィルタのなかではもっとも優れた遮断特性を有しています.しかし,素子にはかなり厳密な値が要求されるので,無調整で実現することはかなり難しいでしょう.測定器を見ながら,コンデンサやコイルの値を調節する必要があります.

図13-1を見るとわかりますが,阻止帯域の減衰量の極大値は一定になります.

13.1 エリプティック型正規化LPFの設計データ

最初に,エリプティック型正規化LPFの設計データをいくつか紹介します.

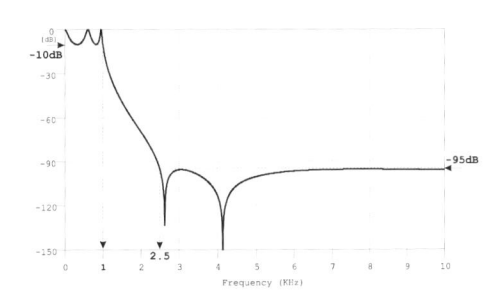

図13-2は阻止域に1個のノッチをもつエリプティック型正規化LPFの設計データです.

〈図13-1〉
エリプティック型LPFの遮断特性例
(通過帯域内と阻止帯域にリプルが存在する)

〈図13-2〉阻止域に1個のノッチをもつエリプティック型LPFの設計データ

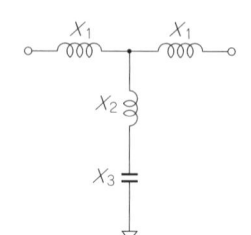

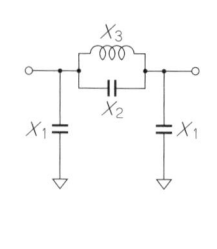

阻止域周波数[倍]	X_1 [H]/[F]	X_2 [H]/[F]	X_3 [H]/[F]
2.0	0.23029	0.51646	0.37574
2.2	0.25900	0.36885	0.43200
3.0	0.32759	0.14918	0.56675
4.0	0.36343	0.07415	0.63726
5.0	0.37991	0.04503	0.66968

(a) 帯域内リプル0.001dBの素子値

阻止域周波数[倍]	X_1 [H]/[F]	X_2 [H]/[F]	X_3 [H]/[F]
2.0	0.48013	0.28049	0.69183
2.2	0.50736	0.21457	0.74260
3.0	0.56542	0.09934	0.85105
4.0	0.59384	0.05226	0.90419
5.0	0.60672	0.03248	0.92827

(b) 帯域内リプル0.01dBの素子値

阻止域周波数[倍]	X_1 [H]/[F]	X_2 [H]/[F]	X_3 [H]/[F]
2.0	0.74247	0.21969	0.88330
2.2	0.76793	0.17208	0.92599
3.0	0.82135	0.08324	1.01566
4.0	0.84726	0.04461	1.05917
5.0	0.85898	0.02795	1.07886

(c) 帯域内リプル0.05dBの素子値

阻止域周波数[倍]	X_1 [H]/[F]	X_2 [H]/[F]	X_3 [H]/[F]
2.0	0.89544	0.20697	0.93759
2.2	0.92082	0.16315	0.97667
3.0	0.97394	0.07987	1.05854
4.0	0.99967	0.04303	1.09821
5.0	1.01130	0.02701	1.11614

(d) 帯域内リプル0.1dBの素子値

阻止域周波数[倍]	X_1 [H]/[F]	X_2 [H]/[F]	X_3 [H]/[F]
2.0	1.08849	0.20146	0.96322
2.2	1.11445	0.15957	0.99855
3.0	1.16873	0.07884	1.07244
4.0	1.19499	0.04264	1.10820
5.0	1.20686	0.02682	1.12437

(e) 帯域内リプル0.2dBの素子値

阻止域周波数[倍]	X_1 [H]/[F]	X_2 [H]/[F]	X_3 [H]/[F]
2.0	1.44483	0.20718	0.93666
2.2	1.47314	0.16485	0.96656
3.0	1.53226	0.08216	1.02902
4.0	1.56085	0.04461	1.05924
5.0	1.57377	0.02810	1.07290

(f) 帯域内リプル0.5dBの素子値

阻止域周波数[倍]	X_1 [H]/[F]	X_2 [H]/[F]	X_3 [H]/[F]
2.0	1.85199	0.22590	0.85903
2.2	1.88408	0.18019	0.88428
3.0	1.95107	0.09023	0.93700
4.0	1.98346	0.04909	0.96250
5.0	1.99809	0.03096	0.97403

(g) 帯域内リプル1.0dBの素子値

阻止域周波数[倍]	X_1 [H]/[F]	X_2 [H]/[F]	X_3 [H]/[F]
2.0	2.50077	0.26742	0.72565
2.2	2.54003	0.21369	0.74566
3.0	2.62198	0.10737	0.78743
4.0	2.66159	0.05851	0.80763
5.0	2.67949	0.03692	0.81676

(h) 帯域内リプル2.0dBの素子値

13.1 エリプティック型正規化LPFの設計データ 249

〈図13-3〉阻止域に2個のノッチをもつエリプティックLPFの設計データ

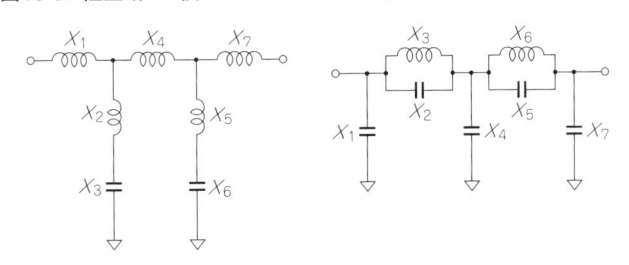

阻止域周波数［倍］	X_1[H]/[F]	X_2[H]/[F]	X_3[H]/[F]	X_4[H]/[F]	X_5[H]/[F]	X_6[H]/[F]	X_7[H]/[F]
2.0	0.57754	0.22212	1.03141	1.42449	0.07755	1.22021	0.69698
2.5	0.64692	0.12854	1.13503	1.48095	0.04665	1.25311	0.72014
2.8	0.67041	0.09916	1.17088	1.50091	0.03643	1.26424	0.72798
3.5	0.70245	0.06075	1.22035	1.52880	0.02266	1.27942	0.73880
5.0	0.73039	0.02868	1.26400	1.55371	0.01083	1.29263	0.74779

(a) 帯域内リプル0.01dBの素子値

阻止域周波数［倍］	X_1[H]/[F]	X_2[H]/[F]	X_3[H]/[F]	X_4[H]/[F]	X_5[H]/[F]	X_6[H]/[F]	X_7[H]/[F]
2.0	0.97720	0.20038	1.14330	1.79387	0.07317	1.29322	1.08759
2.5	1.04217	0.11865	1.22960	1.86209	0.04417	1.32351	1.11066
2.8	1.06442	0.09219	1.25946	1.88580	0.03453	1.33379	1.11878
3.5	1.09497	0.05700	1.30068	1.91863	0.02151	1.34779	1.13021
5.0	1.12178	0.02711	1.33707	1.94768	0.01030	1.35992	1.13828

(b) 帯域内リプル0.1dBの素子値

阻止域周波数［倍］	X_1[H]/[F]	X_2[H]/[F]	X_3[H]/[F]	X_4[H]/[F]	X_5[H]/[F]	X_6[H]/[F]	X_7[H]/[F]
2.0	1.51534	0.21867	1.04770	2.31423	0.08130	1.16391	1.63695
2.5	1.58791	0.13066	1.11657	2.40008	0.04915	1.18943	1.66374
2.8	1.61287	0.10181	1.14041	2.42976	0.03844	1.19807	1.67279
3.5	1.64723	0.06318	1.17331	2.47073	0.02396	1.20985	1.68511
5.0	1.67747	0.03015	1.20236	2.50690	0.01148	1.22011	1.69584

(c) 帯域内リプル0.5dBの素子値

阻止域に1個のノッチをもつエリプティック型LPFは，$X_1 \sim X_3$の値をもつ3個の素子を使用します．設計データは帯域内リプルの設計値ごとに分けて，阻止域周波数の倍率のいくつかで計算した値を示してあります．

同様に，**図13-3**は阻止域に2個のノッチをもつエリプティック型正規化LPFの設計データ，**図13-4**は阻止域に3個のノッチをもつエリプティック型正規化LPFの設計データです．ただし，これらのパラメータのポート・インピーダンスは，厳密には1Ωにはなりません．

〈図13-4〉阻止域に3個のノッチをもつ逆チェビシェフLPFの設計データ

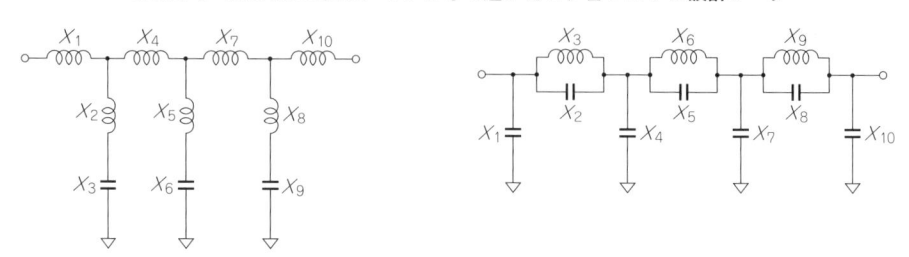

阻止域周波数 [倍]	X_1 [H]/[F]	X_2 [H]/[F]	X_3 [H]/[F]	X_4 [H]/[F]	X_5 [H]/[F]	X_6 [H]/[F]	X_7 [H]/[F]	X_8 [H]/[F]	X_9 [H]/[F]	X_{10} [H]/[F]
1.3	0.25089	0.89643	0.63928	1.43263	0.09927	1.56930	1.50869	0.473685	0.889655	0.45007
2	0.61377	0.21485	1.11350	1.61792	0.03261	1.61744	1.65955	0.132455	1.217354	0.690629
3	0.72061	0.08315	1.27377	1.69149	0.01348	1.62695	1.71040	0.052717	1.317698	0.748738

(a) 帯域内リプル0.01dBの素子値

阻止域周波数 [倍]	X_1 [H]/[F]	X_2 [H]/[F]	X_3 [H]/[F]	X_4 [H]/[F]	X_5 [H]/[F]	X_6 [H]/[F]	X_7 [H]/[F]	X_8 [H]/[F]	X_9 [H]/[F]	X_{10} [H]/[F]
1.3	0.67740	0.73284	0.78198	1.67455	0.10508	1.48249	1.78287	0.425781	0.989749	0.848802
2	1.00371	0.20165	1.18639	1.93698	0.03412	1.54560	1.98532	0.126941	1.270227	1.067202
3	1.10642	0.08011	1.32217	2.02829	0.01404	1.56208	2.04977	0.051126	1.358692	1.133606
4.5	1.14866	0.03408	1.37886	2.06674	0.00605	1.56854	2.07628	0.021852	1.394954	1.160568

(b) 帯域内リプル0.1dBの素子値

阻止域周波数 [倍]	X_1 [H]/[F]	X_2 [H]/[F]	X_3 [H]/[F]	X_4 [H]/[F]	X_5 [H]/[F]	X_6 [H]/[F]	X_7 [H]/[F]	X_8 [H]/[F]	X_9 [H]/[F]	X_{10} [H]/[F]
1.3	1.53779	0.85422	0.67086	2.44675	0.14570	1.09166	2.61209	0.519794	0.810737	1.742815
2	1.93944	0.25207	0.94907	2.85594	0.04597	1.14724	2.92543	0.160335	1.005668	2.019236
3	2.07030	0.10161	1.04233	2.99250	0.01886	1.16273	3.02309	0.0651	1.067042	2.104858
4.5	2.12459	0.04346	1.08130	3.04948	0.00812	1.16888	3.06302	0.027909	1.092193	2.139809

(c) 帯域内リプル1.0dBの素子値

13.2 エリプティック型LPFの特性

 図13-5は,等リプル帯域が1Hz,通過帯域のリプルが0.5dBで,阻止帯域に1個のノッチをもつエリプティック型LPFの特性をシミュレーションした結果です.

 エリプティック型LPFでは,ストップ・バンド周波数を遮断周波数近くに設定すると阻止帯域の減衰量が小さくなり,逆に,ストップ・バンド周波数を遮断周波数から離すと阻止帯域の減衰量を大きくすることができます.

13.2 エリプティック型LPFの特性　　251

〈図13-5〉帯域内リプル0.5dB，阻止域に1個のノッチをもつエリプティックLPFの特性

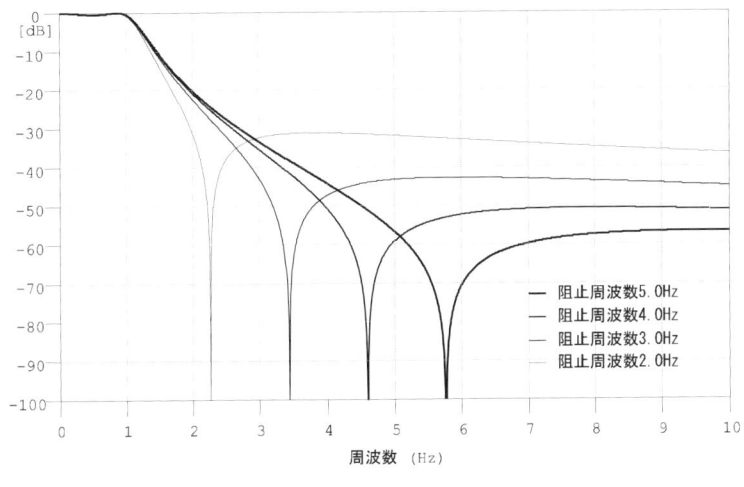

(a) 通過特性

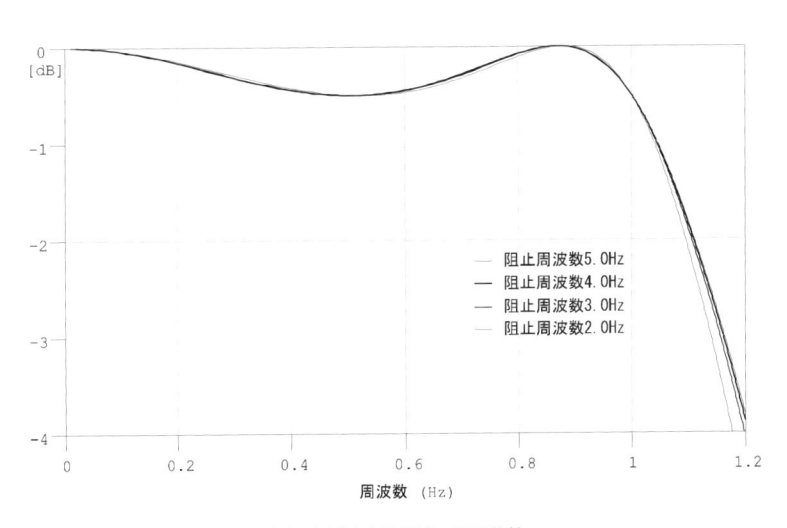

(b) 遮断周波数付近の通過特性

第13章 エリプティック型LPFの設計

〈図13-6〉同じストップ・バンド周波数をもつエリプティックLPFの特性

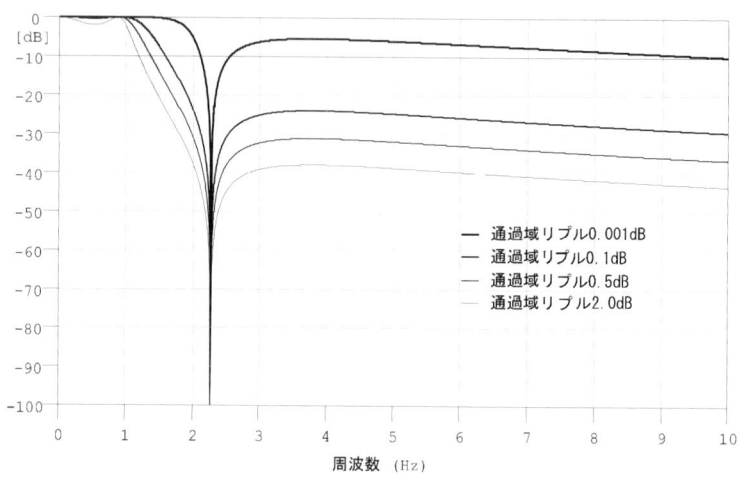

(a) 通過特性

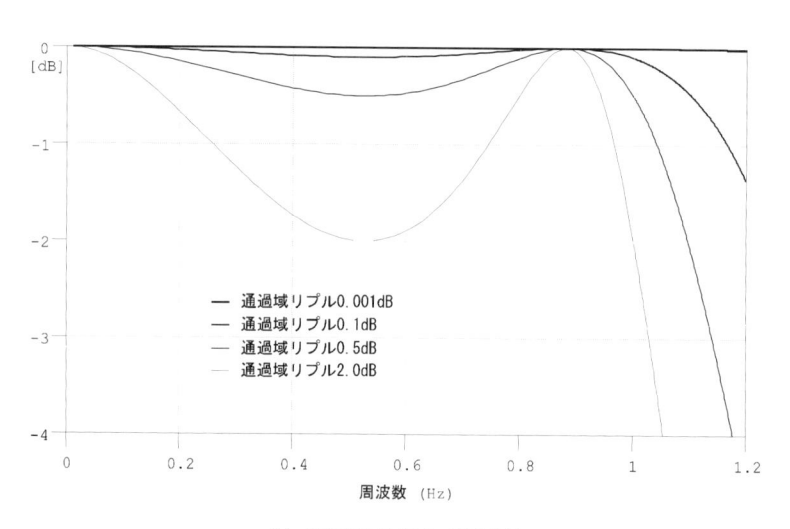

(b) 遮断周波数付近の通過特性

凡例:
- 通過域リプル0.001dB
- 通過域リプル0.1dB
- 通過域リプル0.5dB
- 通過域リプル2.0dB

〈図13-7〉
等リプル帯域の2.5倍のストップ・バンド周波数をもち，通過帯域内のリプルが0.5dBである正規化エリプティック型LPF

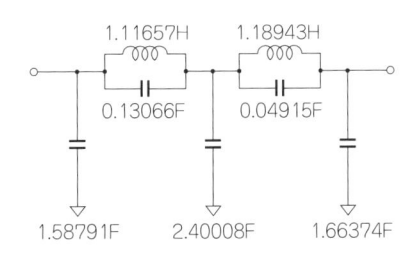

```
        1.11657H    1.18943H
         ─⌇⌇⌇─       ─⌇⌇⌇─
        │      │    │      │
       0.13066F    0.04915F
    │        │         │         │
 1.58791F  2.40008F          1.66374F
```

〈図13-8〉
設計したエリプティック型LPF（等リプル帯域1MHz，帯域内リプル0.5dB，ストップ・バンド周波数2.5MHz，インピーダンス50Ω）

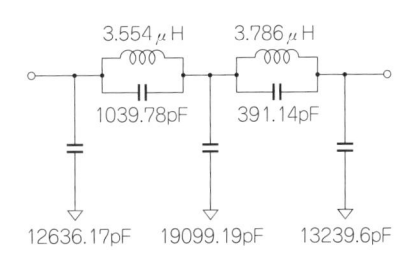

```
        3.554μH     3.786μH
         ─⌇⌇⌇─       ─⌇⌇⌇─
        │      │    │      │
       1039.78pF   391.14pF
    │         │         │         │
 12636.17pF 19099.19pF  13239.6pF
```

図13-6は，異なるリプル値をもち，同じストップ・バンド周波数のエリプティック型LPFの特性を比較したものです．

通過帯域内のリプル値が大きいほど，阻止域の阻止量が増え，遮断特性が改善されることがわかります．

例13-1 等リプル帯域1MHz，帯域内リプル0.5dB，ストップ・バンド周波数2.5MHz，インピーダンス50Ωで，阻止域に2個のノッチをもつエリプティック型LPFを設計する

先に紹介した正規化LPFのデータより，条件に合う正規化LPFは，図13-7のようになります．

周波数変換とインピーダンス変換を施すと，図13-8のような回路が得られます．周波数変換，インピーダンス変換は，それぞれ変数MとKの値を求め，正規化LPFの素子値に計算を施すと求めることができました．計算方法については，定K型LPF，バターワース型LPFの章で詳しく紹介しましたので，そちらを参考してください．

第14章

アッテネータの設計と応用
―インピーダンスを整合させて正しい測定をするために―

これまで各種フィルタの設計方法やそれらの特性について述べてきました。しかし、正しくフィルタが設計できても、正しいインピーダンスで使用しなければ、目的の特性は得られません。

たとえば、第4章の例4-4で紹介した、等リプル帯域44kHzのLPFについて考えてみます。このLPFは、**図14-1**のような回路になりました。

このフィルタの特性を測定する測定器の測定ポートのリターン・ロスが−20dB（*VSWR*だと約1.2）だとします。*VSWR* = 1.2という数値は決して悪い値ではなく、むしろ測定器としては標準か良い部類に入ります。リターン・ロスがが−20dBの場合、インピーダンスが600Ωの測定器の実際のインピーダンスは491Ωであるかもしれませんし、733Ωであるかもしれません。

たとえば、測定器のポート1、ポート2のインピーダンスが733Ωだと仮定します。その場合、このフィルタの特性は**図14-2(a)**から**図14-2(b)**のように変わります。これでは、正しく設計できているのか、測定時の問題で正しい値が得られないのかもわかりません。

〈図14-1〉
9次T形チェビシェフLPF（等リプル帯域44kHz、インピーダンス600Ω、リプル0.5dB）

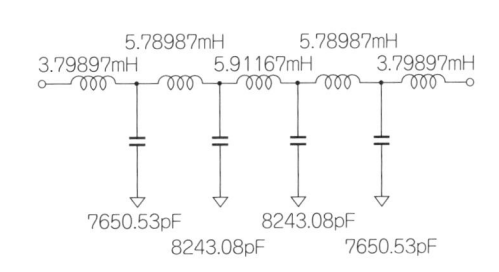

3.79897mH　5.78987mH　5.78987mH　3.79897mH
　　　　　　　5.91167mH
7650.53pF　　　　　8243.08pF
　　　8243.08pF　　　　　7650.53pF

〈図14-2〉9次T形チェビシェフLPFの測定インピーダンスによる比較

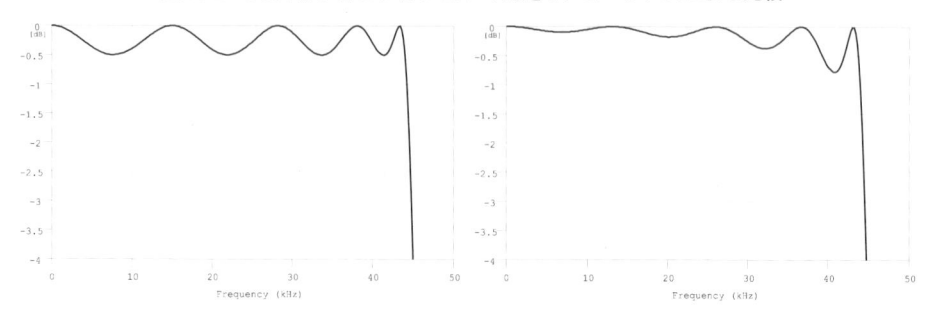

(a) 600Ωのテスト・ポート・インピーダンスで測定

(b) 733Ωのテスト・ポート・インピーダンス（リターン・ロス−20dB）で測定

〈図14-3〉
50Ω出力を600Ω出力に変更する方法

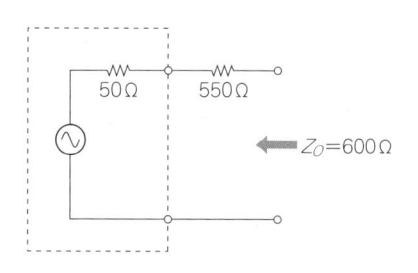

また，高周波測定器の測定端子インピーダンスは50Ωや75Ωが標準であり，50Ωや75Ω以外のインピーダンスをもったフィルタを測定する場合，正しく測定できているのか，心配なこともあるでしょう．

14.1 インピーダンス・コンバータ

一般的によく使われるインピーダンス・コンバータについて考えてみます．

50Ωの出力インピーダンスをもった信号源や測定器があるとします．たとえば，このインピーダンスを600Ωのインピーダンスに変換するためには，**図14-3**のような手法がよく使われます．

この回路のZ_Oは確かに600Ωとなり，問題なさそうです．しかし，よく考えてみてください．50Ωの出力インピーダンスをもった信号源の出力インピーダンスは，本当に50Ωなのでしょうか？　40Ωかもしれませんし，60Ωかもしれません．VSWRが1.2以下の測定器であれば，41Ωから61Ωの間にあっても，なんらおかしくはありません．

また，周波数ごとに値が変わるかもしれません．先の回路では，信号源のインピーダン

⟨図14-4⟩ インピーダンス・コンバータ

(a) T形
(b) π形

⟨図14-5⟩ π形インピーダンス変換回路を使った例

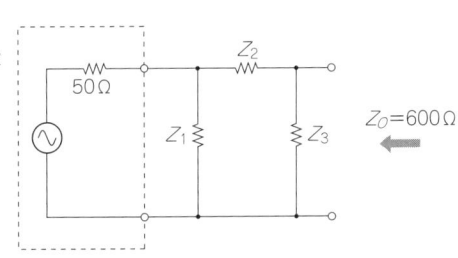

⟨表14-1⟩
－20dBと－40dBの減衰量のπ形アッテネータの抵抗値

減衰量[dB]	$Z_1[\Omega]$	$Z_2[\Omega]$	$Z_3[\Omega]$
－20	52.0	857.4	1872.8
－40	50.3	8659.4	644.5

スの変化がそのまま，出力インピーダンスの変化になります．

信号源のインピーダンスが40Ωであれば590Ωとなりますし，60Ωの場合は610Ωとなります．これでは，正しい600Ωを作ることはできませんし，先の図14-2(b)のように，正しいフィルタの特性を測定することはできません．

14.2　T形，π形インピーダンス・コンバータ

測定時のインピーダンスをきちんと規定するには，図14-4のような，抵抗を3本使ったT形，π形インピーダンス・コンバータを使います．

この回路は，ポート1とポート2のインピーダンスを任意の値に規定することができます．この回路の利点を，図14-5のようなπ形回路を例にして考えてみます．

このように，50Ωから600Ωに変換するような条件を満たす抵抗の組み合わせは無限にあります．そのなかで，ポート1からポート2への信号の減衰量が－20dBと－40dBである二つの組み合わせを考えます．

この場合，各抵抗値は表14-1のようになります．

先ほどの例と同様に，信号源の出力インピーダンスが40～60Ωまで変化した場合の出力インピーダンスを計算してみます．表14-2のようになります．

表14-2のように，アッテネータを使うと，従来型のインピーダンス変換に比べて，信号源のインピーダンスの影響を受けなくなります．また，減衰量が大きいほど，信号源イ

〈表14-2〉信号源インピーダンスが変化した場合のZ_O

信号源インピーダンス	Z_Oインピーダンス(−20dB)	Z_Oインピーダンス(−40dB)
40Ω	598.691Ω	599.961Ω
50Ω	600.023Ω	599.974Ω
60Ω	601.115Ω	599.985Ω

〈図14-6〉
T形回路

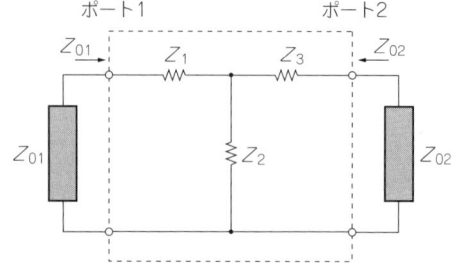

ンピーダンスの影響は少なくなります．ただし，良いことばかりではありません．当然，取り出せる電力(電圧)も，信号源インピーダンスの影響を小さくすればするほど，小さくなります．

この例は，インピーダンスが600Ωの場合でしたが，50Ωのフィルタを50Ωの測定器で測定する場合にも，同じ問題が生じます．この場合は，インピーダンス・コンバータと呼ばずに，単に減衰器，あるいはアッテネータと呼びます．これら，抵抗3本を使ったアッテネータやインピーダンス・コンバータの抵抗値を求める手順は，とても簡単です．以下に計算手順を示します．

14.3 アッテネータの設計

抵抗3本を使ったアッテネータにはT形とπ形の2種類があります．最初にT形アッテネータの抵抗値を求める計算手順を紹介します．

●T形アッテネータ

図14-6のように，両端にインピーダンスZ_{01}, Z_{02}が接続されたT形回路を考えてみます．「T形」と呼ぶのは，素子がアルファベットのT字形に接続されているためです．

抵抗と電圧の関係もわかっていますので，オームの法則を用いて解いてもよいのですが，大変面倒なのでアッテネータ・ボックスを2端子対回路として，4端子定数を定めて解く

ことにします．このT形回路の4端子定数は次のように表されます．

$$\begin{bmatrix} A & B \\ C & D \end{bmatrix} = \begin{bmatrix} 1 & Z_1 \\ 0 & 1 \end{bmatrix} \begin{bmatrix} 1 & 0 \\ 1/Z_2 & 1 \end{bmatrix} \begin{bmatrix} 1 & Z_3 \\ 0 & 1 \end{bmatrix} = \begin{bmatrix} 1+\dfrac{Z_1}{Z_2} & \dfrac{Z_1 Z_2 + Z_2 Z_3 + Z_3 Z_1}{Z_2} \\ \dfrac{1}{Z_2} & 1+\dfrac{Z_3}{Z_2} \end{bmatrix} \quad \cdots\cdots (14\text{-}1)$$

ここで，ポート2にインピーダンスZ_{02}を接続した場合にポート1のインピーダンスがZ_{01}になり，また，ポート1にインピーダンスZ_{01}を接続した場合にポート2のインピーダンスがZ_{02}になるためには，以下の式を満たす必要があります．このZ_{01}，Z_{02}はimage impedance（映像インピーダンス）と呼ばれます．

$$Z_{01} = \sqrt{\dfrac{AB}{CD}} \quad \cdots\cdots (14\text{-}2)$$

$$Z_{02} = \sqrt{\dfrac{DB}{CA}} \quad \cdots\cdots (14\text{-}3)$$

また，対称回路（ここでは$Z_1 = Z_3$）であれば，$A = D$となり，(14-2)式と(14-3)式から(14-4)式が導かれます．

$$Z_{01} = Z_{02} = Z_0 = \sqrt{\dfrac{B}{C}} \quad \cdots\cdots (14\text{-}4)$$

今，$Z_0 = 50\Omega$とすると

$$50 = \sqrt{2Z_1 Z_2 + Z_1^2} \quad \cdots\cdots (14\text{-}5)$$

が成り立ちます．

両方の映像インピーダンスを50Ωとするためには，(14-5)式の条件を満たす必要があります．

また，減衰量（ここではZ_{01}，Z_{02}で消費される電力の比）は，以下の式で示されます．

$$\dfrac{P_1}{P_2} = \dfrac{Z_{01} \cdot I_1 \cdot I_1}{Z_{02} \cdot I_2 \cdot I_2} \quad \cdots\cdots (14\text{-}6)$$

ここで，負荷に流れる電流，I_1，I_2は4端子定数から簡単に求めることができます．長くなりますのでここでは割愛しますが，難しい式ではないので，詳細は電気回路の本を参照してください．

減衰量と映像インピーダンスを定め，(14-5)式，(14-6)式から，Z_1，Z_2，Z_3の値を求めることができます．このようにして求められたZ_1，Z_2，Z_3で回路を組むと，目的の減衰量をもち，かつ，映像インピーダンスの揃ったアッテネータを作ることができます．

〈図14-7〉
π形回路

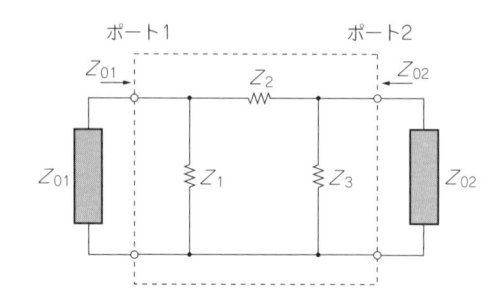

●π形アッテネータ

　入出力のインピーダンスが50Ωとなるような抵抗の組み合わせには，T形回路のほかに，図14-7に示すπ形回路というものもあります．この回路の4端子定数は，(14-7)式のように表されます．

$$\begin{bmatrix} A & B \\ C & D \end{bmatrix} = \begin{bmatrix} 1 & 0 \\ 1/Z_1 & 1 \end{bmatrix}\begin{bmatrix} 1 & Z_2 \\ 0 & 1 \end{bmatrix}\begin{bmatrix} 1 & 0 \\ 1/Z_3 & 1 \end{bmatrix} = \begin{bmatrix} 1+\dfrac{Z_2}{Z_3} & Z_2 \\ \dfrac{(Z_1+Z_2+Z_3)}{Z_1 Z_3} & 1+\dfrac{Z_2}{Z_1} \end{bmatrix} \quad \cdots\cdots\cdots (14\text{-}7)$$

　T形アッテネータのときと同じように計算を行うことで，Z_1からZ_3の値を求めることができます．

14.4　正規化アッテネータ/インピーダンス・コンバータ

　比較的よく使う，50Ωアッテネータの抵抗値を表14-3に紹介しておきます．

●正規化アッテネータの抵抗値

　入出力インピーダンスが1Ωで正規化されたアッテネータの抵抗値を，表14-4に紹介します．

　実際に表のデータを使用して特定のインピーダンスをもつアッテネータを製作する場合には，希望のインピーダンスを掛けた値の抵抗を使います．たとえば，100Ωのアッテネータを作る場合は表の値に100を掛け，75Ωの場合には表の値に75を掛けます．

●π形インピーダンス・コンバータの設計値

　−20dBの減衰量をもつ，インピーダンス・コンバータの抵抗値を表14-5に紹介します．−20dBの減衰量は，電圧が1/10になるので測定のときなどには計算しやすく便利です．

14.4 正規化アッテネータ/インピーダンス・コンバータ

〈表14-3〉
減衰量と抵抗値(50Ω系)

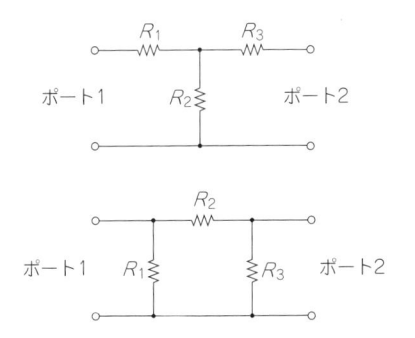

減衰量 [dB]	π形アッテネータ R_2	π形アッテネータ R_1, R_3	T形アッテネータ R_1, R_3	T形アッテネータ R_2
−1.0	5.77	869.55	2.88	433.34
−2.0	11.61	436.21	5.73	215.24
−3.0	17.61	292.40	8.55	141.93
−4.0	23.85	220.97	11.31	104.83
−5.0	30.40	178.49	14.01	82.24
−6.0	37.35	150.48	16.61	66.93
−7.0	44.80	130.73	19.12	55.80
−8.0	52.84	116.14	21.53	47.31
−9.0	61.59	104.99	23.81	40.59
−10.0	71.15	96.25	25.97	35.14
−11.0	81.66	89.24	28.01	30.62
−12.0	93.25	83.54	29.92	26.81
−13.0	106.07	78.84	31.71	23.57
−14.0	120.31	74.93	33.37	20.78
−15.0	136.14	71.63	34.90	18.36
−20.0	247.50	61.11	40.91	10.10
−25.0	443.16	55.96	44.68	5.64
−30.0	789.78	53.27	46.93	3.17
−40.0	2499.75	51.01	49.01	1.00

〈表14-4〉
正規化されたアッテネータの設計値

減衰量 [dB]	π形アッテネータ R_2	π形アッテネータ R_1, R_3	T形アッテネータ R_1, R_3	T形アッテネータ R_2
−1.0	0.11538	17.39096	0.05750	8.66673
−2.0	0.23230	8.72423	0.11462	4.30480
−3.0	0.35230	5.84804	0.17100	2.83852
−4.0	0.47697	4.41943	0.22627	2.09658
−5.0	0.60797	3.56977	0.28013	1.64482
−6.0	0.74704	3.00952	0.33228	1.33862
−7.0	0.89602	2.61457	0.38247	1.11605
−8.0	1.05689	2.32285	0.43051	0.94617
−9.0	1.23178	2.09988	0.47622	0.81183
−10.0	1.42302	1.92495	0.51949	0.70273
−11.0	1.63315	1.78489	0.56026	0.61231
−12.0	1.86494	1.67090	0.59848	0.53621
−13.0	2.12148	1.57689	0.63416	0.47137
−14.0	2.40617	1.49852	0.66732	0.41560
−15.0	2.72279	1.43258	0.69804	0.36727
−20.0	4.95000	1.22222	0.81818	0.20202
−25.0	8.86328	1.11917	0.89352	0.11283
−30.0	15.79558	1.06531	0.93869	0.06331
−40.0	49.99500	1.02020	0.98020	0.02000

〈表14-5〉
ポート・インピーダンスの異なる
アッテネータの設計値

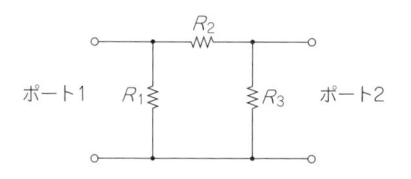

ポート1	ポート2	R_1	R_2	R_3
1.0	1.0	1.22222	4.95000	1.22222
1.0	1.1	1.20834	5.19160	1.36084
1.0	1.2	1.19648	5.42245	1.50207
1.0	1.25	1.19117	5.53427	1.57364
1.0	1.3	1.18621	5.64387	1.64585
1.0	1.4	1.17721	5.85692	1.79219
1.0	1.5	1.16924	6.06249	1.94105
1.0	1.6	1.16213	6.26131	2.09242
1.0	1.8	1.14992	6.64112	2.40268
1.0	2.0	1.13979	7.00036	2.72293
1.0	2.2	1.13122	7.34204	3.05319
1.0	2.5	1.12053	7.82664	3.56745
1.0	2.8	1.11176	8.28293	4.10462
1.0	3.0	1.10673	8.57365	4.47566
1.0	3.5	1.09623	9.26060	5.44953
1.0	4.0	1.08791	9.90000	6.49180
1.0	5.0	1.07544	11.06854	8.79552
1.0	6.0	1.06641	12.12497	11.42084
1.0	8.0	1.05399	14.00071	17.82521
1.0	10.0	1.04568	15.65327	26.22208
1.0	12.0	1.03963	17.14730	37.45511
1.0	15.0	1.03301	19.17127	63.08322

〈図14-8〉
50Ωから600Ωに変換する−20dBの
π形インピーダンス・コンバータ

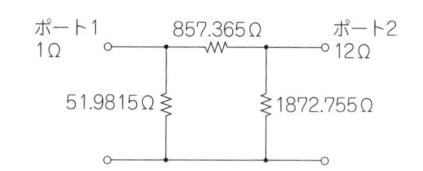

例14-1 50Ω-600Ω, −20dBのインピーダンス・コンバータを設計する

600Ωと50Ωの比は12倍であるので, ポート1が1Ω, ポート2が12Ωのデータを**表14-5**から使います.

$R_1 = 1.03963$

$R_2 = 17.14730$

$R_3 = 37.45511$

この抵抗値をそれぞれ50倍すると, 目的のインピーダンス・コンバータが設計できます.

$R_1 = 1.03963 \times 50 = 51.9815$ [Ω]

$R_2 = 17.14730 \times 50 = 857.365$ [Ω]

$R_3 = 37.45511 \times 50 = 1872.755$ [Ω]

最終的には, **図14-8**のような抵抗値の回路になります.

第15章

コイルの設計と製作方法
―形状と透磁率から巻き数を求める―

本章では，LCフィルタの構成要素として欠かせないコイル（インダクタ）の設計と製作方法について解説します．コイルは，空芯コイルとコア付きコイルに大別されます．

15.1　空芯コイル

最初に空芯コイルの設計方法について説明します．空芯コイルは，手元の線材を使ってコイルを作ることができます．低い周波数ではコアが入ったコイルを使いますが，高周波では空芯（コアなし）コイルを使います．

コアを使わないコイルは，ラウンド・ヘリカル・コイル（round helical coil）とか，エアー・ワウンド・コイル（air-wound coil）などと呼ばれることもあります（**写真15-1**）．

本書では，**図15-1**のように，コイルの直径および長さを，線材の中心から中心までと定義します．一部のシミュレータでは，コイル直径をコイルの内径として定義しているものもあり，注意が必要です．

〈写真15-1〉
空芯コイルの外観例

〈図15-1〉
空芯コイルの形状とインダクタンスの計算式

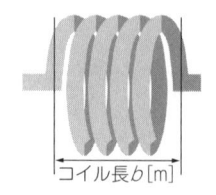

●$2a \leq b$ となる長いコイルの場合

$$L[\mathrm{H}] = \frac{\mu_0 n^2 \pi a^2}{b} \left[\frac{1 + 0.383901 \times \left(\frac{4a^2}{b^2}\right) + 0.017108 \times \left(\frac{4a^2}{b^2}\right)^2}{1 + 0.258952 \times \left(\frac{4a}{b^2}\right)} - \frac{8a}{3\pi b} \right]$$

●$2a > b$ となる短いコイルの場合

$$L[\mathrm{H}] = \mu_0 n^2 a \left[\left[\log_e\left(\frac{8a}{b}\right) - 0.5 \right] \times \frac{1 + 0.383901 \times \left(\frac{b^2}{4a^2}\right) + 0.017108 \times \left(\frac{b^2}{4a^2}\right)^2}{1 + 0.258952 \times \left(\frac{b^2}{4a^2}\right)} \right.$$

$$\left. + 0.093842 \times \left(\frac{b^2}{4a^2}\right) + 0.002029 \times \left(\frac{b^2}{4a^2}\right)^2 - 0.000801 \times \left(\frac{b^2}{4a^2}\right)^3 \right]$$

図15-1のような空芯コイルのインダクタンス値は，次の式で表されます．

$$L = \frac{\mu_0 \cdot n^2 \cdot \pi \cdot a^2}{b} K_N \quad \cdots\cdots (15\text{-}1)$$

$$K_N = \frac{\left(\frac{b\sqrt{4.0a^2 + b^2}}{a^2}\right)[F(k) - E(k)] + \left(\frac{4.0\sqrt{4.0a^2 + b^2}}{b}\right)E(k) - \frac{8.0a}{b}}{3.0\pi} \quad \cdots (15\text{-}2)$$

$$k = \frac{2.0a}{\sqrt{4.0a^2 + b^2}} \quad \cdots\cdots (15\text{-}3)$$

$F(k)$：第一種完全楕円積分

$E(k)$：第二種完全楕円積分

b：コイル長，$2a$：コイル直径，n：巻き数，μ_0：真空の透磁率

このK_Nを長岡係数と言います(長岡半太郎氏による)．しかし，この式のままではインダクタンス値を求めることが容易ではありません．

実際に空芯コイルのインダクタンス値を求める場合には，**図15-1**中に示した式を使うとよいでしょう．この式を使うと，実用上ほとんど問題にならない程度の誤差で，空芯コイルのインダクタンス値を求めることができます．

〈写真15-2〉ドリルの刃を使って空芯コイルを製作しているようす

〈図15-2〉空芯コイルには線材のインダクタンスのほかに抵抗と浮遊容量が存在する

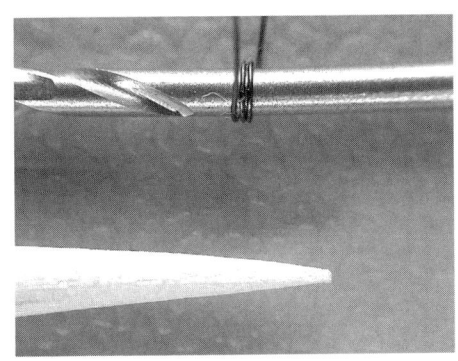

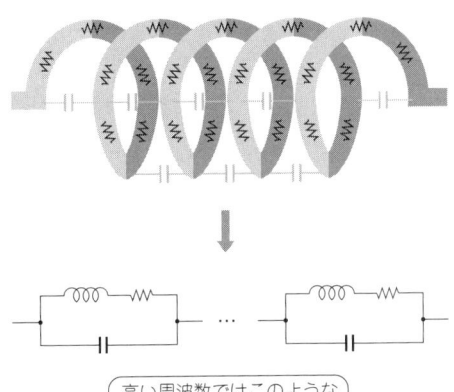

高い周波数ではこのような等価回路になる

　この式を使って計算した空芯コイルの設計データをいくつか，本章の終わりに掲載しておきます．この表を用いれば，必要なインダクタンス値のコイルの設計データを求めることができます．

　この表でボビンの直径が0.7mm，1.2mm，…となっているのには訳があります．つまり，線材の直径を0.2mmとすると，ちょうど直径0.5mm，1.0mm，1.5mm，2.0mm，3.0mmのボビンが使えます．手元に特別なボビンがない場合には，**写真15-2**のようにドリルの刃，シャープペンの芯などを使います．

●理想インダクタと空芯コイルの違い

　このようにして製作した空芯コイルは，理想インダクタと少しばかり特性が異なります．

　低い周波数では，空芯コイルの線間に存在するわずかな容量などが無視できるのですが，高周波領域ではわずかの容量も無視できません．高い周波数では，より正確にコイルをモデル化する必要があります．

　考えなければならないのは，線間の容量，表皮効果による導体抵抗の増加によるQの低下と，コイルの長さによる信号遅延です（**図15-2**）．特に，高い周波数まで使用するためには，できるかぎり小さく作る必要があり，必然的に使用する線材も細くなり，Qも低くなりがちです．

　ところで，先ほど紹介した式のなかには，どこにもコイルに使用する線の直径（または半径）に関する項目がありません．式では，インダクタンス値は線径に依存しないのです

⟨写真15-3⟩
各種トロイダル・コアの外観例

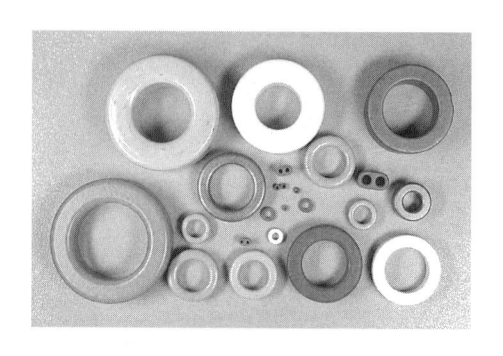

が，実際には線径が細いと直列抵抗が増すためQの低下を招き，コイルとしての性能が悪くなります．また，同じインダクタンス値を示す組み合わせでも，全体の大きさの小さいコイルのほうが，より高い周波数まで理想インダクタに近い特性を示します．

3GHzくらいまでの周波数では，直径0.1mm〜0.3mm程度の線材で，被覆がはんだ付けの熱で溶けるタイプがよいでしょう．被覆がはんだ付けの熱で溶けないエナメル線などを使うと，端子の処理が大変です．

しかし，高い周波数まで使える空芯コイルを設計する場合には，なるべく細い線を使用してできるだけ小型に作り，Qの低下を犠牲にする場合が多いようです．

15.2　トロイダル・コアを使ったコイル

写真15-3にトロイダル・コアの外観例を示します．トロイダル・コアを使ったコイルは，比較的低い周波数で使われます．コアを使うことで，同じインダクタンスを得るための巻き線の巻き数を少なくすることができます．

トロイダル・コアを使って目的のインダクタンス値のコイルを自作するためには，コアのAL値がわかっていると非常に便利です．

たとえば，AL値が300 [μH/100ターン]のコアの場合，そのコアに100回巻き線を巻くと，300μHのコイルになるということを意味しています．AL値の単位は[μH/100ターン]，[μH/1000ターン]などで表されます．この数値があれば，任意の巻き数をもつトロイダル・コイルのインダクタンス値を求めることができます．

トロイダル・コイルのインダクタンス値は，巻き数の2乗に比例するので，たとえば同じ300 [μH/100ターン]のコアに2倍の200回，巻き線を巻き付けると4倍の1200μH，つまり1.2mHのインダクタンス値となります．

15.2 トロイダル・コアを使ったコイル

コイルのインダクタンスは，AL 値が与えられていれば，次の式で計算することができます．

$$L = AL \times \left(\frac{\text{巻き線の巻き数}}{AL \text{値を与える巻き数}} \right)^2 \quad \cdots\cdots\cdots (15\text{-}4)$$

例15-1 AL 値が 50 [μH/100 ターン]のコアに 33 回巻き線を巻いたときのコイルのインダクタンスを計算する

$$L = AL \times \left(\frac{\text{巻き線の巻き数}}{AL \text{値を与える巻き数}} \right)^2 = AL \times \left(\frac{33}{100} \right)^2 = 50 \times 0.1089 \fallingdotseq 5.445 [\mu H]$$

例15-2 AL 値が 50 [μH/100 ターン]のコアを使ってインダクタンス値 40 μH のコイルを作る場合の巻き数を計算する

$$L = AL \times \left(\frac{\text{巻き線の巻き数}}{AL \text{値を与える巻き数}} \right)^2$$

の関係より，次の式が得られます．

$$\frac{L}{AL} = \left(\frac{\text{巻き線の巻き数}}{AL \text{値を与える巻き数}} \right)^2$$

それぞれの値は正の値なので，両辺を平方すると，

$$\sqrt{\left(\frac{L}{AL} \right)} = \frac{\text{巻き線の巻き数}}{AL \text{値を与える巻き数}}$$

がえられ，この式から

$$\text{巻き線の巻き数} = AL \text{値を与える巻き数} \times \sqrt{\left(\frac{L}{AL} \right)}$$

が得られます

実際に，例 15-2 の数値を代入すると，巻き数 n は次のようになります．

$$n = 100 \times \sqrt{(40 / 50)} = 100 \times 0.89443 = 89.443$$

つまり，AL 値 50 [μH/100 ターン]のコアに 90 回巻き線を巻くと，40μH のコイルを作ることができます．

例15-3 56 回巻き線を巻いたときのコイルのインダクタンスが 32 μH であるコアの 100 ターンあたりの AL 値を計算する

条件より次の式が成り立ちます．

$$32 [\mu H] = AL \times \left(\frac{56}{100} \right)^2$$

〈図15-3〉
トロイダル・コアのパラメータ

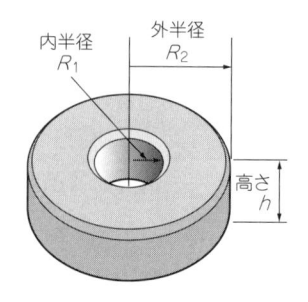

これより，AL値は，次のように計算されます．

$$AL = \frac{32}{\left(\dfrac{56}{100}\right)^2}[\mu H] \fallingdotseq \frac{32}{0.3136} = 102.04 \ [\mu H/100 ターン]$$

例15-4 35回巻き線を巻いたときのコイルのインダクタンスが68μHであるコイルの巻き数を34回に減らした場合のコイルのインダクタンスを求める

最初にコアのAL値を求めます．条件より，次の式が成り立ちます．

$$68[\mu H] = AL \times \left(\frac{35}{100}\right)^2$$

$$\therefore AL = 555.102 \ [\mu H/100 ターン]$$

これより，34回巻き線を巻いた場合のコイルのインダクタンス値Lは，

$$L = 555.102 \times \left(\frac{34}{100}\right)^2 \fallingdotseq 64.17 \ [\mu H]$$

になることが計算できます．

AL値の代わりに，透磁率や比透磁率（変数μを使って表す場合が多い）という数値が与えられている場合もあります．この場合，コアの形状が**図15-3**のようであれば，次に示す式でコイルのインダクタンスを計算することができます．

図15-3のコアに，n回均等に線を巻いた場合のインダクタンスは，次の式で計算されます．

$$L = \frac{\mu \times h \times N^2}{2\pi} \times \log_e\left(\frac{R_2}{R_1}\right) \quad \cdots\cdots\cdots\cdots\cdots\cdots (15\text{-}5)$$

μ：透磁率
R_1：コアの内半径

R_2：コアの外半径

h：コアの高さ

n：巻き線の巻き数

コアの透磁率ではなく，比透磁率が与えられている場合，透磁率をかけて実際の透磁率を算出します．

真空での透磁率は，

$$\mu_0 = \frac{4\pi}{10^7} \fallingdotseq 1.2566 \times 10^{-6} \text{ [H/m]}$$

と定められています．もし，比透磁率が30であるコアの場合，実際の透磁率は，

$$\mu \times \mu_0 = 30 \times \frac{4\pi}{10^7} \fallingdotseq 37.699 \times 10^{-6} \text{ [H/m]} = 37.699 [\mu\text{H/m}]$$

と計算できます．

どちらの数値が使われているか明記されていなくても，比透磁率と透磁率の値は単位がまったく違いますので，容易に区別できます．数値の値が数十〜数千であれば，比透磁率の値が示されています．

例15-5 図15-3のような形状で，コアの比透磁率 $\mu = 15$，コアの高さ $h = 10\text{mm}$，コアの内半径 $R_1 = 5\text{mm}$，コアの外半径 $R_2 = 20\text{mm}$ であるコアに30回巻き線を均等に巻いたときのコイルのインダクタンスを計算する

(15-5)式より下記のように計算できます．

$$L = \frac{\mu \times h \times N^2}{2\pi} \times \log_e\left(\frac{R_2}{R_1}\right) = \frac{\frac{4\pi}{10^7} \times 25 \times 10 \times 10^{-3} \times 30^2}{2\pi} \times \log_e\left(\frac{20 \times 10^{-3}}{5 \times 10^{-3}}\right)$$

$$= \frac{2 \times 25 \times 30^2 \times 10^{-2}}{10^7} \times \log_e 4 \fallingdotseq 45000 \times 10^{-9} \times 1.38629 \fallingdotseq 62.383 [\mu\text{H}]$$

●トロイダル・コイルのインダクタンスを*LCR*メータを使わずに求める

トロイダル・コアのスペックが明記されていれば，希望のインダクタンス値のコイルを作ることは簡単です．

しかし，パーツ箱の隅にあるトロイダル・コアは，ほとんどの場合は仕様がわからなくなっているものが多いのではないでしょうか．こういう場合，とりあえずコアにコイルを数十回巻いて，インダクタンスを測定し，コアの*AL*値を求めておくとコイルを作る場合に非常に役に立ちます．

〈写真15-4〉手元にあったトロイダル・コアと15回巻き線を巻いたトロイダル・コイル

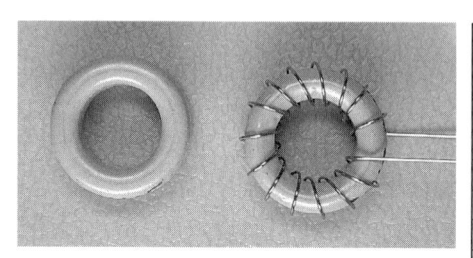

〈表15-1〉共振周波数から求めたトロイダル・コイルのインダクタンス値

コンデンサの容量 [pF]	共振周波数 [kHz]	計算で求めたコイルの値 [μH]
820	1650	11.346
1000	1510	11.109
1462	1210	11.834
2200	980	11.989
2239	968	12.074
3300	792	12.237
4700	658	12.448
5100	632	12.435
6800	543	12.633
7161	532	12.498
8200	497	12.506
10000	457	12.129
12100	409	12.514
20000	317	12.604
24900	285	12.524
30100	258	12.643
43200	214	12.804
93460	144.2	13.034
820000	48.1	13.352
4700000	19.8	13.747

インダクタンス測定のための専用の測定器が手元にない場合でも，共振周波数を測定する治具を使って測定し，インダクタンスを計算で求めることができます．特に，大きなインダクタンスのコイルは，50Hzや60Hzの誘導を受けやすいため，専用の測定器を使ってインピーダンスからインダクタンス値を求めるよりも，共振周波数を測定し，それからインダクタンス値を求めるほうがより正確です．

手元にあったトロイダル・コアを使って，実際に測定してみます．手元にあったトロイダル・コア(**写真15-4**)に巻き線を15回巻いて，トロイダル・コイルを製作します．これに，値のわかっているいくつかの容量のコンデンサを使って LC 直列共振回路を作成し，共振周波数を測定します．

表15-1は，測定に使ったコンデンサの容量と共振周波数，それに共振周波数とコンデンサの容量から求めたトロイダル・コアのインダクタンス値です．測定には，1%～5%

〈図15-4〉
計算したAL値［μH/100ターン］と周波数の関係

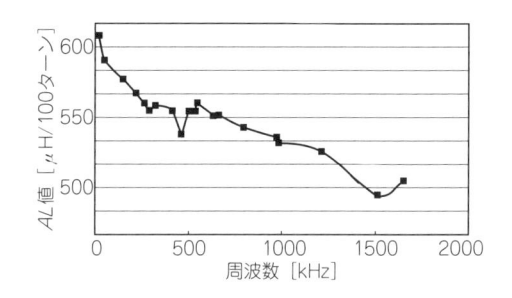

誤差のマイカ・コンデンサを使用しました．

表15-1のように，コンデンサの容量を変えると，いろいろな周波数におけるコイルのインダクタンス値を求めることができます．周波数が高くなるとトロイダル・コイルのインダクタンスが小さくなりますが，これは使用したトロイダル・コアの比透磁率が，周波数とともに小さくなるために生じる現象です．

図15-4は，使用したトロイダル・コアのAL値（一定巻き数あたりのインダクタンス値）と周波数の関係を表したものです．

この値を使ってトロイダル・コイルを製作してみます．DC付近では，コイルのAL値は600 [μH/100ターン]となりますので，たとえばこのコアに50回巻き線を巻いた場合には150μHのトロイダル・コイルが得られ，30回巻き線を巻いた場合には54μHのトロイダル・コイルになることが，容易に計算できます．

さらに，コアの寸法を測定すると，コアの透磁率や比透磁率も，計算により求めることができます．

15.3　ボビンを使った可変コイル

コアが内蔵されたボビンを使うと，インダクタンスを可変できるコイルを作ることができます．このコイルは，数MHzから数十MHz程度の周波数で便利に使えます（**写真15-5**）．

空芯コイルで1μH(1000nH)以上のコイルを作ろうとすると，数十ターンの巻き線を巻く必要がありますが，コアの入ったボビンを使うと巻き数を少なくすることができます．

コイルのインダクタンス値は，コイルの巻き数と直径，それにコアの比透磁率と，巻き線とコアがどの程度重なっているかで決まります．

コアを抜いて巻き線とコアの重なり部分が少なくなると，インダクタンス値が減りますし，逆に巻き線とコアの重なりが大きくなるとコイルのインダクタンス値が増えます．

〈写真15-5〉
コア付きボビンに巻いた可変コイルの外観例

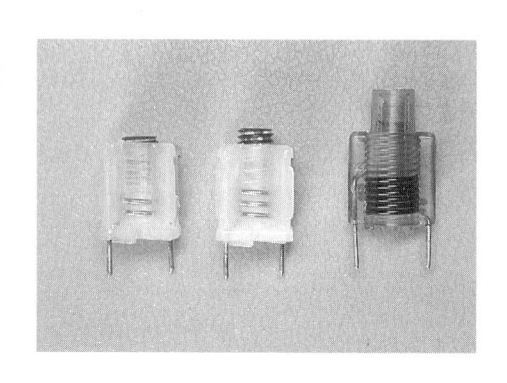

　コイルのインダクタンス値を計算で求めることも可能ですが，そのためにはコアの仕様が必要です．
　しかし，仕様のはっきりしたコア付きボビンを手に入れることは一般には難しく，ジャンクのなかから探してきたコアを使う場合も多いと思います．そのようなとき，コイルのインダクタンス値がどの程度の値なのかを簡単に調べるには，先のように共振周波数を測定して計算で求める方法が簡単です[29]．

15.4　空芯コイルの設計データ

　表15-2〜表15-6に，空芯コイルの設計データを示します．それぞれの表の値はコイル全長を示しており，コイル直径ごとに分けてあります．必要なインダクタンス値をもつ空芯コイルの設計データは，コイル直径を決めて，所望のインダクタンス値になる巻き数を探し，それに該当するコイル全長を求めます．
　たとえば，1.0nHのインダクタンスをもつ空芯コイルは，表15-2からコイル直径0.7mm，巻き数2回，全長1.62mmで実現できますし，コイル直径0.7mm，巻き数3回，全長4.05mmでも実現できます．
　コイルの直径は線材の中心からのものです．巻き数と全長から，適当な線径の線材を選択します．ϕ0.2mmの線材を使用すれば，ϕ0.5mmのシャープペンの芯などを利用してコイル直径0.7mmのコイルを巻くことができます．

〈表15-2〉空芯コイルの設計データ（コイル直径0.7mm）

巻き数 値	$N=1$	$N=2$	$N=3$	$N=4$	$N=5$	$N=6$	$N=7$	$N=8$
0.51nH	0.63	3.49						
0.56nH	0.55	3.15						
0.62nH	0.46	2.81						
0.68nH	0.39	2.54	6.10					
0.75nH	0.33	2.27	5.50					
0.82nH	0.27	2.05	5.00					
0.91nH	0.22	1.82	4.48					
1.0nH		1.62	4.05	7.44				
1.1nH		1.45	3.65	6.73				
1.2nH		1.30	3.32	6.15	9.78			
1.3nH		1.18	3.04	5.65	9.00			
1.5nH		0.98	2.60	4.86	7.76	11.31		
1.6nH		0.89	2.41	4.53	7.26	10.58		
1.8nH		0.76	2.11	4.00	6.42	9.37	12.87	
2.0nH		0.65	1.87	3.57	5.74	8.40	11.55	15.18
2.2nH		0.56	1.67	3.21	5.19	7.61	10.47	13.77
2.4nH		0.49	1.50	2.92	4.74	6.95	9.57	12.60
2.7nH		0.40	1.30	2.56	4.17	6.15	8.48	11.16
3.0nH			1.14	2.27	3.73	5.50	7.60	10.02
3.3nH			1.00	2.04	3.36	4.97	6.88	9.08
3.6nH			0.89	1.84	3.05	4.53	6.28	8.30
3.9nH			0.80	1.67	2.79	4.16	5.77	7.64
4.3nH			0.70	1.49	2.51	3.75	5.21	6.90
4.7nH			0.61	1.33	2.27	3.40	4.74	6.28
5.1nH				1.20	2.06	3.11	4.34	5.77
5.6nH				1.07	1.85	2.80	3.93	5.23
6.2nH				0.93	1.64	2.50	3.52	4.69
6.8nH				0.82	1.47	2.25	3.18	4.25
7.5nH					1.30	2.01	2.85	3.82
8.2nH					1.16	1.81	2.58	3.47
9.1nH					1.01	1.60	2.30	3.10
10nH						1.43	2.06	2.79
11nH						1.27	1.85	2.51
12nH						1.14	1.67	2.27
13nH							1.51	2.07
15nH							1.27	1.75
16nH								1.62
18nH								1.41

〈表15-3〉空芯コイルの設計データ（コイル直径1.2mm）

巻き数 値	$N=1$	$N=2$	$N=3$	$N=4$	$N=5$	$N=6$	$N=7$	$N=8$
0.56nH	2.00							
0.62nH	1.75							
0.68nH	1.55							
0.75nH	1.35							
0.82nH	1.19							
0.91nH	1.02							
1.0nH	0.88							
1.1nH	0.75							
1.2nH	0.64							
1.3nH	0.55	3.85						
1.5nH	0.41	3.26						
1.6nH	0.36	3.02						
1.8nH	0.27	2.63						
2.0nH	0.21	2.31	5.87					
2.2nH		2.05	5.29					
2.4nH		1.83	4.81					
2.7nH		1.57	4.21	7.90				
3.0nH		1.35	3.74	7.06				
3.3nH		1.18	3.35	6.37	10.25			
3.6nH		1.03	3.02	5.80	9.35			
3.9nH		0.91	2.75	5.31	8.59			
4.3nH		0.78	2.44	4.76	7.74	11.38		
4.7nH		0.67	2.19	4.31	7.04	10.37	14.30	
5.1nH		0.57	1.97	3.93	6.45	9.52	13.14	
5.6nH		0.48	1.75	3.53	5.82	8.62	11.92	15.73
6.2nH		0.39	1.52	3.14	5.21	7.73	10.72	14.16
6.8nH			1.34	2.81	4.70	7.00	9.72	12.86
7.5nH			1.16	2.50	4.21	6.30	8.77	11.61
8.2nH			1.02	2.24	3.81	5.72	7.97	10.58
9.1nH			0.86	1.96	3.38	5.10	7.13	9.48
10nH			0.74	1.74	3.02	4.59	6.44	8.58
11nH			0.62	1.53	2.70	4.13	5.81	7.75
12nH				1.35	2.43	3.74	5.28	7.06
13nH				1.21	2.20	3.41	4.83	6.48
15nH				0.97	1.83	2.88	4.12	5.54
16nH				0.88	1.68	2.67	3.83	5.16
18nH					1.43	2.31	3.34	4.53
20nH					1.23	2.02	2.95	4.02
22nH					1.07	1.79	2.63	3.61
24nH					0.94	1.59	2.37	3.26
27nH						1.35	2.04	2.84
30nH						1.16	1.78	2.50
33nH							1.57	2.22
36nH							1.39	1.99
39nH								1.79
43nH								1.58

15.4 空芯コイルの設計データ 275

〈表15-4〉空芯コイルの設計データ(コイル直径1.7mm)

巻き数 値	$N=1$	$N=2$	$N=3$	$N=4$	$N=5$	$N=6$	$N=7$	$N=8$
1.0nH	2.09							
1.1nH	1.82							
1.2nH	1.61							
1.3nH	1.42							
1.5nH	1.13							
1.6nH	1.01							
1.8nH	0.82	5.59						
2.0nH	0.67	4.96						
2.2nH	0.54	4.44						
2.4nH	0.45	4.00						
2.7nH	0.33	3.47	8.77					
3.0nH	0.25	3.04	7.82					
3.3nH		2.70	7.04					
3.6nH		2.41	6.39					
3.9nH		2.16	5.84					
4.3nH		1.89	5.22	9.88				
4.7nH		1.66	4.71	8.97				
5.1nH		1.47	4.28	8.21				
5.6nH		1.27	3.83	7.41	12.00			
6.2nH		1.07	3.38	6.62	10.77			
6.8nH		0.91	3.02	5.97	9.75			
7.5nH		0.76	2.66	5.34	8.77	12.96		
8.2nH		0.63	2.37	4.82	7.96	11.79		
9.1nH		0.51	2.05	4.26	7.09	10.55	14.63	
10nH		0.41	1.80	3.81	6.39	9.53	13.24	
11nH			1.56	3.39	5.74	8.60	11.97	15.86
12nH			1.37	3.04	5.20	7.82	10.91	14.48
13nH			1.20	2.75	4.74	7.16	10.02	13.31
15nH			0.94	2.28	4.00	6.10	8.58	11.44
16nH			0.84	2.09	3.70	5.67	8.00	10.67
18nH			0.67	1.77	3.20	4.96	7.02	9.40
20nH				1.51	2.81	4.38	6.24	8.39
22nH				1.30	2.48	3.91	5.61	7.56
24nH				1.13	2.21	3.52	5.08	6.86
27nH				0.92	1.87	3.04	4.43	6.02
30nH				0.76	1.61	2.66	3.91	5.34
33nH					1.39	2.35	3.48	4.78
36nH					1.21	2.09	3.12	4.32
39nH					1.06	1.86	2.82	3.93
43nH					0.89	1.62	2.49	3.49
47nH						1.41	2.21	3.13
51nH						1.24	1.97	2.82
56nH						1.06	1.73	2.50
62nH							1.48	2.18
68nH							1.28	1.92
75nH								1.66
82nH								1.45

〈表15-5〉空芯コイルの設計データ（コイル直径2.2mm）

巻き数 値	$N=1$	$N=2$	$N=3$	$N=4$	$N=5$	$N=6$	$N=7$	$N=8$
1.5nH	2.19							
1.6nH	1.99							
1.8nH	1.66							
2.0nH	1.39							
2.2nH	1.18							
2.4nH	1.00							
2.7nH	0.79							
3.0nH	0.63							
3.3nH	0.50							
3.6nH	0.40	4.33						
3.9nH	0.32	3.92						
4.3nH	0.24	3.46						
4.7nH	0.18	3.08						
5.1nH		2.76						
5.6nH		2.42						
6.2nH		2.09	5.96					
6.8nH		1.81	5.36					
7.5nH		1.55	4.76					
8.2nH		1.33	4.26	8.36				
9.1nH		1.11	3.74	7.44				
10nH		0.92	3.31	6.68				
11nH		0.76	2.92	5.98	9.90			
12nH		0.63	2.59	5.40	8.99			
13nH		0.52	2.31	4.90	8.22	12.27		
15nH		0.36	1.89	4.12	7.00	10.51		
16nH			1.69	3.79	6.50	9.79	13.68	
18nH			1.39	3.26	5.66	8.59	12.05	16.04
20nH			1.16	2.83	5.00	7.64	10.75	14.34
22nH			0.97	2.48	4.45	6.85	9.68	12.94
24nH			0.81	2.19	4.00	6.20	8.79	11.78
27nH			0.63	1.83	3.44	5.40	7.71	10.37
30nH				1.55	2.99	4.76	6.84	9.23
33nH				1.32	2.63	4.23	6.12	8.30
36nH				1.13	2.32	3.79	5.53	7.53
39nH				0.97	2.07	3.42	5.03	6.87
43nH				0.80	1.78	3.01	4.47	6.14
47nH					1.54	2.67	4.00	5.53
51nH					1.34	2.38	3.61	5.02
56nH					1.14	2.07	3.19	4.48
62nH					0.94	1.78	2.78	3.95
68nH						1.53	2.45	3.51
75nH						1.30	2.12	3.09
82nH						1.10	1.86	2.74
91nH							1.57	2.37
100nH							1.34	2.06
110nH								1.78
120nH								1.55

15.4 空芯コイルの設計データ

〈表15-6〉空芯コイルの設計データ（コイル直径3.2mm）

巻き数値	$N=1$	$N=2$	$N=3$	$N=4$	$N=5$	$N=6$	$N=7$	$N=8$
2.7nH	2.29							
3.0nH	1.92							
3.3nH	1.62							
3.6nH	1.37							
3.9nH	1.17							
4.3nH	0.94							
4.7nH	0.77							
5.1nH	0.62							
5.6nH	0.48							
6.2nH	0.36							
6.8nH	0.26							
7.5nH		3.95						
8.2nH		3.48						
9.1nH		3.00						
10nH		2.59						
11nH		2.22						
12nH		1.92	6.16					
13nH		1.66	5.57					
15nH		1.26	4.63					
16nH		1.11	4.25	8.70				
18nH		0.85	3.61	7.57				
20nH		0.66	3.10	6.66	11.23			
22nH		0.51	2.68	5.92	10.29			
24nH		0.40	2.34	5.31	9.12	13.77		
27nH			1.92	4.55	7.94	12.08		
30nH			1.59	3.95	7.00	10.73	15.12	
33nH			1.32	3.45	6.23	9.62	13.61	18.21
36nH			1.11	3.04	5.59	8.70	12.36	16.58
39nH			0.93	2.69	5.05	7.92	11.30	15.19
43nH			0.74	2.31	4.44	7.04	10.11	13.65
47nH			0.59	1.99	3.93	6.32	9.13	12.36
51nH				1.72	3.51	5.71	8.30	11.28
56nH				1.45	3.06	5.06	7.43	10.15
62nH				1.18	2.62	4.43	6.57	9.02
68nH				0.97	2.26	3.91	5.86	8.10
75nH				0.77	1.92	3.40	5.17	7.21
82nH					1.64	2.99	4.60	6.47
91nH					1.34	2.55	4.00	5.68
100nH					1.11	2.17	3.51	5.04
110nH					0.90	1.86	3.05	4.44
120nH					0.73	1.59	2.68	3.95
130nH						1.36	2.36	3.53
150nH						1.01	1.85	2.86
160nH							1.65	2.59
180nH							1.32	2.14
200nH							1.06	1.79
220nH								1.50
240nH								1.26

Appendix B
共振周波数測定治具の製作

　コンデンサやLC直列回路の自己共振周波数を測定するための，測定治具を紹介します．治具の全体のブロックは，**図B-1**のとおりです．外観を**写真B-1**に示します．

　VCOの信号を信号分配器でモニタ用と測定用の信号に分けます．測定用の信号は伝送ラインを通して，ディテクタ端子に出力されます．この伝送ラインとグラウンドとの間にLC直列回路があると，共振周波数でレベル計の信号がほとんど観測されなくなります．

　VCOの発振周波数を変えて，もっともレベルが小さくなった周波数を周波数カウンタで読み取ります．**表15-1**に示したデータはそのようにして作成しました．

　各コネクタの傍にある−3dBのアッテネータは，信号減衰が目的ではありません．これがないと，治具と負荷との間に定在波が生じ，正しく測定できないこともあります．実験の結果，製作した治具では5GHz程度までの共振周波数を測定することができました．

〈図B-1〉
共振周波数を測定するブロック図

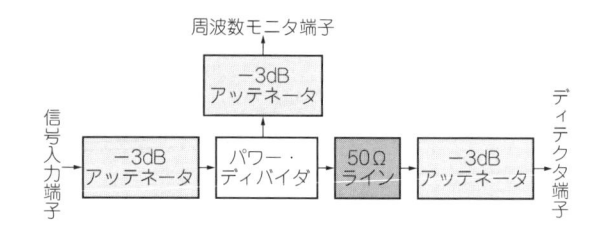

〈写真B-1〉
製作した共振周波数測定治具
（裏面は全面グラウンド）

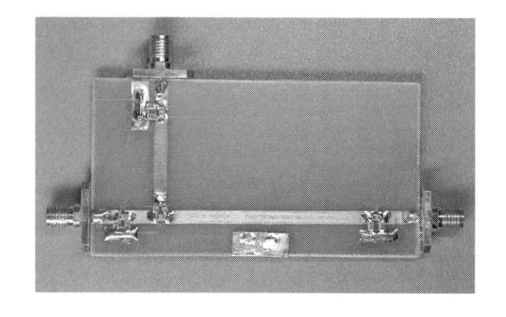

〈写真B-2〉
1S1588を使ったRFディテクタの外観

〈図B-2〉
RFディテクタの回路

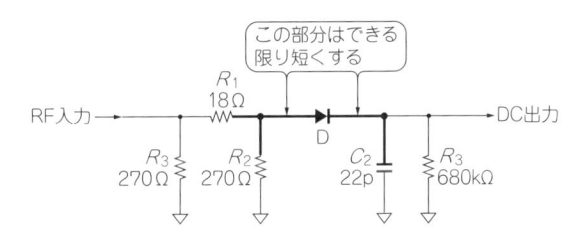

この部分はできる限り短くする

RF入力 ─── R_1 18Ω ─── D ─── DC出力
R_3 270Ω　R_2 270Ω　C_2 22p　R_3 680kΩ

　この治具を使うためには，治具のほかに高周波ディテクタ，マルチメータといった信号の大きさを比較できる測定器と，周波数カウンタ，それに簡単な発振器が必要です．低い周波数ではACミリボルト・メータなども使用できます．
　筆者は，秋葉原などの販売店で市販されている周波数カウンタ・キットとVCO，それに簡単なディテクタを作って利用しています．
　簡易ディテクタは，高周波ダイオードを使って作ります．自己インダクタンスやジャンクション容量の少ないダイオードを使うと，数十GHz程度でも楽に測定できます．しかし，一般には入手が困難であったり，小さすぎて組み立てができなかったりします．今回は，手に入りやすい1S1588というダイオードを使ってディテクタを作りました（**写真B-2**）．
　回路は**図B-2**に示すように単なる整流回路です．整流回路の入力インピーダンスは50Ωとマッチングしていないため，−3dBのアッテネータは外せません．感度を高くするためにはアッテネータを外し，その代わりにインダクタを使えばよいのですが，本ディテクタと信号源との間に定在波が生じ，周波数特性に暴れが生じます．
　汎用の1S1588を使ったのですが，3.0GHz程度までちゃんと検波しています．出力レベルは低い周波数に比べていくぶん小さくなりますが，このような用途には十分すぎる性能です．このダイオード・ディテクタの入力のレンジは−10dBm～20dBm程度です．

◆参考文献◆

(1) K. C. Gupta, Ramesh Garg, Rakesh Chadha ; Computer Aided Design of Microwave Circuits, Artech House, 1981.
(2) A. I. Zverev ; Handbook of Filter Sysnthesis, John Wiley and Sons, New York, 1967.
(3) R. Saal, E. Ulbrich ; On the Design of Filters by Synthesis, IRE Transactions on Circuit Theory, December 1958.
(4) L. T. Bruton ; Network Transfer Functions Using the Concept of Frequency-Dependent Negative Resistance, IEEE Transactions on Circuit Theory, Vol. CT-16, pp.406〜408, Aug. 1969.
(5) Rodriguez, Robert, et al. ; Modeling of Two-Dimensional Spiral Inductors, IEEE Transaction on Components, Hybrids, and Manufacturing Technology, vol.CHMT-3, No.4, pp.535〜541, December 1980.
(6) Risaburo Sato ; A Design Method for Meander-Line Networks Using Equivalent Circuit Transformations, IEEE Transactions on Microwave Theory and Techniques, Vol.MTT-19, No.5, pp.431〜442, May 1971.
(7) R. Saal, E. Ulbrich ; On the Design of Filters by Synthesis, IRE Transactions on Circuit Theory, December 1958.
(8) L. F. Lind ; Synthesis of Equally Terminated Low-Pass Lumped and Distributed Filters of Even Order, MTT-17, No.1, pp.43〜45, January 1969.
(9) G. L. Matthaei ; Synthesis of Chebyshev Impedance Matching Networks, Filters and Inter-Stages, Transaction on Circuit Theory, Vol.CT-3, pp.163〜172, September 1956.
(10) Richard Lundin ; A Handbook Formula for the Inductance of a Single-Layer Circular Coil, Proceedings of the IEEE, Vol.73, No.9, pp.1428〜1429, September 1985.
(11) H. Craig Miller ; Inductance Formula for a Single-Layer Circular Coil, Proceedings of the IEEE, Vol.75, No.2, pp.256〜257, Feb 1987.

(12) Harold A. Wheeler ; Inductance Formulas for Circular and Square Coils, Proceedings of the IEEE, Vol.70, No.12, pp.1449～1450, December 1982.
(13) Brian C. Wadell ; Transmisson Line Design Handbook, Artech House, pp.382～386, 1991.
(14) Bahl Prakash Bhartia Inder ; Microwave Solid State Circuit Design, John Wiley & Sons,Inc., 1988.
(15) Peter Vizmuller ; RF Design Guide Systems, Circuits, and Equations, Artech House, 1995.
(16) Randall W. Rhea ; HF Filter Design and Computer Simulation, Noble Publishing, 1994.
(17) Louis Weinberg ; Network Analysis and Synthesis, McGraw-Hill Book Company, Inc., Kogakusha Company, Ltd., 1962.
(18) P. Le Corbeiller ; Matrix Analysis of Electric Networks, Harvard University Press, 1950.
(19) Franklin F. Kuo ; Network Analysis and Synthesis, Second Edition (Bell Telephone Laboratories, Inc.), John Wiley & Sons, Inc., 1966.
(20) 山田直平；電気磁気学, 電気学会, 1986年.
(21) 平山博；電気回路論, 電気学会, 1984年.
(22) 堀敏夫；アナログフィルタ回路設計法, 総合電子出版社, 1998年.
(23) 今田悟, 深谷武彦；実用アナログ・フィルタ設計法, CQ出版(株), 1989年.
(24) 島田公明；アナログフィルタの基礎知識と実用設計, 誠文堂新光社, 1993年.
(25) 中村尚五；ビギナーズデジタルフィルタ, 東京電機大学出版局, 1989年.
(26) 堀敏夫；アナログ・フィルタの設計と解析, 電波新聞社, 1989年.
(27) 山村英穂；トロイダル・コア活用百科, CQ出版(株), 1983年.
(28) ウィリアムズ著, 加藤康雄監訳；電子フィルター回路設計ハンドブック－, McGraw-Hill, 1981年.
(29) 森栄二；定K型/誘導m型フィルタ, マイクロウェーブ技術入門講座(第24回), トランジスタ技術, 2000年2月号, CQ出版(株).

索　　引

【あ　行】

アッテネータ ……………………255, 258
位相可変器…………………………………15
イマジナリ・ジャイレータ …166, 201, 214
インダクタンス ………………………264
インピーダンス・コンバータ …………256
インピーダンス変換 ……………………185
エアー・ワウンド・コイル ……………263
映像インピーダンス ……………………259
エリプティック……………………………19
エリプティック型………………………247
エリプティック型LPFの通過特性
　　　　　　　　　　　……251, 252
オールパス・フィルタ……………………15

【か　行】

回路変換 …………………………………209
ガウシャン ………………………………111
ガウシャン型BPF ………………………161
ガウシャン型HPFの遮断特性 …………138
ガウシャン型HPFの遅延特性 …………138
ガウシャン型LPFの遮断特性 …………112
ガウシャン型LPFの遅延特性 …………113

カップリング・コンデンサ ……………202
幾何中心周波数 …………………………149
寄生インダクタンス ……………………140
逆チェビシェフ……………………………19
逆チェビシェフ型LPF …………………241
共振器結合 ………………………………215
共振器容量結合型BPF …………………215
共振周波数 ………………………………278
空芯コイル ………………………………263
空芯コイルの設計データ ………………273
群遅延特性…………………………………99
結合コンデンサ …………………………207
結合素子 …………………………………215
減衰器 ……………………………………258
コア ………………………………………271
コイル ……………………………………263
コイルのインダクタンス ………………209
高域通過フィルタ…………………………11
コンデンサの容量 ………………………209

【さ　行】

ジャイレータ ……………………………200
スター デルタ変換 ……………………193

索引　*283*

ストップ・バンド …………………241, 250
正規化アッテネータ ……………………261
正規化エリプティック型LPF …………248
正規化ガウシャン型LPF ………………119
正規化逆チェビシェフLPF ………245, 246
正規化結合係数 …………………………216
正規化チェビシェフ型LPF ………………88
正規化バターワース型HPF ……………134
正規化バターワース型LPF ………………65
正規化ベッセル型LPF …………………105
正帰還 ……………………………………163
整合性 ………………………………………43
製作手順 ……………………………………33
ゼロ点 ………………………………………38
全域通過フィルタ …………………………15
測定インピーダンス ……………………256
阻止帯域減衰量 …………………………242

【た　行】

帯域阻止フィルタ …………………12, 177
帯域通過フィルタ …………………………11
対数軸 ……………………………………150
チェビシェフ ……………………………19, 75
チェビシェフ型BPF ……………………161
チェビシェフ型LPFの遮断特性 …………76
チェビシェフ型LPFの遅延特性 …………77
チェビシェフ型LPFの
　リターン・ロス特性……………………78
中心周波数 ………………………………149
定K型 ……………………………………21
定K型BRF ……………………………177

定K型HPFの遮断特性 ………………125
定K型HPFの遅延特性 ………………126
定K型LPFの遮断特性 …………………22
定K型LPFの遅延特性 …………………23
定K型正規化LPF ………………………28
低域通過フィルタ …………………………11
ディレイ・イコライザ ……………………15
透磁率 ……………………………………268
等リプル・フィルタ ………………………75
等リプル帯域 ………………………………86
トムソン・フィルタ ………………………99
トランス …………………………185, 197
トロイダル・コア ………………………266

【な　行】

長岡係数 …………………………………264
ノートン変換 ……………………187, 210
ノッチ ………………………………………38
ノッチ・フィルタ …………………………15
ノッチ周波数 ……………………………155

【は　行】

バートレットの2等分定理 ……………198
ハイパス・フィルタ ………………11, 121
波形 ………………………………98, 110
バターワース ……………………………19, 55
バターワース型BPF ……………………161
バターワース型BRF ……………………180
バターワース型HPF ……………………131
バターワース型HPFの遮断特性 ………135
バターワース型HPFの遅延特性 ………135

バターワース型LPFの遮断特性 ……… 56
バターワース型LPFの遅延特性 ……… 57
バンド・リジェクト・フィルタ …… 12, 177
バンドパス・フィルタ ………… 11, 145
比透磁率 ……………………… 268
フェーズ・シフタ ……………… 15
部品のインダクタンス …………… 140
ベッセル …………………… 19, 99
ベッセル型BPF ………………… 161
ベッセル型HPFの遮断特性 ………… 136
ベッセル型HPFの遅延特性 ………… 136
ベッセル型LPFの遮断特性 ………… 100
ベッセル型LPFの遅延特性 ………… 101
方形波 …………………… 98, 110
ボビン ……………………… 271

【や　行】

誘導m型 ……………………… 37
誘導m型HPF ………………… 125
誘導m型正規化LPF ……………… 39

【ら　行】

ラウンド・ヘリカル・コイル ……… 263
理想インダクタ ………………… 265
リターン・ロス ………………… 45
ローパス・フィルタ ……………… 11
濾過 ………………………… 11

【わ　行】

ワーグナー・フィルタ …………… 55

【アルファベット】

All Pass Filter ……………………… 15
AL値 ……………………… 266
AM放送バンド ………………… 165
APF ………………………… 15
Band Elimination Filter ………… 15, 177
Band Pass Filter ………………… 11
Band Reject Filter ……………… 12, 177
BEF ……………………… 15, 177
BPF ……………………… 145
BPFにするための素子 …………… 147
BPFの特性 ……………………… 160
BRF ……………………… 12, 177
BRFにするための素子 …………… 179
FM放送バンド ………………… 184
High Pass Filter ………………… 11
HPF ……………………… 11, 121
Low Pass Filter ………………… 11
LPF ………………………… 11
RFディテクタ ………………… 279
TVチャネル …………………… 173
T-π変換 …………………… 193, 212
T形アッテネータ ………………… 258
T形インピーダンス・コンバータ …… 257

【ギリシャ文字】

π-T変換 …………………… 193, 212
π形アッテネータ ……………… 260
π形インピーダンス・コンバータ …… 257

設計例・計算例の一覧

第2章

- 例2-1：正規化LPFの周波数だけを変換して設計する定K型LPF …………………… 24
- 例2-2：正規化LPFのインピーダンスだけを変換して設計する定K型LPF …………… 25
- 例2-3：正規化LPFの周波数とインピーダンスを変換して設計する定K型LPF ……… 26
- 例2-4：遮断周波数1GHz，インピーダンス50Ωの3次T形定K型LPF ……………… 29
- 例2-5：遮断周波数500Hz，インピーダンス8Ωの2次の定K型LPF …………………… 34
- 例2-6：遮断周波数50MHz，インピーダンス50Ωの5次π形定K型LPF ……………… 35
- 例2-7：遮断周波数100MHz，ノッチ周波数130MHz，インピーダンス50Ωの誘導m型LPF ……… 40
- 例2-8：例2-7と同じLPFを誘導m型の計算式を使って設計 …………………………… 42
- 例2-9：遮断周波数1.0kHz，ノッチ周波数2.0kHz，インピーダンス600Ωの誘導m型LPF ……… 42
- 例2-10：遮断周波数1MHzの2次定Kフィルタと遮断周波数1MHz，ノッチ周波数1.5MHzの誘導m型フィルタを組み合わせて，遮断周波数1MHz，インピーダンス50ΩのLPFを設計 …… 47
- 例2-11：遮断周波数1MHzの2次定K型LPFと，遮断周波数1MHz，$m=0.6$の誘導m型LPFを組み合わせて，整合性の良いフィルタを設計 ………………………………………… 48
- 例2-12：定K型LPFと誘導m型LPFを使った遮断周波数100MHz，ゼロ周波数200MHz，インピーダンス50ΩのLPF ……………………………………………………………… 50
- 例2-13：周波数400Hz，デューティ比50%の方形波から正弦波を取り出すインピーダンス50ΩのLPF … 52

第3章

- 例3-1：インピーダンス1Ω，遮断周波数100Hzの2次バターワース型LPF ……………… 58
- 例3-2：インピーダンス1Ω，遮断周波数1kHzの2次バターワース型LPF ………………… 59
- 例3-3：インピーダンス50Ω，遮断周波数300kHzの2次バターワース型LPF …………… 60
- 例3-4：インピーダンス50Ω，遮断周波数165MHzの2次バターワース型LPF …………… 62
- 例3-5：遮断周波数1GHz，インピーダンス50Ωの3次のT形バターワース型LPF ……… 67
- 例3-6：遮断周波数190MHz，インピーダンス50Ωの5次π形バターワース型LPF ……… 68
- 例3-7：遮断周波数1.3GHz，インピーダンス50Ωの5次T形バターワース型LPF ……… 72

第4章

- 例4-1：インピーダンス1Ω，等リプル帯域1kHz，リプル1.0dBの3次チェビシェフ型LPF ……… 80
- 例4-2：インピーダンス50Ω，等リプル帯域300kHz，リプル1.0dBの3次チェビシェフ型LPF …… 81
- 例4-3：インピーダンス50Ω，等リプル帯域165MHz，リプル1.0dBの3次チェビシェフ型LPF …… 83
- 例4-4：等リプル帯域44kHz，インピーダンス600Ω，帯域内リプル0.5dB，9次のT形チェビシェフ型LPF … 87
- 例4-5：等リプル帯域190MHz，インピーダンス50Ω，帯域内リプル0.1dB，5次のπ形チェビシェフ型LPF … 93
- 例4-6：一方のポートのインピーダンスが50Ωで，等リプル帯域が300kHz，リプル0.3dBの2次チェビシェフ型LPF ……………………………………………………………… 95
- 例4-7：遮断周波数20MHzの7次バターワース型LPFと同じような遮断特性をもつチェビシェフ型LPF …97

第5章

例5-1：インピーダンス1Ω，遮断周波数100Hzの2次ベッセル型LPF ……………………………… 102
例5-2：インピーダンス50Ω，遮断周波数300kHzの2次ベッセル型LPF …………………………… 103
例5-3：インピーダンス75Ω，遮断周波数120MHzの2次ベッセル型LPF ………………………… 105
例5-4：インピーダンス50Ω，遮断周波数20MHzの3次π形ベッセル型LPF ……………………… 107
例5-5：インピーダンス50Ω，遮断周波数20MHzの7次π形ベッセル型LPF ……………………… 109

第6章

例6-1：インピーダンス1Ω，遮断周波数500Hzの2次ガウシャン型LPF ………………………… 114
例6-2：インピーダンス8Ω，遮断周波数6kHzの2次ガウシャン型LPF …………………………… 115
例6-3：インピーダンス50Ω，遮断周波数15MHzの2次ガウシャン型LPF ……………………… 116
例6-4：インピーダンス50Ω，遮断周波数20MHzの7次π形ガウシャン型LPF …………………… 118

第7章

例7-1：定K型2次正規化LPFのデータを基にして，定K型2次正規化HPFのデータを作成 ……… 122
例7-2：定K型3次正規化LPFのデータを基にして，定K型3次正規化HPFのデータを作成 ……… 122
例7-3：遮断周波数1kHz，インピーダンス600Ωの定K型3次HPF ………………………………… 123
例7-4：遮断周波数120MHz，ノッチ周波数80MHz，インピーダンス50Ωの誘導m型HPF ……… 127
例7-5：遮断周波数80kHz，16kHzと40kHzに二つのノッチをもつインピーダンス600Ωの誘導m型HPF … 129
例7-6：遮断周波数190MHz，インピーダンス50ΩのT形5次バターワースHPF ………………… 131
例7-7：遮断周波数2MHz，インピーダンス50Ωのπ形5次ベッセルHPF ………………………… 137
例7-8：遮断周波数50MHz，インピーダンス50ΩのT形ガウシャンHPF ………………………… 139

第8章

例8-1：中心周波数10MHz，帯域1MHz，インピーダンス50Ωのπ形3次定K型BPF ……………… 145
例8-2：通過帯域100kHz，幾何中心周波数500kHz，インピーダンス600Ωの2次定K型BPF …… 151
例8-3：幾何中心周波数10MHz，帯域1MHz，インピーダンス50Ωの誘導m型BPF ……………… 154
例8-4：帯域190MHz，リニア軸の中心周波数500MHz，インピーダンス50Ωの5次バターワース型BPF … 157
例8-5：AM放送バンド(530～1600kHz)用のBPF(帯域内の許容リプル1dB，インピーダンス50Ω) … 164
例8-6：130～150MHz，帯域内許容リプル0.5dB，インピーダンス50ΩのBPF …………………… 165
例8-7：幾何中心周波数50MHz，等リプル帯域30MHz，帯域内許容リプル1dB，
　　　インピーダンス50Ωの2次チェビシェフ型BPF …………………………………………… 167
例8-8：幾何中心周波数400MHz，インピーダンス50Ω，帯域30％の5次バターワース型BPF ……… 170
例8-9：TVチャネル用BPF(バターワース3次，インピーダンス50Ω/75Ω) …………………………… 172

第9章

例9-1：阻止帯域1MHz，幾何中心周波数10MHz，インピーダンス50Ωの定K型BRF …………… 177
例9-2：阻止帯域190MHz，リニア軸の中心周波数500MHz，インピーダンス50Ωの
　　　5次バターワース型BRF …………………………………………………………………… 180

第10章

例10-1：ノートン変換を使ってFMバンド用BPFの直列コイル(1137nH)の値を33nHに減らす ……… 190

設計例・計算例の一覧　*287*

例10-2：ノートン変換を使って，使用するコイルがすべて同じ値になるような，インピーダンス8Ω，
中心周波数1kHz，帯域200Hzの3次バターワースBPFを設計する ……………………… 192
例10-3：FMバンド用BPFにπ-T変換を使って，全体のコンデンサの容量を増やす ……………… 194
例10-4：遮断周波数が80kHzで16kHzと40kHzに二つのノッチをもつ，インピーダンス600Ωの
誘導m型HPFにT-π変換を施し，コンデンサの値を小さくする …………………………… 195
例10-5：LPFのコイルの定数をT-π変換を施して変更する ……………………………………………… 196
例10-6：3次T形バターワースLPFのポート2のインピーダンスを，バートレットの2等分定理を
使って150Ωに変更する ……………………………………………………………………… 199
例10-7：幾何中心周波数100MHz，バンド幅10MHz，インピーダンス50Ωの3次T形バターワース
BPFに使われているコイルの値を，ジャイレータ変換を使ってすべて同じ値に揃える ……… 201
例10-8：等リプル帯域3MHz，幾何中心周波数27MHzの2次チェビシェフBPFを，帯域内の
許容リプルは0.5dB，インピーダンス50Ωで設計する ………………………………………… 203
例10-9：ノートン変換を行うまえに結合コンデンサを接続する …………………………………… 205

第11章
例11-1：中心周波数100MHz，バンド幅5MHz(±2.5MHz)，インピーダンス50Ωの
3次バターワース共振器容量結合型BPF ………………………………………………… 215
例11-2：76～90MHzのFM放送バンド用の共振器容量結合型BPF ………………………………… 221
例11-3：幾何中心周波数7MHz，等リプル帯域1MHz，インピーダンス50Ωの共振器容量結合型BPF … 230
例11-4：幾何中心周波数10.7MHz，帯域2MHz，インピーダンス100Ωの共振器容量結合型BPF ……… 235

第13章
例13-1：等リプル帯域1MHz，帯域内リプル0.5dB，ストップ・バンド周波数2.5MHz，
インピーダンス50Ωで，阻止域に2個のノッチをもつエリプティック型LPF ……………… 253

第14章
例14-1：50Ω-600Ω，−20dBのインピーダンス・コンバータ ……………………………………… 262

第15章
例15-1：AL値が50[μH/100ターン]のコアに33回巻き線を巻いたときのコイルの
インダクタンスを計算する ……………………………………………………………… 267
例15-2：AL値が50[μH/100ターン]のコアを使ってインダクタンス値40μHのコイルを作る場合の
巻き数を計算する ………………………………………………………………………… 267
例15-3：56回巻き線を巻いたときのコイルのインダクタンスが32μHであるコアの
100ターンあたりのAL値を計算する ………………………………………………… 267
例15-4：35回巻き線を巻いたときのコイルのインダクタンスが68μHであるコイルの巻き数を
34回に減らした場合のコイルのインダクタンスを求める ………………………………… 268
例15-5：コアの比透磁率$μ=15$，コアの高さ$h=10$mm，コアの内半径$R_1=5$mm，
コアの外半径$R_2=20$mmであるコアに30回巻き線を均等に巻いたときの
コイルのインダクタンスを計算する …………………………………………………… 269

著者略歴

森　栄二（もり・えいじ）

1991年：株式会社アドバンテストに入社．
　　　　スペクトラム・アナライザ，ネットワーク・アナライザの開発に従事．
1998年：ウィルトロン社（米国カリフォルニア州，現アンリツカンパニー）に入社．
　　　　シニア・デザイン・エンジニアとして測定器用のマイクロ波，ミリ波モジュールの開発に従事．現在に至る．

- ●**本書記載の社名，製品名について** ── 本書に記載されている社名および製品名は，一般に開発メーカーの登録商標です．なお，本文中では™，®，©の各表示を明記していません．
- ●**本書掲載記事の利用についてのご注意** ── 本書掲載記事は著作権法により保護され，また産業財産権が確立されている場合があります．したがって，記事として掲載された技術情報をもとに製品化をするには，著作権者および産業財産権者の許可が必要です．また，掲載された技術情報を利用することにより発生した損害などに関して，CQ出版社および著作権者ならびに産業財産権者は責任を負いかねますのでご了承ください．
- ●**本書に関するご質問について** ── 文章，数式などの記述上の不明点についてのご質問は，必ず往復はがきか返信用封筒を同封した封書でお願いいたします．ご質問は著者に回送し直接回答していただきますので，多少時間がかかります．また，本書の記載範囲を越えるご質問には応じられませんので，ご了承ください．
- ●**本書の複製等について** ── 本書のコピー，スキャン，デジタル化等の無断複製は著作権法上での例外を除き禁じられています．本書を代行業者等の第三者に依頼してスキャンやデジタル化することは，たとえ個人や家庭内の利用でも認められておりません．

JCOPY　〈出版者著作権管理機構委託出版物〉
本書の全部または一部を無断で複写複製（コピー）することは，著作権法上での例外を除き，禁じられています．本書からの複製を希望される場合は，出版者著作権管理機構（TEL：03-5244-5088）にご連絡ください．

LCフィルタの設計＆製作

2001年5月1日　　初版発行　　　　　　　　　　　　　　　© 森　栄二　2001
2021年6月1日　　第12版発行　　　　　　　　　　　　　　（無断転載を禁じます）

　　　　　　　　　　　　　　　　　　　　　著　者　　森　栄二
　　　　　　　　　　　　　　　　　　　　　発行人　　小澤　拓治
　　　　　　　　　　　　　　　　　　　　　発行所　　ＣＱ出版株式会社
　　　　　　　　　　　　　　　　　　　　　〒112-8619　東京都文京区千石4-29-14
　　　　　　　　　　　　　　　　　　　　　　　　電話　編集　03-5395-2148
　　　　　　　　　　　　　　　　　　　　　　　　　　　販売　03-5395-2141

ISBN978-4-7898-3272-4
定価はカバーに表示してあります

DTP　　（有）みやこワードシステム　　　　　　　　　　編集担当　　清水　当
乱丁，落丁本はお取り替えします　　　　　　　　　　　　印刷・製本　共同印刷（株）
　　　　　　　　　　　　　　　　　　　　　　　　　　　　　　　　　Printed in Japan